2019-2020 **YEARBOOK**

BUSINESS SERVICE

商業服務業

一本看透**批發**、零售、
餐飲、**物流**行業發展潮流

年鑑

目錄

contents 目錄

Special Topic
專題篇

部長序

　　根據 IMF 今（2019）年 7 月預估，已開發國家 2019 年及 2020 年經濟成長率已降至 1.9% 及 1.7%，顯示美中貿易摩擦與地緣政治風險仍對國際景氣產生影響。

　　為因應國際局勢的潛在危機，我國政府透過擴大內需、延長產業創新租稅優惠及鼓勵台商回臺擴大投資等積極作為，已逐漸對我國景氣產生正面影響；行政院主計總處亦於今年 8 月上修我國 2019 年經濟成長率預測值至 2.46%，同時預測 2020 年經濟成長率為 2.58%，顯示國內經濟仍穩定成長。

　　依據行政院主計總處統計資料，2018 年我國服務業產值逾 10 兆元，約占 GDP 的 6 成；另一方面，服務業就業人數 679 萬人亦占總就業人數 6 成，是吸納我國就業人口最高的產業。

　　其中，商業範疇（包含批發、零售、餐飲及物流業）產值及就業人數均超過 GDP 及總就業人數的 2 成，可見商業服務業在經濟產出及就業人口方面都扮演著舉足輕重的角色。

　　商業服務業與國人日常生活習習相關，是服務「人」的產業，故企業對於導入科技設備以提升服務溫度不遺餘力；舉凡大數據、人工智慧、自助點餐機、智慧販賣機與自助結帳等設備，透過科技與人力間的協作，打造數位創新商業模式，改善店家的服務效率，也改變消費者購物歷程，帶來新的消費體驗，並強化消費者品牌黏著度。

　　在國際市場上，商業服務業的拓展實力也不容小覷，從早期知名餐廳品牌到現在的手搖飲料，透過珍珠奶茶、滷肉飯等高知名度產品，打響我國美食寶島的招牌。經濟部也持續協助更多的好餐點及好品牌輸出海外市

場，加深臺灣美食形象，以吸引更多國外旅客訪臺。

　　經濟部商業司委託財團法人商業發展研究院所編撰《商業服務業年鑑》出版至今已邁入第十年，而這十年中提出許多值得參考的產業觀察與創新趨勢。如在 2012 年時，年鑑即洞察東南亞國家的消費潛力，故規劃專題篇章分析消費趨勢與競爭策略，協助業者搶占先機；另外 2015 年闡述的平台經濟與 2016 年提出的智慧零售等，在當時被認為是前瞻的議題，迄今已逐漸影響或改變國民日常消費方式。

　　本次年鑑將全球化布局、數位轉型、人才培育等未來重要課題，皆納入「專題篇」提供各界賢達參考；並持續收錄產業動態、政策及數據資料，匯集於「總論」和「基礎資訊篇」，作為業者掌握脈動的工具書；期待能協助業者強化知識能量，迎接未來瞬息萬變的挑戰，並為我國商業服務業發展增添動能。

經濟部部長 沈榮津 謹誌

2019 年 10 月

召集人序

　　商業服務業年鑑係由經濟部商業司委託財團法人商業發展研究院編撰而成，年鑑每年盤點我國商業服務業產業現況並研析未來產業發展趨勢，同時收錄商業服務業相關產業動態、政策與數據資料，以供各界參考，是讓國人瞭解商業服務業發展趨勢與掌握產業脈動的最佳工具書。年鑑自 2010 年發行首版以來，2019 年恰是付梓第十輯，對過去十年來我國商業服務業的發展歷程進行檢討，更進一步針對產業趨勢、發展、創新提出展望；2019 年鑑實為提升我國商業服務業未來十年發展動能之最佳指引。

　　根據行政院主計總處統計，2018 年我國服務業產值達 10.272 兆元，約占國內生產毛額（GDP）比重 60.82%。若從服務業各類別分析，以商業服務業包含，批發及零售業、運輸及倉儲業、住宿及餐飲業最為重要，產值達 3.782 兆元，約占整體 GDP 的 22.07%。另服務業就業人數占總就業量為 59.4%，其中以「批發及零售業」之就業人數最多，高達 190.1 萬人，占總就業人口之比例達 16.6%。其次是「住宿及餐飲業」，就業人數達 83.8 萬人，占總就業人口之比例為 7.3%。因此不論就產值或就業人口而言，商業服務業在我國經濟生產與就業方面都扮演非常重要的角色。

　　過去十年，我國服務業的 GDP 從 2009 年的 8.185 兆元成長至 2018 年的 10.272 兆元，總共增加 25.5％，而工業的 GDP 則從 2009 年的 3.69 兆元成長至 2018 年的 5.89 兆元，總共增加 59.81％。資料顯示，這十年來我國服務業的成長力道不如工業成長，但服務業仍是我國經濟生產的主要來源。

　　長久以來我國服務業一直被視為內需型產業，服務貿易出口比例遠不及製造業的商品出口。而且，臺灣傳統產業價值觀「重硬輕軟」，一向對服務研發投入較少，較缺乏系統性服務概念與整體解決方案模式，大企業未能發揮龍頭作用，

開發大型系統，帶領整體價值鏈成長，同時缺少建構具有國際競爭力的創業及服務系統環境。因此，如何將臺灣服務業高值化、國際化、科技化以提振其競爭力，乃為現階段當務之急。

另外，我國屬小型開放之經濟體，又多數為中小企業，易受全球經濟情勢變化影響；尤其面對美中貿易戰，在川普政府強勢主導對外貿易政策下，不僅衝擊全球貨品貿易動能與未來走勢，也牽動全球服務業的發展。

面對多變、複雜與混沌不明的年代，我國商業服務業如何克服其發展瓶頸，並尋求全方位的解決方案，包括：商業服務業的全球化布局、數位轉型、創新商業模式、數位消費行為、人才培育，以及創新商業政策等六大重要課題，皆納入本年鑑中，以專題篇章進行深入研討。此外，年鑑內容延續多年來的主要架構，分為「總論」和「基礎資訊篇」。「總論」部分，介紹「全球服務業發展現況與商業發展趨勢」及「我國服務業發展現況與商業發展趨勢」；「基礎資訊篇」則鎖定批發服務業、零售服務業、餐飲服務業、物流服務業等四大商業服務業進行精要分析，以提點業者面對未來新經濟下的商業服務業發展挑戰。

本年鑑能夠順利完成，首先要感謝經濟部商業司的支持，以及「2019 商業服務業年鑑編輯委員會」的各位產官學界專家指導，其次要感謝財團法人商業發展研究院的研究同仁，以及國內各大學與研究機構專家學者通力合作撰寫，一同為本年鑑在編撰、選題與審稿上貢獻心力，本年鑑方能以專業且豐富的樣態出版，在此致上萬分謝意。

編輯委員會召集人

臺灣大學國企系特聘教授　陳厚銘　謹識

2019 年 10 月

PART

1

General

總論

CHAPTER 01　全球服務業發展現況與商業發展趨勢

商業發展研究院／黃兆仁所長、傅中原研究員

第一節　前言

　　2018 年美中貿易衝突是全球經貿發燒議題，它引發地緣政治經濟板塊的震盪。這源自於川普當選美國總統以來，即多次與中國大陸召開雙邊經貿會議，要求中方處理美日雙邊貿易失衡問題，確保雙方可以在「公平貿易」原則下，平衡美中鉅額的貿易逆差問題。在美國總統川普堅持下，美國政府除了對中國大陸提出高關稅產品制裁清單外，同步也對中國大陸高科技產業進行智財侵權等調查與提出制裁作法，迫使中國大陸不得不面對美國訴求。另一方面，原北美自由貿易協定（North American Free Trade Agreement, NAFTA）也在美國強勢主導下，經由三方重新談判後，達成美國－墨西哥－加拿大協定（United States-Mexico-Canada Agreement, USMCA），新協定內容當然也符合川普總統對於公平貿易的訴求與立場。美國在近期的一連串貿易措施無疑直接衝擊到全球貨品貿易動能與未來走勢，更會連帶影響到全球服務業的發展。

　　另外，2018 年也是全球商業創新與智慧商業快速進展的一年。案例上則有美國電商巨擘亞馬遜公司於 1 月 22 日在美國西雅圖推出無人實體商店 Amazon Go，標榜不用排隊結帳，拿了想買的商品即可離開商店的概念。一推出後震撼全球零售業，認為 Amazon Go 是未來商店的範本，市場上對其商業模式議論紛紛。除了深入探討背後所運用的科技設備、分析商業經營方式、討論店面人力使用，或消費者評價等新興議題。由於美國 Amazon Go 無人商店的出現及對未來零售的可能影響，皆已對全球零售服務業產生話題性與探索性，市場上也出現許多仿效 Amazon Go 的無人商店，以擴大服務與市場占有率。各式無人商店的陸續出現，也帶給消費者對於未來商店的想像。

　　為瞭解全球服務業發展概況及商業發展趨勢，將以全球及主要國家總體經濟的最新數據進行蒐集與分析，藉以掌握經濟發展現況，並得以分析前揭經濟數據

背後所代表的意義。此外，也將對科技所帶來的新興消費趨勢以及全球大型企業對未來商業走勢的看法，提出整體性論述，以提供相關單位參考依據。

內容安排如下：第一節為前言；第二節為全球經濟現況與主要區域經濟情勢；第三節為服務業發展現況；第四節為服務業景氣與展望；第五節為服務業發展趨勢，將參考國際重要顧問機構之研究報告，如 McKinsey、Euromonitor 與 PwC 等單位的研究與觀察，提出未來消費趨勢發展；第六節為結論。

第二節　全球經濟發展現況與主要區域經濟情勢

國際貨幣基金組織發行之《世界經濟展望》提到，繼 2017 和 2018 年初的強勁成長之後，全球經濟活動在 2018 下半年出現放緩的現象。除此之外，2019 年貿易緊張局勢不僅損及企業對未來景氣預期，金融投資人對企業獲利表現也出現悲觀預期。但預估在 2020 年後，全球經濟可能在中國大陸、印度等經濟體持續擴張的趨勢下，保持穩定成長。不過，在人口老齡化趨勢下，勞動生產缺乏動力及供給不足，恐將成為拖累主要經濟體成長之未來隱憂。

以下將就各區域與國家之經濟發展趨勢分別論述：[1]

▶▶ 一、北美洲

美國 2019 年經濟成長率約 2.6%。隨著國內採取緊縮性財政政策，2020 年成長率恐降至 1.9%。雖然美國整體經濟表現可保持強勁成長趨勢，但因與中國大陸的貿易戰將使國內需求與進出口表現不如預期。若由經濟指標目前的跡象看來，今年經濟成長率恐將進一步下修。

就國內經濟來看，美國工商協進會（Conference Board）公布 2019 年 6 月領先指標呈現出衰退現象；美國供應管理協會（The Institute for Supply Management, ISM）新接訂單、每週平均申請失業救濟金人數、建築許可及利率差距均呈現負成長，而國內消費者信心指數也下修至 121.5，且製造業採購經理人指數從 2019 年 5 月的 52.1 下降至 51.7，商品貿易出口較 2018 年 5 月減少 2.6%，可見美中貿易衝突的確為美國總體經濟帶來不少風險。

另外，川普為進一步落實美國製造政策，於 2019 年 7 月 15 日簽署「Buy America」行政命令，內容包括美國聯邦政府基礎建設工程計畫使用之鋼鐵必須為美國產製的比重，自 50% 調高至 95%，期以減少使用進口材料。

加拿大經濟表現相對穩健，2019 年經濟成長仍可維持穩定水準，但國際貿易風險可能對加拿大經濟產生負面影響。

▶▶ 二、歐元區

歐元區預估 2019 年和 2020 年經濟成長率分別 1.3% 和 1.6%，主要因德國的總合需求較預估減弱，特別是國內投資；法國也因為國內政治動盪減緩，成長表現有小幅回穩；但義大利的投資與國內需求無法有效拉動，使其經濟表現持平。不過西班牙因今年初投資力道恢復，帶動國內經濟成長，預計今年經濟表現可能會進一步上調。英國保守黨於 2019 年 7 月 23 日公布新任黨魁，由強森（Boris Johnson）勝出並接任英國首相，他表示將於 2019 年 10 月 31 日前帶領英國脫離歐盟，另稱若無法修改目前脫歐的協議，屆時將採取無協議脫歐，這也是英國及歐元區經濟前景不確定的因素之一。

整體而言，歐元區內的國家經濟表現雖呈現歧異，IMF 仍預期歐元區下半年經濟將會較上半年表現為佳，不過仍要注意持續關注德國汽車生產引入新的排放標準以及義大利主權債券利差擴大、英國脫歐等不利因素的後續效應。

▶▶ 三、亞洲

日本 2019 年經濟成長率預估為 0.9%，2020 年恐將降至 0.4%，主要因 2019 年 10 月將上調消費稅稅率，將進一步削弱國內經濟成長力道。另外，日本與韓國近期所發生的貿易爭端恐將影響日本經濟。另外，新興和發展中的亞洲國家預估 2019-2020 年分別成長 6.2%，較前期預測下調，反映出關稅戰對該類國家造成國內貿易和投資的影響，中國大陸則為一明顯的例子。

註 1　本章節內容參考 IMF 於 2019 年 1、4 與 7 月分別出版《世界經濟展望》報告。

由於產業放緩與需要加強監管日益嚴重的債務危機，加上美中關稅戰持續對抗的情勢，中國大陸預期 2019 和 2020 年分別成長 6.2% 和 6.0%。不過中國大陸仍持續擴大外資開放，公布新版《外商投資准入負面清單》、降低對外關稅、2020 年實施《外商投資法》、取消外資准入負面清單以外限制，以及加快 RCEP、歐「中」投資協定及日韓「中」FTA 等，並公布《自由貿易試驗區外商投資准入特別管理措施》，在交通運輸、基礎設施、文化、電信、農業、採礦業、製造業等 7 大領域，進一步放寬或取消外商投資准入限制；另發布 2019 年版《鼓勵外商投資產業目錄》，在資訊產業類首度新增 5G 核心零組件等項目。透過國內經濟與貿易環境改善，將可抵消部分因貿易戰所帶來的產業衝擊。

東南亞五國因受到美中貿易戰影響程度不一，使其經濟表現亦有些微差異。泰國由於美中貿易爭端打擊出口及政治不確定性，使其經濟成長放緩；印尼因國內經濟持續擴張，特別是家庭與政府消費的支出成長，帶動經濟成長；馬來西亞受惠國內私人消費成長快速以及處於充分就業，使成長幅度超過預期；菲律賓經濟較不受美中貿易戰所影響，但國內高通膨導致家庭消費減少，影響國內經濟；越南受到中國大陸產業移入，反映在其經濟成長率上，使經濟成長率較去年同期成長快速。

▶▶ 四、拉丁美洲

拉丁美洲 2019 年初已有部分國家之經濟活動明顯放緩，預計經濟成長率僅成長 0.6%，2020 年有望回升至 2.3%。巴西國內因養老金和其他結構性改革措施是否能夠順利通過等風險因素，造成國內市場情緒出現悲觀的預期，也將直接影響巴西今年的經濟成長表現。墨西哥因國內投資力道疲弱，私人消費也出現放緩趨勢，反映國內政策不確定性、消費投資信心減弱以及借款成本上升等多重不利因素出現，也將對墨西哥經濟產生隱憂。阿根廷、智利也同樣面臨國內經濟出現收縮等跡象，預期今年下半年經濟表現也將出現挑戰。

▶▶ 五、中東與北非洲地區

中東、北非、阿富汗和巴基斯坦地區預計 2019 年成長 1.0%，2020 年可加快

至 3.0% 左右，由於伊朗受到美國更嚴厲的制裁措施，預期今年經濟成長率恐將下修；而葉門與敘利亞也因為國內內亂頻傳，導致經濟要穩定發展並不容易。不過沙烏地阿拉伯因國內政府持續採取擴張性財政政策與市場投資人樂觀預期，搭配石油價格預期 2020 年將上調等利多因素，部分抵銷上述不利發展的效果，使該地區仍可維持小幅成長。

▶ 六、中、南非地區

撒哈拉以南非洲地區預計 2019 年和 2020 年分別成長 3.4% 和 3.6%，相比 2019 年初預期微幅下調 0.1 個百分點，油價上漲提供了安哥拉、尼日利亞和該地區其他石油出口國的出口動能，不過經濟效果尚未顯現；南非於 2019 年出現國內罷工活動、採礦業能源供應問題和農業生產未如預期等不利因素影響下，南非今年度經濟前景恐不樂觀。

此外，IMF 提到 2019 年仍有以下三項風險影響全球經濟成長力道：全球貿易衝突與技術斷鏈效應、通縮壓力顯現以及極端氣候與地緣政治風險。

（一）全球貿易衝突和技術斷鏈效應

2018 年初以來，美國中國大陸相互實施的關稅制裁衍生出對全球經濟的影響仍持續擴大[2]，不僅直接衝擊美中兩國間的貿易，連帶打亂兩國企業布局，在

註 2　美國對中國大陸共實施四波關稅制裁清單，分別為 2018 年 7 月 6 日實施涵蓋化學品、輪胎、儲存元件；壓縮機、二極體、鐵道車、汽機車、飛機、船舶、面板及光學儀器等產品之清單一，加徵關稅 25%，關稅總額為 340 億美元；第二波清單於 2018 年 8 月 23 日實施，產品涵蓋潤滑油、ABS 塑膠、鋼鐵、塔樓、建築物鋼構品、引擎、傳動軸、製造半導體的機器、發電機、斷路器、電路開關、積體電路（記憶體、放大器、晶圓）、軌道車輛及其零件等，加徵關稅 25%，關稅總額為 160 億美元；第三波清單於 2018 年 9 月 24 日實施，產品涵蓋礦產品、化學品及塑橡膠及其製品、玻璃、鋼鐵及其製品、機械、家電、電子資訊產品、重機電及電線電纜、運輸工具、光學儀器椅子、金屬、塑膠或木製傢俱等，加徵 25% 關稅，關稅總額 2,000 億美元；第四波清單預計於 2019 年 9 月 1 日實施，產品涵蓋電子資訊、其他產業、紡織、機械、石化、塑膠及橡膠、家電、鋼鐵金屬、一般化學、生技醫藥、重機電及電線電纜、運輸工具、食品等，目前加徵 10% 關稅，關稅總額為 3,000 億美元。

中國大陸的外商也必須尋找新的生產基地，避免受到波及。另外，美國也將貿易戰線擴大至對中國大陸科技企業的制裁，中國大陸則是祭出「不可靠實體清單」反擊[3]。整體來說，全球經濟主要風險來自於美中貿易衝突產生對商品關稅上調，這會對既存的全球供應鏈產生破壞與重構，並可能削弱民間投資，擾亂企業布局。

（二）通縮壓力顯現

隨著全球成長速度放緩以及先進經濟體和新興市場經濟體之核心通貨膨脹率下修，通縮風險再次出現。低通膨環境將加重借入者的負擔，抑制企業的投資意願與提高借款成本，限制央行貨幣政策發揮空間等負面影響，減緩經濟成長復甦力道。

（三）極端氣候與地緣政治風險

2018 年因極端氣候的出現已嚴重影響全球經濟活動並造成損失，例如日本在 5~9 月間因洪水與燕子颱風（Typhoon Jebi）等天災，造成 93 億美元（約新台幣 2,860 億元）的損失；美國也因為接連山區野火，造成數十人死亡與 90 億美元（約新台幣 2,768 億元）損失。[4]

另外，IMF 警示有些國家政策因無法獲得國內廣泛的社會群眾支持，以及許多國家的內亂也加重了付出人民傷亡等代價、鄰國人口遷移壓力，連帶導致全球大宗商品市場波動性加大等風險。上述因素影響也影響到全球主要地區經濟率之表現。

註 3　中國大陸已針對「不遵守市場規則，背離契約精神，出於非商業對中國企業實施封鎖或斷供，嚴重損害中國企業正當權益的外國企業組織或個人，將列入該清單」，並簡稱為不可靠實體清單，以作為回應美國制裁華為公司的反擊策略。

註 4　若以 2017 年的統計結果來看，全球有 123 個國家服務業占比超過 50%，當中澳門地區的比重最高為 92.99%，而最低為葉門，其比重為 19.11%。

表 1-1　全球主要地區經濟成長率

單位：%、* 預測值

年度 國家 / 地區	2016 年	2017 年	2018 年	2019 年 *	2020 年 *
全球	3.2	3.8	3.6	3.2	3.5
已開發國家	1.7	2.4	2.2	1.9	1.7
美國	1.6	2.2	2.9	2.6	1.9
歐元區	1.8	2.4	1.9	1.3	1.6
德國	1.8	2.2	1.4	0.7	1.7
法國	1.2	2.3	1.7	1.3	1.4
義大利	0.9	1.7	0.9	0.1	0.8
西班牙	3.2	3.0	2.6	2.3	1.9
日本	1.0	1.9	0.8	0.9	0.4
英國	1.8	1.8	1.4	1.3	1.4
加拿大	1.5	3.0	1.9	1.5	1.9
其他已開發國家	2.2	2.9	2.6	2.1	2.4
新興市場與開發中國家	4.3	4.8	4.5	4.1	4.7
俄羅斯	-0.2	2.2	2.7	1.9	2.4
中國大陸	6.7	6.8	6.6	6.2	6
印度	7.1	7.2	6.8	7	7.2
東協五國	4.9	5.3	5.2	5	5.1
拉丁美洲與加勒比海國家	-1.0	1.2	1.0	0.6	2.3
巴西	-3.6	1.1	1.1	0.8	2.4
墨西哥	2.3	2.1	2.0	0.9	1.9
中東、北非等地區	2.1	2.1	1.6	1.0	3.0
中、南非地區	1.3	2.9	3.1	3.4	3.6
低度所得國家	3.5	4.7	4.9	4.9	5.1

資料來源：整理自 IMF, World Economic Outlook Update, 2019, July.，資料擷取日期為 2019 年 7 月 11 日。

說　　明：東協五國分別為印尼、馬來西亞、菲律賓、泰國與越南。

第三節　服務業發展現況

　　學理上衡量服務業對經濟成長的貢獻程度多利用服務業創造出的附加價值占國內生產毛額（Gross Domestic Product, GDP）的比率來估算，以此分析服務業對全球經濟活動的重要程度。

　　除了分析服務業附加價值的數據外，本節也將深入探討服務業占總就業人口比例、服務進出口貿易金額以及服務業國外直接投資金額等指標，瞭解全球服務業發展現況與趨勢。

▶ 一、服務業發展現況

（一）服務業總體發展情勢

　　服務業附加價值占整體國內生產毛額比例，可以客觀顯現一個國家服務業發展情形。根據世界銀行 2018 年「World Development Indicators」資料，在全球 217 個國家及行政區中，已有 94 個國家服務業附加價加占 GDP 比重超過 50%；其中以盧森堡 79.21% 為世界最高，葉門 13.51% 則為全球最低。[5]

　　由圖 1-1 可以看出，服務業占 GDP 比重與經濟發展程度高度相關，意味高所得國家的服務業占 GDP 比重較高，而低所得國家的服務業占 GDP 比重則較低。以 2017 年服務業占 GDP 比重為例，依國際貨幣基金（IMF）所定義的高中低所得國家分類，依序分別為 69.9%、54% 以及 39.3%，可知國家經濟發展程度與服務業所占比率息息相關。

　　此外，由 2013 至 2017 年的服務業占比趨勢可看出，各所得類型的國家服務業占比均保持一穩定的比率，如低所得國家平均占比約 41.01%、中所得國家為 52.89% 及高所得國家為 69.49%。該比重也呈現出高所得國家服務業占比遠高於中、低所得國家，代表高所得國家目前積極發展知識密集的服務業，例如數位經濟、大數據、AI 技術等新興科技，透過導入產業智慧化將可帶動相關服務業發展，形成由生產或消費需求領導的新商業發展模式，提升國民生活品質。另一方面，中低所得國家之服務業發展課題係由如何藉學習新興科技技術，提高服務人員之平均產出，進而提升服務人員薪酬，成為帶動國家經濟成長的火車頭。

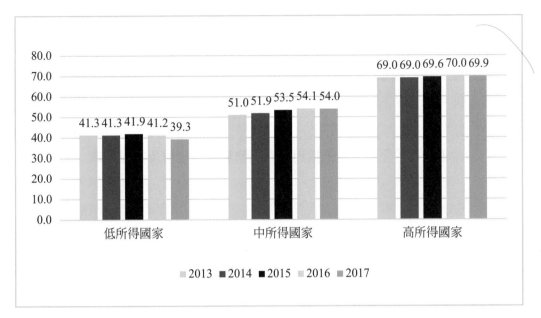

資料來源：整理自 World Bank, 2019, World Development Indicators Databank，資料擷取日期為 2019 年 7 月 11 日。

說　　明：參照世界銀行的分類標準，人均 GDP 低於 1,045 美元為低所得國家；1,045~4,125 美元為中等偏下所得國家；4,126~12,735 美元之間為中等偏上所得國家；高於 12,736 美元為高所得國家。

圖 1-1　服務業附加價值產值占 GDP 比例──依所得區分

（二）主要國家服務業發展情勢

1. **服務業規模及其成長趨勢**：由表 1-2 可看出，美國的服務業規模為全球最高，2017 年為 13.14 兆美元，且成長率為 2.1%，其次為中國大陸為 4.7 兆美元、日本為 4.1 兆美元、德國為 2.3 兆美元、法國為 2.06 兆美元與英國為 2.04 兆美元，不僅不同所得級距國家服務業附加價值占比差異很大，就連先進國家間差異也頗大，美國服務業產值幾乎是中國大陸的 2.8 倍，但中國大陸的成長率遠高於美國。

另外，開發中國家在服務業發展也出現追上先進國家的現象，例如印度在

註 5　若以 2017 年的統計結果來看，全球有 123 個國家服務業占比超過 50%，當中澳門地區的比重最高為 92.99%，而最低為葉門，其比重為 19.11%。

2017 年規模為 1.31 兆美元，而巴西為 1.35 兆美元，已超越加拿大的 1.23 兆美元、澳大利亞的 0.92 兆美元，且印度的成長率也高於中國大陸，成為全球服務業成長速度最快的國家，[6] 由此可見未來亞洲地區服務業的發展將出現蓬勃發展的情境。

表 1-2　全球主要國家與地區服務業附加價值及其成長率

單位：十億美元、%

國家別	年度	2014 年	2015 年	2016 年	2017 年
阿根廷	附加價值	234.31	240.54	240.52	246.04
	成長率	-1.6	2.7	0.0	2.3
澳大利亞	附加價值	839.55	863.02	894.55	920.60
	成長率	2.2	2.8	3.7	2.9
巴西	附加價值	1,407.10	1,376.31	1,348.13	1,351.28
	成長率	0.9	-2.2	-2.0	0.2
加拿大	附加價值	1,159.35	1,176.87	1,201.37	1,234.02
	成長率	2.5	1.5	2.1	2.7
中國大陸	附加價值	3,713.03	4,017.29	4,326.48	4,668.50
	成長率	7.8	8.2	7.7	7.9
香港	附加價值	234.20	238.26	243.68	252.44
	成長率	2.5	1.7	2.3	3.6
法國	附加價值	1,970.36	1,992.08	2,022.29	2,065.69
	成長率	1.2	1.1	1.5	2.1
德國	附加價值	2,257.27	2,288.12	2,317.47	2,365.78
	成長率	1.0	1.4	1.3	2.1
印尼	附加價值	401.08	422.95	446.91	472.19
	成長率	6.0	5.5	5.7	5.7
日本	附加價值	4,165.29	4,204.73	4,208.22	4,160.60
	成長率	-0.4	0.9	0.1	-1.1
義大利	附加價值	1,385.66	1,397.03	1,410.09	1,430.02
	成長率	0.8	0.8	0.9	1.4

年度 國家別		2014 年	2015 年	2016 年	2017 年
印度	附加價值	1,023.11	1,119.67	1,214.19	1,312.28
	成長率	9.8	9.4	8.4	8.1
南韓	附加價值	660.74	679.31	696.16	710.88
	成長率	3.3	2.8	2.5	2.1
馬來西亞	附加價值	159.95	168.48	178.09	189.42
	成長率	6.8	5.3	5.7	6.4
紐西蘭	附加價值	104.70	108.34	112.68	116.81
	成長率	3.2	3.5	4.0	3.7
俄羅斯	附加價值	909.08	888.82	884.10	901.22
	成長率	1.0	-2.2	-0.5	1.9
沙烏地阿拉伯	附加價值	261.77	269.30	271.43	276.50
	成長率	4.4	2.9	0.8	1.9
泰國	附加價值	201.49	211.95	221.72	234.53
	成長率	2.0	5.2	4.6	5.8
美國	附加價值	12,293.12	12,645.17	12,881.90	13,149.79
	成長率	2.4	2.9	1.9	2.1
英國	附加價值	1,922.10	1,973.12	2,011.65	2,047.97
	成長率	3.2	2.7	2.0	1.8
新加坡	附加價值	203.52	210.82	215.57	221.82
	成長率	4.3	3.6	2.3	2.9
南非	附加價值	258.58	263.05	267.48	269.72
	成長率	2.6	1.7	1.7	0.8

資料來源：整理自 IMF, World Economic Outlook Update, 2019, July.，資料擷取日期為 2018 年 9 月 11 日。

註 6　根據行政院委託中華經濟研究院所研究的「臺印度 FTA 可行性評估報告」中，提及印度之服務貿易僅存於少數幾個產業（如資訊科技／科技化服務）以及服務業開放模式 4，資料擷取日期為 2019 年 7 月 20 日。

2. 服務業占比：由表 1-3 可看出，歐美國家服務業占 GDP 比重普遍較高，絕大部分歐美國家服務業占 GDP 比重皆在 60% 以上。不過亞洲國家／地區依其發展程度差異而有不同比重，例如香港因發展服務業較早，其 2017 年的比重為全球最高，達到 88.6%，其次為新加坡 70.2%、日本 69.1% 及南韓 52.8%。這些高服務附加價值占比的國家／地區，對於服務業發展的策略也不盡相同，如香港與新加坡因地理樞紐優勢，主要係發展運輸與金融相關的服務業；日本國內科技業基礎厚實，發展出以科技、軟體研發等相關服務業；韓國則是以資訊工業為主軸，帶動產業周邊相關服務業發展。

中國大陸服務業附加價值比重從 2014 年的 48% 成長到 2018 年的 52.2%，可見與其近年推動服務業相關政策息息相關，透過「十三五」[7] 的政策目標，來達成創新、協調、綠色、開放和共享發展等發展目標，欲以服務業主導的產業結構轉型策略，已有初步成效。

表 1-3　主要國家服務業附加價值占 GDP 比率

單位：%

年度 國家別	2014 年	2015 年	2016 年	2017 年
阿根廷	52.9	55.8	56.1	57.0
澳大利亞	65.8	67.3	68.3	67.0
巴西	61.3	62.3	63.2	63.1
加拿大	64.7	66.7	-	-
中國大陸	48.0	50.5	51.8	51.9
香港	90.5	89.8	89.5	88.6
法國	70.3	70.2	70.5	70.3
德國	61.9	62.0	61.6	61.4
印尼	42.2	43.3	43.6	43.6
日本	70.5	69.3	69.3	69.1
義大利	66.9	66.7	66.4	66.2
印度	47.8	47.8	47.8	48.5
南韓	54.3	54.0	53.7	52.8

年度 國家別	2014 年	2015 年	2016 年	2017 年
馬來西亞	50.1	51.2	51.7	51.0
紐西蘭	65.4	65.8	65.6	-
俄羅斯	55.6	56.1	56.8	56.3
沙烏地阿拉伯	40.5	51.9	54.0	51.6
泰國	53.1	54.9	55.8	56.4
美國	75.8	76.8	77.6	77.4
英國	70.8	70.8	71.0	70.6
新加坡	70.3	70.0	70.6	70.2
南非	61.0	61.4	61.0	61.5

資料來源：整理自 IMF, World Economic Outlook Update, 2019, July.，資料擷取日期為 2019 年 7 月 11 日。

3. 每人平均附加價值：利用每人平均附加價值指標，較能看出整體國家服務業發展實力，而該指標係排除人口規模的因素，降低大國與小國間因人口數所導致的規模偏誤，影響數據判讀的結果。

表 1-4 與表 1-2 呈現相當不一樣的結果，先進國家如美國、英國、法國，乃至於澳大利亞或義大利等，雖然整體服務業規模不如新興發展國家（如中國大陸、印度與巴西等）大，但這些國家每人平均附加價值卻高於新興發展國家。以 2017 年數據來看，美國仍然保持全球最高的國家，其每人平均金額為 106,185 美元，其次為法國 97,983.5 美元、澳大利亞 96,352.5 美元、義大利 89,191.9 美元等；亞洲國家日本 88,491.4 美元最高，其次為香港 74,740 美元，而中國大陸僅為 14,037.5 美元，印度也僅為 8,632.4 美元。

透過比較上述數據可發現，歐美國家已發展出適合發展高價值服務業的經商環境，但新興發展國家囿於整體環境未達良善，只能發展較低價值的服務業，導致兩群國家間出現迥異結果，建議我國主政單位可以此為鑑，應以歐美先進國家為師，健全國內經商環境，發展高附加價值的服務業政策，此舉不僅可提升國

註 7　「十三五計畫」全名為「中華人民共和國國民經濟和社會發展第十三個五年規劃綱要」，係指中華人民共和國制定的從 2016 年到 2020 年發展國民經濟的規劃與施政藍圖。

內服務業水準，同時也可提高服務人員薪資結構，使我國受薪階級逐漸脫離低價值、低報酬的貧窮陷阱。

表 1-4　全球主要國家與地區每人平均附加價值

單位：美元

年度 國家別	2014 年	2015 年	2016 年	2017 年
阿根廷	17,598.9	17,618.7	17,232.9	17,266.2
澳大利亞	95,118.4	94,624.0	96,408.0	96,352.5
巴西	22,612.9	21,894.0	21,587.1	21,230.5
加拿大	81,570.7	81,976.5	83,033.9	83,082.7
中國大陸	12,002.0	12,632.9	13,301.2	14,037.5
香港	70,793.1	71,203.3	72,569.7	74,740.0
法國	95,012.5	95,555.9	96,513.1	97,983.5
德國	79,343.4	79,075.9	78,291.6	79,074.4
印尼	7,687.1	7,940.0	8,007.9	8,087.3
日本	92,910.2	93,093.1	91,665.7	88,491.4
義大利	89,894.7	89,842.7	89,166.3	89,191.9
印度	7,421.2	7,840.4	8,230.6	8,632.4
南韓	36,259.7	36,858.4	37,149.9	37,549.2
馬來西亞	19,321.0	19,825.7	20,267.7	21,075.4
紐西蘭	61,797.9	63,356.6	62,082.0	62,060.6
俄羅斯	19,351.0	18,949.3	18,806.5	19,060.2
沙烏地阿拉伯	31,105.7	30,693.8	30,236.5	29,860.3
泰國	12,075.8	12,439.8	12,781.6	13,379.2
美國	104,304.5	105,558.9	105,700.8	106,185.0
英國	77,421.1	77,757.5	77,997.1	78,410.8
新加坡	81,804.8	82,265.0	83,348.7	85,306.9
南非	23,317.0	23,291.6	23,518.8	23,074.9

資料來源：整理自 IMF, World Economic Outlook Update, 2019, July.，資料擷取日期為 2019 年 7 月 11 日。

4. 服務業就業情況：隨著服務業發展持續興起與國內勞動人口自由流動，各國從事服務業的人口數已超過製造業與農業部門，成為吸納勞動力之首要部門，如表 1-5 所示。以歐美地區來看，2018 年服務業就業人口占總就業人口比例皆超過 70%，美國服務業就業人口占總就業人口達 79.1%，英國更高達 80.7%，可見歐美國家產業已發展為服務業為主的經濟結構。

另一方面，在亞洲地區，多數國家服務業就業人口比重也達 60% 以上，香港甚至高達 88.0%，日本與南韓分別為 72.1% 與 70.3%，與歐美國家差異不大。中國大陸服務業人口占比為 44.6%，意味中國大陸產業雖積極發展國內服務業，但應思考透過政策或產業環境引導更多的就業人口投入第三級產業中，開創出更有價值的產業，或是將第一級與第二級產業提升更高的發展層次，利用服務業重新輔助農工業等產業升級。[8]

表 1-5　2018 年主要國家三級產業占總就業人口比例

單位：%

產業別 國家別	農業	製造業	服務業
阿根廷	0.1	22.4	77.5
澳大利亞	2.6	19.4	78.1
巴西	9.4	20.4	70.2
加拿大	1.5	19.5	79.0
中國大陸	26.8	28.6	44.6
香港	0.2	11.8	88.0

註 8　相關的發展概念如為人所知的工業 4.0、製造業服務化等，意味將由製造經濟邁向服務經濟（service economy），從硬體製造走向軟性製造（soft manufacturing）等意涵。筆者觀察工業與服務業發展可以發現，兩者間的界線越來越模糊。當國家服務業愈發達，愈需要工業技術帶動其發展來貼近消費者需求，但工業新興革命，也需要透過服務業來協助推動，例如智慧製造或是工業 4.0，乃至於平台經濟模式。服務業不僅與工業製造相輔相成，與農業之間也能緊密合作，可見未來的農業、製造業將需要以服務業作為支應，透過科技貼近服務需求，進而服務會再帶動科技發展。如此意味著我國未來產業展望須以服務業發展為重，進而帶動其他的產業發展。

產業別 國家別	農業	製造業	服務業
法國	2.6	20.3	77.1
德國	1.3	27.1	71.6
印尼	30.5	22.0	47.5
日本	3.4	24.5	72.1
義大利	3.8	25.8	70.4
印度	43.9	24.7	31.5
南韓	4.7	25.0	70.3
馬來西亞	11.1	27.3	61.6
紐西蘭	6.2	20.4	73.4
俄羅斯	5.8	26.9	67.2
沙烏地阿拉伯	4.9	24.4	70.7
泰國	30.7	23.5	45.8
美國	1.4	19.4	79.1
英國	1.1	18.1	80.7
新加坡	0.5	16.6	82.9
南非	5.2	23.2	71.6

資料來源：World Bank, 2019, World Development Indicators Databank.

▶▶ 二、服務貿易活動

（一）服務業貿易現況

　　國際服務貿易是指本國居民與非本國居民之間所發生的服務交易，是國際間服務輸出與輸入的貿易方式，因此，從服務貿易活動與個別國家服務業進出口概況，可以看出該國服務業發展在全球服務業的相對地位與競爭優勢。

美國國際貿易委員會（International Trade Centre, ITC）將服務業分類為運輸、旅遊、建築、保險與退休服務、金融服務、電信電腦與資訊、專利權使用費和特許費、其他商業服務（包含批發與零售）、個人文化娛樂服務以及政府服務等。

若以經濟開發程度來看，服務出口的類別出現顯著差異性。就已開發市場經濟國家而言，在出口部分，最主要的服務業是其他商業服務，其次為旅遊服務，再者為運輸服務，2018 年出口金額分別為 8,916 億美元、8,250 億美元以及 6,182 億美元，並且繼續保持快速成長力道。除了上述三類服務外，其餘的服務出口均保持穩定成長速率。

開發中市場經濟與低開發國家在服務出口部分則以旅遊服務為主，其次為運輸服務，再者為其他商業服務，這也顯現出開發中國家仍係以促進外國人觀光來做為提高服務貿易出口的一個策略。若以成長率來看，電信、電腦與資訊相關服務成長幅度最大，成長率可達 20.75%，這也是開發中國家積極開放國內市場，吸引相關產業進駐，帶動相關服務出口所致。

另外，與數位經濟相關的服務類型，如智慧財產權使用費、電信、電腦與資訊等，已開發國家在規模上仍占有相當大的優勢，即智慧財產權使用費占比為 91.7%，而電信、電腦與資訊服務之占比為 67.6%，可見中國大陸、印度等政府發展中國家雖然在發展高科技相關產業上不遺餘力，投注龐大的資源，但相關產業仍係已開發國家所主導。

表 1-6　2018 年各發展階段國家之服務業出口金額與成長率

單位：億美元、%

	全球		已開發國家		開發中國家		低度發展國家	
	金額	成長率	金額	成長率	金額	成長率	金額	成長率
服務[9]	58,029	9.45	38,960	8.65	19,069	11.14%	227	-0.01
加工	1,066	15.22	646	18.97	420	9.89	14	1281.4

註 9　服務類別定義係轉引至中央銀行所編制的國際收支平衡帳。

	全球		已開發國家		開發中國家		低度發展國家	
	金額	成長率	金額	成長率	金額	成長率	金額	成長率
維修	951	11.90	733	14.58	218	3.74	0	-
運輸	9,968	9.42	6,182	8.93	3,786	10.20	77	126.86
旅行	14,053	10.35	8,250	11.23	5,803	9.13	158	50.80
營建	1,041	8.23	454	3.82	588	11.70	6	178.67
保險與退休金服務	1,360	15.68	1,064	16.50	297	12.82	1	-
金融服務	4,809	5.67	4,031	4.50	778	12.13	2	-16.01
智慧財產權使用費	4,009	5.68	3,677	5.37	331	8.99	0	-
電信、電腦與資訊	5,964	15.00	4,035	12.44	1,928	20.75	9	-8.26
其他商業服務	12,272	7.01	8,916	6.20	3,356	9.18	25	45.88
個人、文化與休閒	473	14.57	360	15.51	113	10.58	1	-
不包括在其他項目的政府商品及服務	694	6.46	468	4.82	227	10.18	44	63.14

資料來源：International Trade Centre, 2019, International trade statistic.

　　由表 1-7 可知，已開發國家主要進口服務類為旅行、運輸與智慧財產權使用費等服務，而開發中國家主要服務進口類別為旅行、運輸與智慧財產權使用費等服務。全球服務進口成長率部分，除保險與退休金服務出現負成長外，其餘服務項目均呈現正成長；探究背後原因，近兩年全球景氣復甦，帶動服務貿易的擴張，提升區域貿易程度，使得各項服務類別成長幅度均表現亮眼。已開發市場經濟仍維持正向成長率，顯示已開發市場經濟趨於成熟下，國際間服務貿易互通有無，出口擴張也同樣帶動服務進口上升。

表 1-7　2018 年各發展階段國家之服務業進口金額與成長率

	全球		已開發國家		開發中國家		低度發展國家	
	金額	成長率	金額	成長率	金額	成長率	金額	成長率
服務[10]	55,068	8.44	32,679	7.88	22,389	9.26	654	46.98
加工	755	16.99	493	25.48	261	3.75	0	-
維修	643	17.81	519	17.67	124	18.41	2	16.57
運輸	11,759	11.84	5,967	9.12	5,792	14.79	275	93.94
旅行	13,683	9.13	6,906	9.99	6,776	8.27	60	35.83
營建	809	5.42	352	9.93	457	1.97	31	291.70
保險與退休金服務	1,955	-4.20	1,000	-3.78	956	-4.64	12	77.60
金融服務	2,527	13.43	2,065	15.03	463	6.81	22	36.22
智慧財產權使用費	4,361	6.41	3,284	6.80	1,077	5.13	4	325.31
電信、電腦與資訊	3,489	10.34	2,568	9.24	920	13.36	8	63.85
其他商業服務	12,282	6.30	8,687	4.29	3,595	11.45	93	208.47
個人、文化與休閒	504	4.64	348	2.92	156	7.92	2	-
不包括在其他項目的政府商品及服務	987	12.83	396	4.78	591	18.81	14	17.50

資料來源：International Trade Centre, 2019, International trade statistics.

（二）主要國家服務業進出口現況

　　若依國家別分析進出口情況，即表 1-8。2018 年全球服務貿易總額最高的國家為美國（1.39 兆美元），[11] 其次為中國大陸（7,594 億美元）、德國（7,085 億

註 10　服務類別定義係轉引至中央銀行所編制的國際收支平衡帳。
註 11　貿易總額為出口值＋進口值，該數值除可看出一國貿易規模外，亦可看出該國在全球貿易之貢獻度。

美元）、英國（6,129 億美元）與法國（5,498 億美元），由此可看出歐美國家在全球服務貿易仍扮演相當重要的角色。

以服務出口來看，美國的服務出口為全球第一，2018 年出口金額為 8,284 億美元，遠高於第二名的英國 3,779 億美元，更是第三名德國出口金額（3,428 億美元）的 2.41 倍。以服務進口來看，美國服務進口為全球第一，進口金額為 5,592 億美元，其次為中國大陸 5,258 億美元、德國為 3,657 億美元等，由以上數據分析看出，美國在全球服務出口上占有絕對的優勢，其餘國家仍有相當的努力空間。

表 1-8　世界主要國家／地區服務進出口概況

單位：十億美元

國家別	年度	2014 年	2015 年	2016 年	2017 年	2018 年
阿根廷	出口	13.4	13.2	13.4	14.8	14.1
	進口	18.0	19.0	21.9	24.9	23.8
澳大利亞	出口	56.5	54.9	58.0	65.2	69.5
	進口	67.8	63.7	62.5	68.5	72.9
巴西	出口	40.0	33.8	33.3	34.5	34.0
	進口	88.1	70.7	63.7	68.3	68.0
加拿大	出口	88.9	81.2	82.9	88.1	93.0
	進口	110.9	101.3	101.0	107.9	112.9
中國大陸	出口	219.1	217.4	208.4	213.1	233.6
	進口	432.9	435.7	441.5	472.0	525.8
香港	出口	106.9	104.4	98.5	104.3	113.8
	進口	74.0	74.1	74.5	77.7	81.1
法國	出口	272.9	255.5	260.2	276.0	292.4
	進口	252.6	233.3	240.4	245.9	257.4
德國	出口	302.8	280.4	291.6	318.8	342.8
	進口	336.2	300.7	315.0	343.9	365.7
印尼	出口	23.5	22.2	23.3	25.3	27.9
	進口	33.5	30.9	30.4	32.7	35.0

年度 國家別		2014 年	2015 年	2016 年	2017 年	2018 年
日本	出口	163.8	162.7	175.7	186.8	193.7
	進口	192.6	178.6	186.4	193.0	200.9
義大利	出口	113.9	97.9	100.4	111.4	121.5
	進口	115.3	101.4	104.1	116.2	125.9
印度	出口	157.2	156.3	161.8	185.3	-
	進口	81.1	82.6	95.9	109.4	-
南韓	出口	111.9	97.5	94.8	89.7	99.1
	進口	115.2	112.1	112.1	126.4	128.8
馬來西亞	出口	42.1	34.9	35.6	37.1	-
	進口	45.3	40.2	40.1	42.4	-
紐西蘭	出口	14.6	14.9	15.5	16.6	17.4
	進口	13.2	11.8	12.0	13.1	13.9
俄羅斯	出口	65.7	51.6	50.6	57.6	64.8
	進口	121.0	88.8	74.6	88.9	94.7
沙烏地阿拉伯	出口	12.5	14.5	17.3	18.1	18.1
	進口	100.5	88.0	70.3	78.6	86.5
泰國	出口	55.5	61.8	67.8	75.5	84.1
	進口	45.2	42.5	43.5	46.7	55.3
美國	出口	741.1	755.3	758.9	797.7	828.4
	進口	480.8	492.0	509.8	542.5	559.2
英國	出口	374.0	355.8	348.1	359.5	377.9
	進口	222.1	217.2	210.8	213.6	235.0
新加坡	出口	155.8	155.8	157.0	172.6	184.0
	進口	168.1	163.2	159.9	181.5	187.0
南非	出口	16.8	15.0	14.4	15.8	16.0
	進口	17.0	15.5	14.9	16.2	16.5

資料來源：World Trade Organization, 2019, Statistics database.

　　整體而言，已開發國家擁有較高比例的服務業貿易，但是開發中國家擁有較高的服務業發展潛力，其中又以中國大陸與東協市場最為顯著。由此可知，服務

進出口的興盛與國家發展階段呈現正向相關；國家愈趨成熟，其產業發展也將逐漸向服務業靠攏，因此各國應致力於提升服務業進出口的競爭力，以進一步加速國家的經濟發展。

▶ 三、服務業投資活動

產業若來自國外的直接投資（Foreign Direct Investment, FDI）增加，象徵國際投資者或經營者對於未來經濟發展的中長期評估樂觀。國外直接投資又可再分為創建投資（Greenfield investment）與跨境合併收購（Mergers and Acquisitions）兩種方式。

表 1-9 與表 1-10 分別為 2017 至 2018 年各級產業創建投資與跨境合併收購件數與金額。由統計數據可知，2018 年創建投資共有 17,567 件，當中屬於農業有 122 件、製造業有 8,049 件以及服務業有 9,396 件，分別占當年度比例為 1%、46% 與 53%。2018 年跨境併購投資共有 6,821 件，當中屬於農業有 158 件、製造業有 1,518 件以及服務業有 5,145 件，分別占當年度比例為 2%、22% 與 75%。由以上數據可得出，不論由創建投資或是跨國購併的資料，均可看出服務業投資已成為全球投資案的主要來源。

以產業別件數來看，2018 年服務業部門創建投資主要在商業服務、貿易、金融等業別；但就以投資金額來看，營建與能源占比相當大，幾乎占全體服務投資金額的 47.26%。另外，貿易、住宿與餐飲、金融、商業服務等服務業之創建投資仍保持成長趨勢，而創建金額除貿易、住宿與餐飲業別仍保有擴張趨勢外，其他服務業規模均減少，可見貿易、住宿與餐飲業別仍然為跨國企業重視的產業，並且亦較其他產業較不受景氣影響。

表 1-9　各級產業創建投資概況

單位：百萬美元、%

	2017 年			2018 年		
	件數	件數占比	金額	件數	件數占比	金額
農業	63	0	20,750	122	1	41,206
製造業	7,678	48	337,729	8,049	46	466,000

	2017 年			2018 年		
	件數	件數占比	金額	件數	件數占比	金額
服務業	8,186	51	361,856	9,396	53	473,463
能源	296	2	95,312	429	2	110,905
營建	276	2	61,688	475	3	112,900
貿易	1,001	6	32,007	1,017	6	32,966
住宿與餐飲	161	1	17,568	422	2	49,157
運輸、倉儲與通訊	903	6	41,179	1,018	6	47,925
金融	860	5	23,565	969	6	24,647
商業服務	4,278	27	80,202	4,686	27	77,769
教育	73	0	845	90	1	851
健康與社會	90	1	1,322	69	0	1,323
藝術與娛樂	231	1	7,920	221	1	15,020
其他服務	17	0	247	-	-	-

資料來源：UNCTAD,2019, World Investment Report, 2019.

表 1-10　各級產業跨境併購投資概況

單位：百萬美元、%

	2017 年			2018 年		
	件數	件數占比	金額	件數	件數占比	金額
農業	115	2	-2,174	158	2	29,612
製造業	1,413	20	270,808	1,518	22	242,276
服務業	5,439	78	425,328	5,145	75	543,838
能源	130	2	7,911	155	2	8,887
營建	72	1	1,025	64	1	3,180
貿易	327	5	13,895	346	5	30,809
住宿與餐飲	39	1	1,048	37	1	3,936
運輸與倉儲	267	4	52,934	168	2	27,214
訊息與通訊	579	8	27,904	530	8	80,900
金融	2,656	38	247,165	2,339	34	337,003
商業服務	1,121	16	62,320	1,202	18	44,077

	2017 年			2018 年		
	件數	件數占比	金額	件數	件數占比	金額
公共行政與國防	-5	0	-2,131	-	0	-4,146
教育	28	0	25	34	0	122
健康與社會	155	2	8,315	188	3	299
藝術與娛樂	40	1	973	61	1	11,280
其他服務	30	0	3,945	21	0	275

資料來源：UNCTAD,2019, World Investment Report, 2019

第四節　服務業景氣與展望

▶▶ 一、當前景氣概況

採購經理人指數（Purchasing Managers' Index, PMI）是由美國供應管理協會（Institute for Supply Management, ISM）所編製，藉由詢問全球主要國家3,500 位採購經理人，每月進行一次問卷調查，針對上個月有關企業經營活動（Business Activity）、新訂單（New Order）、工作積壓（Backlogs of Work）、價格（Prices）、進出口，以及僱用員工（Employment）之狀況與現況進行比較所計算出的製造業景氣指數。ISM 除了編製 PMI 外，亦針對非製造業編製 NMI（Non-Manufacturing Index），呈現非製造業景氣調查結果。PMI 與 NMI 指數每項指標均反映商業活動的真實情況，製造業景氣指數則反映製造業及服務業的整體增長或衰退狀況。製造業 PMI 及非製造業 NMI 商業報告分別於每月第一個和第三個工作日發布，發布時間超前政府其他部門的統計報告；再者，所選的指標又具有領先性，因此已成為監測經濟運行的及時且可靠的先行指標，得到政府、商界與廣大經濟學家、預測專家的普遍認同。

非製造業 NMI 係針對標準行業分類（Standard Industrial Classification, SIC）中 9 個類別 62 個不同的行業小類，超過 370 位服務業企業的採購與供應經理調查的結果彙整而成。這些行業係根據標準行業分類目錄變化的，並基於各行業

對 GDP 的貢獻而決定其權重。服務業 NMI 指標主要包括：企業經營活動、新接訂單、存貨水準、存貨水準觀感、進口數量、採購價格、人力僱用狀況和供應商

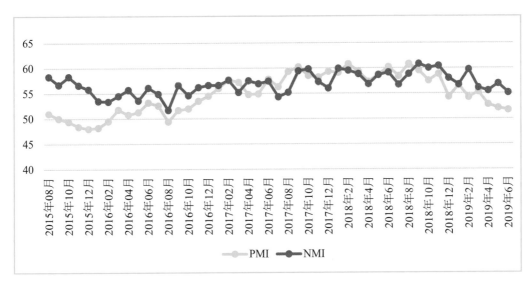

資料來源：Institute for Supply Management, 2019, ISM Report on Business, July

圖 1-2　2015 年 8 月至 2019 年 6 月全球 PMI 與 NMI 指數變化

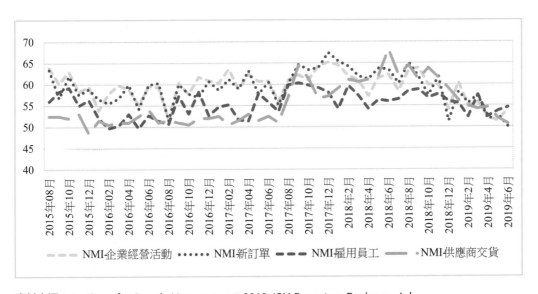

資料來源：Institute for Supply Management, 2019, ISM Report on Business, July

圖 1-3　2015 年 8 月至 2019 年 6 月 NMI 細項指標變化

交貨狀況等。目前，NMI 指數係由商業活動、新接訂單、人力僱用狀況與供應商交貨狀況等四項指標加權平均而成。NMI 指數是以 50 為基準，若指數高於 50 表示服務業該項指標呈現擴張趨勢；若指數低於 50，則表示服務業該項指標為衰退；指數越高，代表該業景氣越熱絡，反之亦然。

圖 1-2 顯示全球製造業與非製造業 2015 年 8 月至 2019 年 6 月的商業活動走勢，PMI 指數從 2018 年 8 月達到最高分之後（該月分數為 60.8 分）一路向下，直到 2019 年 6 月 PMI 分數為 51.7，代表高階經理人對於全球未來的製造業景氣較不樂觀，也反映出經理人對於貿易戰未來趨勢恐不樂觀；不過 NMI 走勢卻相當穩定，約在 55~61 分間波動，與 PMI 相比，非製造業的景氣較能維持穩定的趨勢，意味非製造業的景氣較不受全球貿易或政策影響，而產生劇烈波動。

圖 1-3 顯示非製造業細項指標表現。供應商交貨的指標從 2015 年 8 月到 2017 年 10 月間均維持一穩定的趨勢，而往後期間形成較劇烈上漲波動，反映出景氣熱絡的現象，但自 2018 年 10 月開始，該指標趨勢開始向下走，到了 2019 年 6 月，該指標來到近年的新低點 50.7，反映高階經理人對貿易關稅戰可能延遲產品交貨情況感到憂心；企業經營活動與新訂單指標也從 2017 年 12 月達到近年高點後，開始一路向下，也同樣反應出美中貿易戰對企業未來經營將產生許多不確定性。

▶ 二、未來景氣展望

AT Kearney 信心指數（FDI Confidence Index）係由全球管理諮詢公司 AT Kearney 所發展出的指標，針對該公司在全球超過 40 個據點對當地知名企業高階管理人或商業領袖進行問卷調查。該調查的評分方式為受訪者給予每一題項 0~3 分的評分，0 分代表悲觀而 3 分代表樂觀，之後再透過加權方式計算出每一題項得分。除此之外，受訪者也將被問及未來三年是否會針對特定國家進行投資等問題。圖 1-4 至圖 1-8 為受訪高階主管對國外直接投資於國家、產業以及大型跨國企業的看法，透過高階主管對於未來景氣的預期可窺探經濟發展的趨勢，亦可預先掌握景氣變化，以提早預作因應。

由圖 1-4，受訪者對 2019 年全球景氣看法普遍相當保守。與 2018 年相比，非常樂觀的比例多了 5 個百分點，來到 23%；樂觀的比例卻下跌 9 個百分點，僅

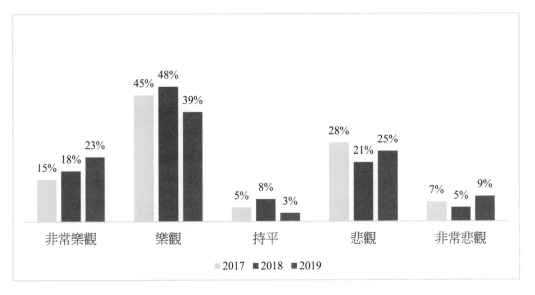

資料來源：AT Kearney FDI Confidence Index。

圖 1-4　高階經理人對 2019 年全球景氣的預期

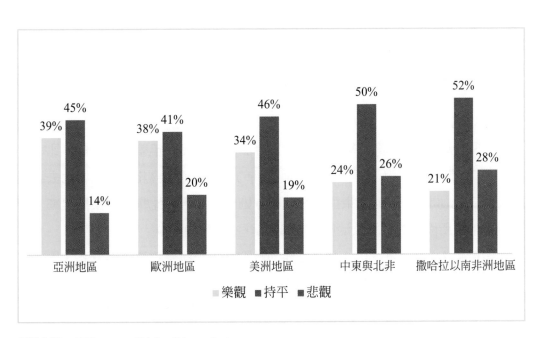

資料來源：AT Kearney FDI Confidence Index。

圖 1-5　高階經理人對 2019 年所在區域景氣的預期 - 依地區別

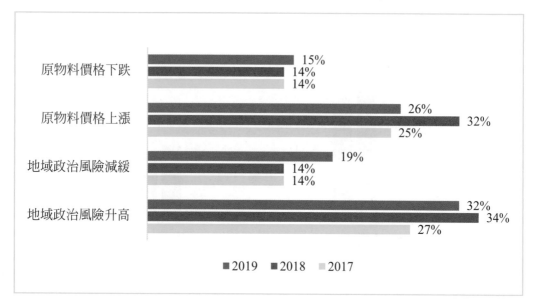

資料來源： AT Kearney FDI Confidence Index。

圖 1-6　高階經理人認為 2019 年全球主要風險來源

有 39%；若比較負面回答結果，2019 年悲觀與非常悲觀的總和為 34%，與 2018 年相比多了 8 個百分點。由以上結果可知，高階經理人對 2019 年的前景並不樂觀，甚至認為 2019 年的經濟環境會比 2018 年嚴峻。

　　若以地區別來看，不同地區受訪者的受訪結果差異程度相當大，參見圖 1-5。不論哪個地區，高階經理人均認為今年景氣將與去年差不多（持平比率均在 41~52% 間）。不過，亞洲、歐洲與美洲的受訪者認為今年景氣將會比去年樂觀（34~39% 間），不過中東與非洲地區，則認為悲觀的比率高於樂觀比率，意味這些地區所面對的地緣政治風險將影響這些企業的經營。

　　根據圖 1-6，受訪者認為全球主要的風險來自於地緣政治風險升高（比率有 27%），其次是原物料價格上漲的風險（比率有 25%），且持反向意見的比率也偏高，如地緣政治風險降低（比率有 14%）與原物料價格下跌的風險（比率有 14%）。

第五節　服務業發展趨勢

前述章節係利用總體經濟數據與問卷統計來觀測全球經濟成長、服務貿易現況，以及商業服務業未來景氣展望，然而，商業發展趨勢並無法完全由統計數據來體現，許多質性的變化需藉由市場與消費者趨勢加以描述與探討；因此，本節也彙整歐美專業機構的研究報告，將全球市場與消費者偏好趨勢做一整體性歸納與分析說明。

▶一、免結帳的省時消費體驗

隨著消費者的生活越來越忙碌，越希望產品和服務可以快速交付，使其可以把更多時間投入到職場或社交生活中。同時，消費者越來越喜歡使用行動裝置應用程式（mobile application／APP）來幫助自己安排生活，並對那些可以讓他們避免排隊、減少等待時間的創新 APP 或服務特別容易接受。

這股追求消費效率的趨勢主要由 30-44 歲的消費者引領，因為這群人工作繁忙且經濟條件較好，根據訪談結果，幾乎有一半消費者表示願意嘗試可以節省時間的產品和服務，特別是在高度發展的國家和地區，這一趨勢更加明顯。

亞馬遜在西雅圖和芝加哥開設的 Amazon Go 商店，即是以減少排隊來提升便利體驗的案例。消費者進入商店時必須掃描亞馬遜的 APP，掃描之後商店中的攝影鏡頭和感測器就會追蹤消費者，在虛擬購物車中支付商品後，消費者可以直接走出商店。Amazon Go 商店的商業模式雖然目前尚未普及，但由於該種方式的確能給予消費者不同的消費體驗，未來或許可成為消費者喜愛且可接受的一種消費模式。

▶二、零塑膠的世界

近年推動零塑膠的觀念越來越普及，預期 2019 年將使這一趨勢更進一步拓展。隨著公益團體、政府組織的大聲疾呼，消費者開始注意到一次性的塑膠廢棄物是如何污染我們的地球。從食品和飲料的一次性包裝，到快時尚行業所需使用的塑料，正受到政府相關單位越來越嚴格的審查。透過各種宣傳活動倡導的環

保意識，不斷鼓勵消費者抵制塑膠類製品，建立地球消費永續發展。如今的消費者對塑料廢物問題越來越敏感，這觀念正在影響及改變他們的生活習慣與購物習慣。近期，願意為環保包裝的食品或散裝產品買單的消費者比例有所上升。同樣地，願意購買飲料產品、採用可回收包裝的消費者比例也呈現成長趨勢。

知名國際品牌也開始注意到這股趨勢，紛紛將環保概念納入商業經營中，例如瑞典家居品牌 IKEA 承諾在 2020 年 8 月前，所有產品都將使用再生材料生產，並承諾從現在開始到 2020 年，將逐步淘汰商店和餐館中的塑料吸管、盤子和杯子等一次性塑料產品。

▶ 三、簡單就是時尚

全球化的優點就是可以讓消費者從世界任何地方以低價得到任何一種產品，不論是非當季的蔬果還是最新的時尚潮流服飾。已開發國家中產階級的消費者生活在一個幾乎可以獲得所有產品的社會。自從 2008 年以來，已開發國家的消費習慣正在改變，他們越來越排斥大量生產的同質產品，並從物質主義轉而崇尚簡單但可彰顯身分的產品上。不論是從追求更新鮮也更環保（降低食物運送路徑）的當地食物，到奢侈的豪華野營度假體驗，全球消費者已開始追求差異化的產品與服務。

案例上則有 2018 年 3 月於美國正式成立的 LOLI Beauty 公司，提供消費者一系列個性化美容產品。該品牌強調並提供自己調料成品（Blend-It-Yourself）訂製服務，原物料均採用有機的食品級成分，包裝則是採用可重複使用的環保包裝材，並且消費者可依照個別需求選擇一次性或 1~3 個月的分量，分量可依個人需求少量購買，也完全不會發生用不完的浪費，對於追求特色的消費者，也吸引其目光。

第六節　結語

2019 年的全球經濟表現雖較去（2018）年為佳，但美中貿易戰仍擴大持續影響全球經貿環境與國際經貿秩序，除了高關稅措施所引起的貿易衝突外，可以

預見，美國政府將持續針對違反公平貿易的中國大陸高科技的公司進行更嚴厲的制裁措施，這意味製造業將面臨比過去更嚴峻的考驗，包括全球產業供應鏈的重新布局與移動。相對地，服務業卻未在此波貿易保護措施下造成嚴重波及，反而可能成為驅動各國經濟成長的另一新動能來源。未來，服務業與數位應用科技的結合將是新趨勢，新興服務業的推陳出新，將會與大數據、區塊鏈、人工智慧等新興科技結合，業者會據以推出具新商業模式的服務業，擴大市場占有率。

① 全球服務業發展現況與商業發展趨勢

商業發展研究院／朱浩副所長

第一節　前言

服務業的業態眾多，其定義並無一致性，有的將初級產業與次級產業以外的產業皆歸類於服務業，有的將無形商品為主要交易對象的產業視為服務業。不過，目前國內外越來越多的學者認為服務業是將生產或技術導向轉變成為以市場或需求導向的產業。依據國內學者許士軍教授的說法，服務業是「將初級和次級產業的產出，融入文化、科技與創意後，轉化為具高附加價值以及具市場價值的服務產品」的產業。

由於服務業本身的特性，政府機構對於服務業產業範圍的分類也顯示出差異，尤其近年來因應民眾與產業的需求，新型態、跨產業的服務業不斷產生，更加深此一現象。行政院主計總處在 2016 年 1 月完成我國行業標準分類第 10 次修訂，將服務業範圍劃分為以下 13 大類：G 類「批發及零售業」、H 類「運輸及倉儲業」、I 類「住宿及餐飲業」、J 類「出版、影音製作、傳播及資通訊業」、K 類「金融及保險業」、L 類「不動產業」、M 類「專業、科學及技術服務業」、N 類「支援服務業」、O 類「公共行政及國防」、P 類「教育服務業」、Q 類「醫療保健及社會工作服務業」、R 類「藝術、娛樂及休閒服務業」、S 類「其他服務業」。

本章為提供讀者全面性的商業服務業觀察視野，將採用上述行政院主計總處之服務業分類，先說明 2018 年總體經濟活動情形，再詳細探討我國服務業及商業發展現況與趨勢。

第二節　我國服務業與商業發展概況

▶▶ 一、我國服務業占 GDP 之比較

　　依據行政院主計總處統計，2018 年製造業與服務業所創造的 GDP 分別為新台幣 5 兆 2,408.78 億元及 10 兆 2,722.31 億元，分別占 GDP 的 31.03% 及 60.82%；對比 2017 年占 GDP 比例的 30.86% 與 60.97% 可知，雖然與製造業相比，服務業占 GDP 比例均有些許下滑，但服務業仍是我國經濟生產的主要來源（如表 2-1 所示）。

　　從成長率來看，相較於 2017 年，2018 年製造業為 3.43%，而服務業只有 2.59%（如表 2-1 所示）。在服務業中，成長率最高者為運輸及倉儲業，達到 4.77%；其次為其他服務業的 3.95%，再次之為金融保險業與批發及零售業的 3.42%。從服務業各業別來看，以商業範疇（包含批發及零售業、運輸及倉儲業、住宿及餐飲業）所占比例最高，GDP 達新台幣 3 兆 7,280.77 億元，約占整體 GDP 比重 22.07%，其次為不動產業之 1 兆 3,761.06 億元及金融與保險業 1 兆 1,954.07 億元，分別占整體 GDP 的 8.15% 與 7.08%（如表 2-1）。

表 2-1　我國各業生產毛額、成長率結構及經濟成長貢獻度

單位：新台幣百萬元、%

基期：2011 年 =100	各業生產毛額		成長率（%）		占 GDP 比例（%）		經濟成長貢獻度（%）	
	2017	2018	2017	2018	2017	2018	2017	2018
農、林、漁、牧業	218,382	223,339	8.35%	2.27%	1.33%	1.32%	0.15	0.04
礦業及土石採取業	13,388	14,015	-0.62%	4.68%	0.08%	0.08%	0	0
製造業	5,067,205	5,240,878	5.33%	3.43%	30.86%	31.03%	1.64	1.08
電力及燃氣供應業	132,657	134,556	-0.38%	1.43%	0.81%	0.80%	-0.01	0.02
用水供應及污染整治業	117,308	120,781	2.81%	2.96%	0.71%	0.72%	0.02	0.02
營造業	372,957	385,315	-0.57%	3.31%	2.27%	2.28%	-0.01	0.08

基期：2011 年 =100	各業生產毛額		成長率（%）		占 GDP 比例（%）		經濟成長貢獻度（%）	
服務業	10,013,268	10,272,231	2.54%	2.59%	60.97%	60.82%	1.58	1.6
批發及零售業	2,750,876	2,844,942	3.78%	3.42%	16.75%	16.85%	0.61	0.55
運輸及倉儲業	477,243	499,987	5.87%	4.77%	2.91%	2.96%	0.17	0.14
住宿及餐飲業	372,389	383,148	0.30%	2.89%	2.27%	2.27%	0.01	0.08
出版、影音製作、傳播及資通訊業	573,958	584,932	3.40%	1.91%	3.50%	3.46%	0.1	0.05
金融及保險業	1,155,852	1,195,407	5.09%	3.42%	7.04%	7.08%	0.33	0.23
不動產業	1,355,017	1,376,106	1.62%	1.56%	8.25%	8.15%	0.13	0.13
專業、科學及技術服務業	327,665	334,733	-0.99%	2.16%	2.00%	1.98%	-0.02	0.04
支援服務業	257,432	264,652	3.49%	2.80%	1.57%	1.57%	0.05	0.04
公共行政及國防	1,061,749	1,071,543	0.92%	0.92%	6.47%	6.34%	0.06	0.06
教育服務業	674,203	676,440	-0.98%	0.33%	4.11%	4.01%	-0.04	0.01
醫療保健及社會工作服務業	449,714	463,879	1.36%	3.15%	2.74%	2.75%	0.04	0.1
藝術、娛樂及休閒服務業	141,833	144,709	2.70%	2.03%	0.86%	0.86%	0.02	0.02
其他服務業	415,337	431,753	1.33%	3.95%	2.53%	2.56%	0.03	0.1

資料來源：行政院主計總處，2018，國民所得及經濟成長統計資料庫：歷年各季國內生產毛額依行業分。
　　　　　資料擷取：2019 年 6 月。
說　　明：本表不含統計差異、進口稅及加值營業稅，故各業生產毛額加總不等於國內生產毛額。

　　若依往例可計算各細業的貢獻度，惟計算結果顯示除了「批發及零售業」、「金融及保險業」、「運輸及倉儲業」、「不動產業」、「醫療保健及社會工作服務業」與「其他服務業」的貢獻度達 0.1 以上之外，其它產業的貢獻度數值均小於 0.1。

▶ 二、我國服務業之貿易活動

　　2018 年我國服務業對外貿易總額達 1,078.28 億美元，較 2017 年增加 8.08%，

其中出口 509.26 億美元，較 2017 年增加 10.90%；進口 569.02 億美元，較前一年成長 5.67%，入超為 59.76 億美元，較前一年減少 24.59%，如表 2-2 所示。

表 2-2　我國服務貿易概況

單位：百萬美元、%

年份	貿易總值		出口總值		進口總值		出（入）超總值	
	金額 （百萬美元）	年增率 （%）	金額 （百萬美元）	年增率 （%）	金額 （百萬美元）	年增率 （%）	金額 （百萬美元）	年增率 （%）
2014 年	94,485	7.22%	41,578	14.03%	52,907	2.41%	-11,329	-25.48%
2015 年	92,963	-1.61%	41,311	-0.64%	51,652	-2.37%	-10,341	-8.72%
2016 年	93,574	0.66%	41,870	1.35%	51,704	0.10%	-9,834	-4.90%
2017 年	99,769	6.62%	45,922	9.68%	53,847	4.14%	-7,925	-19.41%
2018 年	107,828	8.08%	50,926	10.90%	56,902	5.67%	-5,976	-24.59%

資料來源：中央銀行國際收支統計，2019，（臺北：中央銀行）。資料擷取：2019 年 6 月。

▶▶ 三、我國服務業之投資活動

（一）外人投資我國服務業

2018 年核准僑外投資件數為 3,621 件，較 2017 年增加 6.03%；投（增）資金額 114.40 億美元，較 2017 年增加 52.27%。

進一步觀察各業別的投資狀況，其中製造業投資金額為 59.19 億美元，較前一年的 30.48 億美元增加 94.17%；服務業投資金額為 53.96 億美元，較 2017 年增加 23.52%，其中商業投資件數增加 8.48%，但在投資金額上卻減少 1.70%，顯示外資在 2018 年相較於前一年每件平均投資金額有很明顯的衰退（如表 2-3）。

在服務業僑外投資細項行業方面，以金融保險業為最高，達 32.44 億美元，其次是批發零售業的 8.95 億美元，再其次是不動產業的 4.53 億美元，接著是專業、科學及技術服務業 3.79 億美元。

至於在投資金額的成長方面，藝術、娛樂及休閒服務業為 2,383.92%，教育服務業為 443.03%，金融及保險業為 245.23%，其他服務業為 213.34%，都有顯著表現；而醫療保健及社會工作服務業為 -100.00%，出版、影音製作、傳播及資通訊業為 -80.54%，支援服務業為 -70.04% 等，是投資金額減少幅度較大的產業。

表 2-3 核准僑外投資分業統計表

單位：件、千美元、%

	2017 年		2018 年		2017 與 2018 年比較	
	件數	千美元	件數	千美元	件數成長率（%）	金額成長率（%）
A 農、林、漁、牧業	10	30,119	4	3,782	-60.00%	-87.44%
B 礦業及土石採取業	3	41	2	89	-33.33%	117.22%
C 製造業	376	3,048,231	317	5,918,828	-15.69%	94.17%
D 電力及燃氣供應業	0	1,834	29	62,386	0.00%	3301.35%
E 用水供應及污染整治業	6	13,562	4	17,242	-33.33%	27.13%
F 營造業	50	51,125	36	42,169	-28.00%	-17.52%
服務業（G-S）	2970	4,368,280	3,229	5,395,738	8.72%	23.52%
商業（G-I）	1556	1,017,852	1,688	1,000,574	8.48%	-1.70%
G 批發及零售業	1,179	878,607	1,354	894,841	14.84%	1.85%
H 運輸及倉儲業	21	42,159	32	43,973	52.38%	4.30%
I 住宿及餐飲業	356	97,086	302	61,760	-15.17%	-36.39%
J 出版、影音製作、傳播及資通訊業	359	1,208,813	445	235,207	23.96%	-80.54%
K 金融及保險業	298	939,703	301	3,244,134	1.01%	245.23%
不動產業	166	717,029	164	452,653	-1.20%	-36.87%
M 專業、科學及技術服務業	481	445,836	453	378,661	-5.82%	-15.07%
N 支援服務業	44	27,907	65	8,360	47.73%	-70.04%
O 公共行政及國防	0	0	0	10	0.00%	0.00%
P 教育服務業	12	1,603	24	8,702	100.00%	443.03%
Q 醫療保健及社會工作服務業	5	4,411	0	0	-100.00%	-100.00%
R 藝術、娛樂及休閒服務業	38	2,367	49	58,789	28.95%	2383.92%
S 其他服務業	11	2,759	40	8,646	263.64%	213.34%
合計	3415	7,513,192	3,621	11,440,234	6.03%	52.27%

資料來源：整理自經濟部投資審議委員會，2019，107 年統計月報 - 表 6：核准華僑及外國人投資分區分業統計表。

（二）陸資投資我國服務業

自 2009 年至 2018 年核准陸資來臺投資件數共有 1,228 件，較統計至 2017 年增加 12.97%；投（增）資金額計 21.88 億美元，較統計 2017 年增加 11.82%。自 2009 年 6 月 30 日開放陸資來臺投資以來，陸資逐年增加，這一成長趨勢到 2017 年因兩岸新情勢與美國製造業回流、中美貿易戰等因素而面臨挑戰。以來臺投資金額占比來看，陸資投資國內服務業超過 50%。投資服務業最多者依序以批發及零售業最高 5.96 億美元，占 27.26%；銀行業 2.01 億美元，占 9.21%；港埠業 1.39 億美元，占 6.36%；研究發展服務業 1.12 億美元，占 5.13%；資訊軟體服務業 0.98 億美元，占 4.48%；住宿服務業 0.90 億美元，占 4.10%。顯示陸資來臺投資仍以批發、零售業與銀行業為主（如表 2-4）。

表 2-4　陸資來臺投資統計

單位：千美元、%

	2009 年至 2017 年件數	2009 年至 2017 年金額（千美元）	截至 2017 年金額比重	2009 年至 2018 年件數	2009 年至 2018 年金額（千美元）	截至 2018 年金額比重	2017 年與 2018 年件數成長百分比	2017 年與 2018 年金額成長百分比
批發及零售業	615	488,625	28.90%	814	596,348	27.26%	32.36%	22.05%
電子零組件製造業	53	191,332	9.78%	58	283,046	12.94%	9.43%	47.93%
銀行業	3	201,441	10.30%	3	201,441	9.21%	0.00%	0.00%
港埠業	1	139,108	7.11%	1	139,108	6.36%	0.00%	0.00%
機械設備製造業	30	110,691	5.66%	31	114,040	5.21%	3.33%	3.03%
研究發展服務業	9	89,317	4.57%	9	112,135	5.13%	0.00%	25.55%
電腦、電子產品及光學製品製造業	32	107,435	5.49%	33	110,791	5.06%	3.13%	3.12%
電力設備製造業	7	106,131	5.42%	8	109,383	5.00%	14.29%	3.06%
金屬製品製造業	9	77,009	3.94%	10	103,089	4.71%	11.11%	33.87%

	2009 年至 2017 年件數	2009 年至 2017 年金額（千美元）	截至 2017 年金額比重	2009 年至 2018 年件數	2009 年至 2018 年金額（千美元）	截至 2018 年金額比重	2017 年與 2018 年件數成長百分比	2017 年與 2018 年金額成長百分比
資訊軟體服務業	60	87,697	4.48%	79	97,911	4.48%	31.67%	11.65%
住宿服務業	4	89,723	4.59%	4	89,723	4.10%	0.00%	0.00%
化學製品製造業	4	60,299	3.08%	5	67,241	3.07%	25.00%	11.51%
餐飲業	47	26,037	1.33%	54	30,077	1.37%	14.89%	15.52%
廢棄物清除、處理及資源回收業	6	21,123	1.08%	7	21,318	0.97%	16.67%	0.92%
紡織業	2	18,108	0.93%	2	18,108	0.83%	0.00%	0.00%
食品製造業	2	13,775	0.70%	2	13,775	0.63%	0.00%	0.00%
醫療器材製造業	1	1,201	0.06%	2	12,868	0.59%	100.00%	971.44%
化學材料製造業	5	12,562	0.64%	5	12,562	0.57%	0.00%	0.00%
塑膠製品製造業	11	5,235	0.27%	14	7,051	0.32%	-	-
汽車及其零件製造業	2	6,846	0.35%	2	6,846	0.31%	0.00%	0.00%
產業用機械設備維修及安裝業	5	4,677	0.24%	6	4,960	0.23%	20.00%	6.05%
會議服務業	19	4,478	0.23%	19	4,478	0.20%	0.00%	0.00%
橡膠製品製造業	2	4,002	0.20%	2	4,002	0.18%	0.00%	0.00%
未分類其他專業、科學及技術服務業	3	3,794	0.19%	3	3,794	0.17%	0.00%	0.00%
專業設計服務業	10	3,095	0.16%	11	3,637	0.17%	10.00%	17.51%
技術檢測及分析服務業	6	3,190	0.16%	6	3,190	0.15%	0.00%	0.00%
運輸及倉儲業	18	2,852	0.15%	20	3,048	0.14%	11.11%	6.87%
成衣及服飾品製造業	2	2,947	0.15%	2	2,947	0.13%	0.00%	0.00%

	2009年至2017年件數	2009年至2017年金額（千美元）	截至2017年金額比重	2009年至2018年件數	2009年至2018年金額（千美元）	截至2018年金額比重	2017年與2018年件數成長百分比	2017年與2018年金額成長百分比
未分類其他運輸工具及其零件製造業	3	2,022	0.10%	4	2,103	0.10%	33.33%	4.01%
創業投資業	1	1,994	0.10%	1	1,994	0.09%	0.00%	0.00%
租賃業	2	939	0.05%	2	939	0.04%	-	-
廢污水處理業	5	385	0.02%	5	385	0.02%	0.00%	0.09%
家具製造業	1	40	0.00%	1	40	0.00%	0.00%	0.00%
廣告業	1	6	0.00%	1	6	0.00%	0.00%	0.00%
其他製造業	2	5,405	0.28%	2	5,405	0.25%	0.00%	0.00%
小計	1,087	1,956,549	100.00%	1,228	2,187,791	100.00%	12.97%	11.82%

資料來源：整理自經濟部投資審議委員會，2019，107年統計月報-表1C：陸資來臺投資分業統計表。

▶▶ 四、我國就業概況

（一）各業就業人數

依據行政院主計總處之統計資料（如表 2-5 所示），2018 年我國總就業人口數為 1,143.4 萬人，相對於 2017 年的總就業人數成長了 0.72%。若以三級產業來分析，可以發現總就業人數的成長主要落在服務業，2018 年服務業就業人數達到 679.0 萬人，占總就業人數的 59.4%，較 2017 年成長 0.86%。在服務業細項行業方面，2017 年仍以「批發及零售業」之就業人數最多，高達 190.1 萬人，占總就業人口之比例達 16.6%；居第二位的是「住宿及餐飲業」，就業人數有 83.8 萬人，占比為 7.3%；居第三位的是「教育服務業」，就業人數有 65.3 萬人，占比為 5.7%。至於成長率超過服務業平均成長率的產業，依序為「藝術、娛樂及休閒服務業」的 3.77%，「不動產業」的 2.91%，「資訊及通訊傳播業」的 1.98%，「批發及零售業」的 1.39%，之後分別為「支援服務業」、「醫療保健及社會工作服務業」，其成長率分別為 1.37% 以及 1.11%。

表 2-5　我國各業別年平均就業人數、占比與成長率

單位：千人、%

		2014 年	2015 年	2016 年	2017 年	2018 年	2018 年 結構占比	2018 年 成長率
農業	農業	548	555	557	557	561	4.9%	0.72%
工業	工業	4,004	4,035	4,043	4,063	4,083	35.7%	0.49%
	礦業	4	4	4	4	4	0.0%	0.00%
	製造業	3,007	3,024	3,028	3,045	3,064	26.8%	0.62%
	電力燃氣供應業	29	30	30	30	30	0.3%	0.00%
	用水供應污染整治業	82	82	82	82	81	0.7%	-1.22%
	營造業	881	895	899	901	904	7.9%	0.33%
服務業		6,526	6,609	6,667	6,732	6,790	59.4%	0.86%
	批發及零售業	1,825	1,842	1,853	1,875	1,901	16.6%	1.39%
	運輸及倉儲業	433	437	440	443	446	3.9%	0.68%
	住宿及餐飲業	792	813	826	832	838	7.3%	0.72%
	資訊及通訊傳播業	241	246	249	253	258	2.3%	1.98%
	金融及保險業	416	420	424	429	432	3.8%	0.70%
	不動產業	98	100	100	103	106	0.9%	2.91%
	專業、科學技術服務業	354	362	368	372	374	3.3%	0.54%
	支援服務業	273	281	286	292	296	2.6%	1.37%
	公共行政及國防；強制性社會安全	378	375	374	373	367	3.2%	-1.61%
	教育服務業	645	650	652	652	653	5.7%	0.15%
	醫療保健及社會工作服務業	432	438	444	451	456	4.0%	1.11%
	藝術、娛樂及休閒服務業	95	99	103	106	110	1.0%	3.77%
	其他服務業	543	546	547	551	554	4.8%	0.54%
總計		11,078	11,199	11,267	11,352	11,434		0.72%

資料來源：行政院主計總處，2019，人力資源調查統計年報 - 表 13：歷年就業者之行業。

（二）各業工時之比較

依據行政院主計總處之統計資料顯示，2014-2016 年的資料有經過調整，所以不適合進行跨年比較，這裡僅將 2016-2018 年資料（表 2-6）的發現說明於下：2018 年工業部門之每月平均工時達 161.2 小時，較前一年增加 0.19%；而服務業之平均工時為 161.4 小時，較前一年減少 0.43%。上述現象除了顯示服務業部門的工時仍長於工業外，另一個也表示 2018 年因應勞基法的修正，所全面實施之「一例一休」政策，的確引發產業對工作時間之調整。另就各細項服務業比較，可觀察到「其他服務業」的平均工時最長，達 175.5 小時，而位居第二的是「支援服務業」，平均工時達 170.8 小時，平均工時最低的為「教育服務業」，僅130.7 小時。此外，「運輸及倉儲業」的加班工時為服務業之冠，達 9 小時，位居第二者為「支援服務業」，加班工時達 7.8 小時。這些資料和現象大致和往年類似，顯示有一定的結構性。

表 2-6　我國各產業平均工時與加班工時

單位：小時／月

	2016 年		2017 年		2018 年		平均工時	加班工時
	平均工時	加班工時	平均工時	加班工時	平均工時	加班工時	成長率	成長率
工業及服務業	169.5	8.5	161.6	8	161.3	8.1	-0.19%	1.25%
工業部門	173.7	14	160.9	13.1	161.2	13.3	0.19%	1.53%
服務業部門	166.2	4.2	162.1	4	161.4	4.1	-0.43%	2.50%
G 批發及零售業	164.5	3.4	161.3	3.4	160.6	3.7	-0.43%	8.82%
H 運輸及倉儲業	172.4	9.3	163.1	9	164.4	9	0.80%	0.00%
I 住宿及餐飲業	163.5	3.3	157.2	3.3	155.0	3.3	-1.40%	0.00%
J 出版、影音製作、傳播及資通訊業	161.2	2.8	160.5	2.2	159.7	2	-0.50%	-9.09%
K 金融及保險業	162.8	3.2	161.7	3.1	162.7	3.3	0.62%	6.45%

	2016 年		2017 年		2018 年		平均工時	加班工時
	平均工時	加班工時	平均工時	加班工時	平均工時	加班工時	成長率	成長率
L 不動產業	168.6	1.4	167.4	1.6	166.7	2.4	-0.42%	50.00%
M 專業、科學及技術服務業	165.5	4.3	161.5	3.7	161.4	3.9	-0.06%	5.41%
N 支援服務業	181.6	9.5	172.9	8.7	170.8	7.8	-1.21%	-10.34%
P 教育服務業	132.7	0.8	131.4	0.6	130.7	0.7	-0.53%	16.67%
Q 醫療保健及社會工作服務業	166.2	4.3	163.2	3.6	161.9	3.6	-0.80%	0.00%
R 藝術、娛樂及休閒服務業	169.6	2.2	162.6	2	160.0	2.2	-1.60%	10.00%
S 其他服務業	182.9	3	176.6	2.4	175.5	2.5	-0.62%	4.17%

資料來源：行政院主計總處，2019，薪資及生產力統計資料。資料擷取：2019 年 8 月。

說　　明：「支援服務業」包括租賃、人力仲介及供應、旅行及相關服務、保全及偵探、建築物及綠化服務、行政支援服務等。

（三）各業勞動生產力比較

依據行政院主計總處之定義，勞動生產力為每單位時間內每位勞工能生產的產量。經由行政院主計總處最新統計資料來看，如表 2-7，2018 年全體產業產值勞動生產力指數為 106.31，是自 2014 年起逐年上升之最高點。而 2018 年服務業產值勞動生產力指數為 105.57，亦是近五年新高。

在每工時產出方面，2018 年全體產業的每工時產出為 631.48 元，較上年度之 615.92 元大幅增加；至於服務業部分，2018 年為 631.62 元，亦較上年度之 616.03 元增加。

若以次產業觀之，可以發現服務業所有的次產業，除了「不動產業」外，2018 年全體產業的每工時產出相較於 2017 年均呈現成長趨勢。另外，2018 年每工時產出金額最高為「金融及保險業」的 1,386.54 元，其次為「資訊與通訊傳播業」的 1,166.47 元；而每工時產出最低則為「住宿及餐飲業」，每工時產出僅為 229.71 元，僅比 2017 年的 221.64 元增加 8.07 元，成長幅度相當有限。

表 2-7　我國各業勞動生產力比較

產值勞動生產力指數

基期 2016 年 =100	全體產業	農林漁牧業	工業	服務業	批發及零售業	運輸及倉儲業	住宿及餐飲業	資訊與通訊傳播業
2014	95.31	121.67	93.59	95.55	95.47	95.68	97.21	91.20
2015	95.76	108.97	93.99	96.67	96.40	94.88	97.58	94.90
2016	100.00	100.00	100.00	100.00	100.00	100.00	100.00	100.00
2017	103.69	109.17	104.21	102.96	102.96	105.78	101.58	100.56
2018	106.31	110.63	106.91	105.57	105.35	109.34	105.28	100.90
	金融及保險業	不動產業	專業、科學及技術服務業	支援服務業	醫療保健服務業	藝術、娛樂及休閒服務業	其他服務業	
2014	94.41	101.96	98.90	92.39	95.00	99.34	96.73	
2015	98.90	99.64	98.15	95.76	94.41	98.18	97.67	
2016	100.00	100.00	100.00	100.00	100.00	100.00	100.00	
2017	102.93	100.33	98.37	101.54	100.98	104.11	103.57	
2018	104.71	98.58	100.00	103.69	103.63	104.41	108.36	

每工時產出

基期 2016 年 =100	全體產業	農林漁牧業	工業	服務業	批發及零售業	運輸及倉儲業	住宿及餐飲業	資訊與通訊傳播業
2014	566.10	212.11	605.00	571.69	664.86	462.00	212.11	1,054.25
2015	568.77	189.96	607.56	578.39	671.34	458.17	212.91	1,097.07
2016	593.97	174.33	646.41	598.30	696.43	482.87	218.19	1,156.04
2017	615.92	190.31	673.59	616.03	717.04	510.79	221.64	1,162.45
2018	631.48	192.86	691.08	631.62	733.66	527.96	229.71	1,166.47
	金融及保險業	不動產業	專業、科學及技術服務業	支援服務業	醫療保健服務業	藝術、娛樂及休閒服務業	其他服務業	
2014	1,250.13	1,126.91	446.35	374.47	496.47	754.32	318.53	
2015	1,309.60	1,101.27	442.98	388.14	493.41	745.56	321.62	
2016	1,324.17	1,105.27	451.33	405.33	522.62	759.36	329.29	
2017	1,362.93	1,108.91	443.95	411.56	527.74	790.57	341.04	
2018	1,386.54	1,089.52	451.34	420.30	541.57	792.83	356.81	

每就業者產出

基期 2016 年 =100	全體產業	農林漁牧業	工業	服務業	批發及零售業	運輸及倉儲業	住宿及餐飲業	資訊與通訊傳播業
2014	102,294	37,226	110,743	102,616	119,457	84,856	37,608	175,320
2015	101,386	33,693	109,306	102,452	118,784	83,477	37,414	181,034
2016	102,584	30,138	112,121	102,998	119,208	85,416	37,455	185,994
2017	105,862	32,699	116,695	105,278	122,246	89,794	37,280	188,890
2018	108,387	33,198	119,983	107,484	124,742	93,486	38,115	188,612
	金融及保險業	不動產業	專業、科學及技術服務業	支援服務業	醫療保健服務業	藝術、娛樂及休閒服務業	其他服務業	
2014	207,274	201,858	77,640	70,064	85,937	136,811	63,477	
2015	213,070	194,140	75,730	71,605	85,117	133,442	63,029	
2016	215,949	185,488	74,986	72,362	87,010	130,536	62,633	
2017	224,488	187,292	73,448	73,374	87,996	131,251	63,121	
2018	230,359	184,281	74,681	74,608	89,650	128,774	65,209	

資料來源：行政院主計總處，2019，107 年度產值勞動生產力趨勢分析報告。

說　　明：本報告書各表之行業分類係依第 9 次修訂之中華民國行業標準分類。

以每位就業者產出來看，2018 年全體產業的每位就業者產出為每月 108,387 元，較 2017 年之 105,862 元略為增加。服務業部分，2018 年為 107,484 元，亦較 2017 年之 105,278 元微幅增加；產出最高者依然為「金融及保險業」的 230,359 元，其次為「資訊與通訊傳播業」的 188,612 元，再其次為「不動產業」的 184,281 元；而服務業最低者為「住宿及餐飲業」，每位就業者產出為 38,115 元，相較上年度之 37,280 元大幅增加 835 元，達到近 5 年新高。

第三節　我國服務業經營概況

▶▶ 一、服務業家數及銷售額分析

由財政部統計月報，我們可從服務業的家數與銷售額觀察，進一步了解目前產業內的樣態，深化對服務業的認識。我國服務業 2018 年銷售額達新台幣 23 兆 8,242.74 億元，家數約 114.7 萬家；2018 年與 2017 年相比，營業家數與銷售金額均有提升。

（一）結構分析

「批發及零售業」依然是服務業中家數與銷售額最高的產業，2018 年的家數約 67.27 萬家，銷售額則由 2017 年的 14 兆 3,868.23 億元，成長至 15 兆 1,576.20 億元。（表 2-8）

以家數排名來看，家數最高者為「批發及零售業」，其他依序為「住宿及餐飲業」15.22 萬家；「其他服務業」8.30 萬家；「專業、科學及技術服務業」4.83 萬家；「不動產業」3.67 萬家；「金融及保險業」3.43 萬家；「運輸及倉儲業」3.26 萬家；「藝術、娛樂及休閒服務業」3.06 萬家。

以銷售額排名分析，除批發及零售業以外，銷售額較多的產業依序為「金融及保險業」2 兆 5,034.32 億元，「運輸及倉儲業」1 兆 2,825.96 億元，「不動產業」1 兆 2,549.72 億元，「出版、影音製作、傳播及資通訊業」1 兆 1,745.47 億元，「專業、科學及技術服務業」7,911.22 億元，「住宿及餐飲業」7,048.08 億元，以及「支援服務業」5,436.10 億元。

表 2-8　我國服務業家數與銷售額

	2016 年		2017 年		2018 年	
	家數	銷售額	家數	銷售額	家數	銷售額
批發及零售業	661,539	13,604,666	668,332	14,386,823	672,736	15,157,620
運輸及倉儲業	29,324	1,151,021	31,489	1,228,365	32,555	1,282,596
住宿及餐飲業	139,687	626,974	146,466	662,860	152,200	704,808
出版、影音製作、傳播及資通訊業	19,104	1,062,448	20,168	1,095,838	21,271	1,174,547
金融及保險業	30,794	2,277,438	32,522	2,244,712	34,333	2,503,432
不動產業	33,796	1,064,143	35,072	1,171,116	36,726	1,254,972
專業、科學及技術服務業	44,321	708,877	46,245	718,963	48,331	791,122
支援服務業	28,734	541,687	29,705	581,980	30,536	543,610
公共行政及國防	13	2,599	12	2,632	12	3,271
教育服務業	2,250	16,264	2,950	16,838	3,581	20,350
醫療保健及社會工作服務業	767	27,574	976	28,682	1,060	31,520
藝術、娛樂及休閒服務業	23,879	87,200	25,985	93,916	30,569	105,215
其他服務業	77,628	235,893	80,714	245,102	83,041	251,211
服務業合計	1,091,836	21,406,784	1,120,636	22,477,826	1,146,951	23,824,274

資料來源：財政部，2019，財政統計資料庫。

（二）趨勢變化

　　從服務業家數成長率與銷售額成長率來看，過去一年的變化中，服務業主要分為三個族群，包含成長率高的成長性產業、成熟期產業與衰退期產業（表2-9）。

　　以家數成長率與銷售額成長率來看，2018 年在家數與銷售額均呈現成長的

產業分別為「批發及零售業」、「運輸及倉儲業」、「住宿及餐飲業」、「出版、影音製作、傳播及資通訊業」、「金融及保險業」、「不動產業」、「專業、科學及技術服務業」、「教育服務業」、「醫療保健及社會工作服務業」、「藝術、娛樂及休閒服務業」及「其他服務業」等。

　　若僅以家數成長率分析，2018 年家數成長率較高者依序為「教育服務業」21.39%、「藝術、娛樂及休閒服務業」17.64%、「醫療保健及社會工作服務業」8.61%、「金融及保險業」5.57%、「出版、影音製作、傳播及資通訊業」5.47%、「不動產業」4.72%、「專業、科學及技術服務業」4.51%、「住宿及餐飲業」3.91%、「運輸及倉儲業」3.39%、「其他服務業」2.88% 與「支援服務業」2.80%。

　　以銷售額成長分析，2018 年服務業平均銷售成長 5.99%。銷售額成長率較高依序為「公共行政與國防」24.31%、「教育服務業」20.86%、「藝術、娛樂及休閒服務業」12.03%、「金融及保險業」11.53%、「專業、科學及技術服務業」10.04%、「醫療保健及社會工作服務業」9.89%、「出版、影音製作、傳播及資通訊業」7.18% 與「不動產業」7.16%；至於「批發及零售業」5.36%、「運輸及倉儲業」4.41% 及「其他服務業」2.49%，是低於總體服務業平均銷售成長的產業；至於「支援服務業」則是衰退 6.59%。

表 2-9　我國服務業單店年銷售額、家數及銷售成長率（2018）

單位：新台幣百萬元、%

	單店年銷售額	家數成長	銷售成長
批發及零售業	22.53	0.66%	5.36%
運輸及倉儲業	39.40	3.39%	4.41%
住宿及餐飲業	4.63	3.91%	6.33%
出版、影音製作、傳播及資通訊業	55.22	5.47%	7.18%
金融及保險業	72.92	5.57%	11.53%
不動產業	34.17	4.72%	7.16%
專業、科學及技術服務業	16.37	4.51%	10.04%
支援服務業	17.80	2.80%	-6.59%

	單店年銷售額	家數成長	銷售成長
公共行政及國防	272.62	0.00%	24.31%
教育服務業	5.68	21.39%	20.86%
醫療保健及社會工作服務業	29.74	8.61%	9.89%
藝術、娛樂及休閒服務業	3.44	17.64%	12.03%
其他服務業	3.03	2.88%	2.49%
服務業合計	20.77	2.35%	5.99%

資料來源：財政部，2019，財政統計月報民國 108 年（臺北：財政部）。

（三）銷售額區域分布

從服務業銷售區域來看，臺北市在 2018 年與上年度一樣仍排名第一，可見臺北市依然為服務業各次產業的集中地；也因此對服務業來說，臺北市的競爭最為激烈。而排名第二名的縣市則依各區域的發展政策、地方特色及地理位置有所不同。

以「批發及零售業」來說，臺北市銷售額最高達 5 兆 7,678.76 億元，且遠遠領先其他縣市，第二為新北市 2 兆 0,763.50 億元，第三為高雄市 1 兆 6,112.01 億元，第四為台中市 1 兆 4,809.25 億元（表 2-10）。

另就近幾年較熱門的「餐飲及住宿業」來說，臺中市因位於臺北市與高雄市的中間位置，結合了我國南、北不同的口味，成為餐飲業試水溫相當好的地點，「住宿及餐飲業」在當地銷售額為 832.61 億元，與過去幾年一樣為全臺第二，僅次於臺北市的 2,310.95 億元，可見其在住宿及餐飲業的發展潛力。

與我國進出口息息相關的「運輸及倉儲業」，桃園市的銷售額自 2014 年為各縣市第二，超越原本排名第二的高雄市後，2018 年繼續維持這樣的排名。桃園市的「運輸及倉儲業」銷售額為 2,106.97 億元，僅次於臺北市的 5,714.40 億元，也領先高雄市的 1,341.54 億元，與新北市的 1,313.06 億元。

而以與我國工業最相關的服務業「專業、科學及技術服務業」來說，新竹縣「專業、科學及技術服務業」銷售額 912.73 億元，位居全國第二，若把新竹市一併納入視為新竹科學園區的腹地，則加計新竹市 432.45 億元的銷售額，新竹

表 2-10 我國服務業銷售額區域分布（2018）

單位：新台幣百萬元

地區別	批發及零售業	運輸及倉儲業	住宿及餐飲業	資訊及通訊傳播業	金融及保險業	不動產業
總計	15,157,620	1,282,596	704,808	1,174,547	2,503,432	1,254,972
新北市	2,076,350	131,306	69,393	100,328	111,367	210,727
臺北市	5,767,876	571,440	231,095	847,698	1,975,558	492,590
桃園市	1,254,220	210,697	59,753	14,852	64,521	84,189
臺中市	1,480,925	63,358	83,261	48,113	103,246	165,980
臺南市	797,151	24,654	42,889	19,374	44,499	58,792
高雄市	1,611,201	134,154	68,665	38,984	84,708	110,708
宜蘭縣	98,489	9,214	14,161	3,945	8,298	7,158
新竹縣	273,049	11,314	14,669	26,363	11,359	27,721
苗栗縣	170,029	6,469	8,367	5,026	7,277	7,638
彰化縣	385,869	14,750	15,938	9,356	19,585	18,338
南投縣	89,086	4,855	12,377	4,346	6,759	3,513
雲林縣	159,465	11,954	7,169	5,015	9,034	7,836
嘉義縣	96,009	11,749	5,239	899	5,570	2,425
屏東縣	191,440	4,812	15,680	5,722	9,468	5,769
臺東縣	36,226	4,012	7,941	1,958	2,375	2,390
花蓮縣	69,003	4,998	11,169	3,691	5,373	5,348
澎湖縣	15,869	2,972	2,891	926	827	***
基隆市	55,638	41,408	6,584	5,498	5,380	2,053
新竹市	383,314	7,750	15,735	25,046	19,723	31,012
嘉義市	120,176	5,699	9,350	6,342	8,013	7,139
金門縣	24,924	3,943	2,112	891	476	2,357
連江縣	1,310	1,086	368	175	15	***

地區別	專業、科學及技術服務業	支援服務業	教育服務業	醫療保健及社會工作服務業	藝術、娛樂及休閒服務業	其他服務業
總計	791,122	543,610	20,350	31,520	105,215	251,211
新北市	84,761	46,917	1,662	1,681	13,568	27,864
臺北市	414,329	326,250	8,108	6,580	38,523	77,719
桃園市	44,793	30,572	2,517	***	6,932	23,948
臺中市	44,244	37,756	2,819	1,957	10,671	25,699
臺南市	14,380	15,290	946	609	5,279	12,690
高雄市	30,685	39,538	2,113	18,569	8,232	25,666
宜蘭縣	1,870	2,370	87	42	1,733	3,461
新竹縣	91,273	6,859	216	217	3,411	6,044
苗栗縣	3,473	3,018	83	***	1,533	4,384
彰化縣	4,590	5,399	286	420	1,740	8,249
南投縣	1,505	1,717	62	***	2,285	2,834
雲林縣	1,686	2,596	125	50	1,431	4,066
嘉義縣	1,682	3,883	23	***	739	2,441
屏東縣	2,311	2,550	197	98	2,708	5,086
臺東縣	851	1,015	48	21	487	1,423
花蓮縣	1,422	1,547	97	385	1,274	1,805
澎湖縣	107	942	17	***	254	475
基隆市	1,456	2,362	45	62	891	2,305
新竹市	43,245	10,128	627	207	2,169	9,952
嘉義市	2,020	1,941	268	55	1,175	4,663
金門縣	384	865	***	***	147	386
連江縣	55	95	***	0	31	49

資料來源：財政部，2019，財政統計月報民國 108 年。

說　　明：*** 表示不陳示數值以保護個別資料。

縣市合計的銷售額為 1,345.18 億元，仍然僅次於臺北市的 4,143.29 億元。

▶▶ 二、服務業各業別規模變化

企業規模可從企業平均人數來觀察，如表 2-11 所示。進一步依產業與企業兩種面向分析企業規模，可分成行業總人數（行業規模）與企業平均人數（企業規模）同步上升的同步成長行業、只有產業指標單項成長行業、只有企業指標單項成長行業以及兩項指標皆退步的同步下降行業來觀察。由於 2018 年僅有兩項指標同步成長與同步下降以及只有產業指標單項成長的行業，因此以下就以這三個構面來說明：

（一）同步成長行業

「批發及零售業」不管在總行業人數與企業平均人數規模均同步成長，可看出該行業不管是單獨企業規模或是整體行業規模都有成長。2018 年「批發及零售業」企業人均數成長率為 0.72%，且行業總人數也成長 1.39%。

（二）行業指標單項成長行業

「運輸及倉儲業」、「住宿及餐飲業」、「出版、影音製作、傳播及資通訊業」、「金融及保險業」、「不動產業」、「專業、科學及技術服務業」、「支援服務業」、「教育服務業」與「醫療保健及社會工作服務業」、「藝術、娛樂及休閒服務業」及「其他服務業」等產業人數都有成長，但企業人均數卻反向縮小，可見這些行業的家數變多但每家的規模都縮小，顯示這幾個行業在最近一年有更多的業者加入該產業，進而帶動產業人數成長，但因為產業增加人數並沒有如業者增加的速度快，造成企業人均數下降。

（三）同步下降行業

「公共行政及國防」企業人均數與產業人數同時呈現下降，不過此行業主要受政府行為影響，非受市場因素所解釋，因此本文在此不深入探討其原因。

表 2-11　我國服務業員工人數及企業規模

單位：家、千人、人、%

	2017 年家數	2018 年家數	2017 年人數	2018 年人數	2017 年企業人均數	2018 年企業人均數	2018 年企業人均數成長率	2018 年行業總人數成長率
批發及零售業	668,332	672,736	1,875	1,901	2.81	2.83	1.39%	0.72%
運輸及倉儲業	31,489	32,555	443	446	14.07	13.70	0.68%	-2.62%
住宿及餐飲業	146,466	152,200	832	838	5.68	5.51	0.72%	-3.07%
出版、影音製作、傳播及資通訊業	20,168	21,271	253	258	12.54	12.13	1.98%	-3.31%
金融及保險業	32,522	34,333	429	432	13.19	12.58	0.70%	-4.61%
不動產業	35,072	36,726	103	106	2.94	2.89	2.91%	-1.72%
專業、科學及技術服務業	46,245	48,331	372	374	8.04	7.74	0.54%	-3.80%
支援服務業	29,705	30,536	292	296	9.83	9.69	1.37%	-1.39%
公共行政及國防	12	12	373	367	31,083.33	30,583.33	-1.61%	-1.61%
教育服務業	2,950	3,581	652	653	221.02	182.35	0.15%	-17.49%
醫療保健及社會工作服務業	976	1,060	451	456	462.09	430.19	1.11%	-6.90%
藝術、娛樂及休閒服務業	25,985	30,569	106	110	4.08	3.60	3.77%	-11.79%
其他服務業	80,714	83,041	551	554	6.83	6.67	0.54%	-2.27%

資料來源：財政部，2019，財政統計資料庫；行政院主計總處，2019，107 年人力資源調查統計。資料擷取：2019 年 7 月。

▶▶ 三、服務業就業情勢

（一）服務業就業人數及結構

1. 服務業就業人數：

　　(1) 就業人數較多業別服務業中以「批發及零售業」人數與占比最高：

與上年度相同，占全國總就業人數比率為 16.63%。主要因為批發零售業，係將商品由製造業移轉至消費者的最後一站，市場對其需求較大，就業吸納能力較大；再者，批發零售展店模式標準化，提高展店效率，在大量展店的情況下，投入人數亦較多。

(2) 成長率較高業別：「藝術、娛樂及休閒服務業」在 2018 年就業人數成長最高，達 3.77%，其次為「不動產業」的 2.91%，再其次為「出版、影音製作、傳播及資通訊業」的 1.98% 成長。其他成長率超過 1% 以上的行業有「批發及零售業」的 1.39%，「支援服務業」的 1.37%，及「醫療保健及社會工作服務業」的 1.11%。然而，與 2017 年相比，2018 年服務業只有 0.86% 的成長，說明整體表現其實不甚理想。

(3) 負成長與幾近停滯的業別：2018 年「公共行政及國防」的就業人數 36.7萬人，呈現 1.61% 的下降，是唯一衰退的服務業。此外，「運輸及倉儲業」、「住宿及餐飲業」、「金融及保險業」、「專業、科學及技術服務業」、「教育服務業」及「其他服務業」就業人數分別為 44.6 萬人、83.8 萬人、43.2 萬人、37.4 萬人、65.3 萬人和 55.4 萬人，其年成長率分別為 0.68%、0.72%、0.70%、0.54%、0.15%和 0.54%。

表 2-12　我國服務業就業人數、占比與成長率

	2013 年	2014 年	2015 年	2016 年	2017 年	2018 年	結構占比	成長率
	千人	千人	千人	千人	千人	千人		(2018)
總計	10,967	11,079	11,198	11,267	11,352	11,434	100.00%	0.72%
服務業	6,458	6,526	6,609	6,667	6,732	6,790	59.38%	0.86%
G 批發及零售業	1,817	1,825	1,842	1,853	1,875	1,901	16.63%	1.39%
H 運輸及倉儲業	425	433	437	440	443	446	3.90%	0.68%
I 住宿及餐飲業	775	792	813	826	832	838	7.33%	0.72%
J 出版、影音製作、傳播及資通訊業	234	241	246	249	253	258	2.26%	1.98%

	2013 年	2014 年	2015 年	2016 年	2017 年	2018 年	結構占比	成長率
	千人	千人	千人	千人	千人	千人		（2018）
K 金融及保險業	422	416	420	424	429	432	3.78%	0.70%
L 不動產業	92	98	100	100	103	106	0.93%	2.91%
M 專業、科學及技術服務業	347	354	362	368	372	374	3.27%	0.54%
N 支援服務業	263	273	281	286	292	296	2.59%	1.37%
O 公共行政及國防	383	378	375	374	373	367	3.21%	-1.61%
P 教育服務業	634	645	650	652	652	653	5.71%	0.15%
Q 醫療保健及社會工作服務業	427	432	438	444	451	456	3.99%	1.11%
R 藝術、娛樂及休閒服務業	96	95	99	103	106	110	0.96%	3.77%
S 其他服務業	541	543	546	547	551	554	4.85%	0.54%

資料來源：行政院主計總處，2019，107 年人力資源調查統計。資料擷取：2019 年 7 月。

2. 服務業就業人口結構：以下從性別、年齡及教育程度來分析服務業中就業人口的結構。

(1) 性別：2018 年服務業就業人數達 679.0 萬人，其中男性占 45.99%，女性則占 54.01%，屬女性高於男性的行業（如表 2-13 所示）。其中「運輸及倉儲業」、「出版、影音製作、傳播及資通訊業」、「不動產業」、「支援服務業」以及「公共行政及國防」等產業以男性的就業人口為較多，尤以「運輸及倉儲業」的 76.46% 大幅領先女性。而「批發及零售業」、「住宿及餐飲業」、「金融及保險業」、「專業、科學及技術服務業」、「教育服務業」、「醫療保健及社會工作服務業」、「藝術、娛樂及休閒服務產業」以及「其他服務業」等，則以女性就業人口占最多，尤以「醫療保健及社會工作服務業」、「教育服務業」與「金融及保險業」女性就業人口最多分別占 77.83%、73.51% 與 63.66%。需要注意的是「其他服務業」在 2015 年的資料仍以男性就業人口較多，但在 2016 年開始以女性就業人口較多，2018 年仍然維持此一發展方式，這樣的轉變是否因為其他

服務業的產業型態或是服務型態發生改變，值得持續關注。

表 2-13　我國各產業與服務業就業人口性別結構

單位：千人、%

	2016 年千人	2017 年千人	2018 年千人	男生人數	男生占比（%）	女生人數	女生占比（%）
總計	11,267	11,352	11,434	6,346	55.50%	5,089	44.51%
農林漁牧業	557	557	561	415	73.98%	146	26.02%
工業	4,043	4,063	4,083	2,808	68.77%	1,276	31.25%
服務業	6,667	6,732	6,790	3,123	45.99%	3,667	54.01%
G 批發及零售業	1,853	1,875	1,901	907	47.71%	994	52.29%
H 運輸及倉儲業	440	443	446	341	76.46%	104	23.32%
I 住宿及餐飲業	826	832	838	388	46.30%	450	53.70%
J 出版、影音製作、傳播及資通訊業	249	253	258	148	57.36%	110	42.64%
K 金融及保險業	424	429	432	158	36.57%	275	63.66%
L 不動產業	100	103	106	59	55.66%	47	44.34%
M 專業、科學及技術服務業	368	372	374	163	43.58%	210	56.15%
N 支援服務業	286	292	296	174	58.78%	121	40.88%
O 公共行政及國防	374	373	367	187	50.95%	181	49.32%
P 教育服務業	652	652	653	173	26.49%	480	73.51%
Q 醫療保健及社會工作服務業	438	444	451	100	22.17%	351	77.83%
R 藝術、娛樂及休閒服務業	99	103	106	50	47.17%	55	51.89%
S 其他服務業	546	547	551	274	49.73%	277	50.27%

資料來源：行政院主計總處，2019，107 年人力資源調查統計。資料擷取：2019 年 7 月。

說　　明：工業包含礦業及土石採取業、製造業、電力及燃氣供應業、用水供應業與營造業。

(2) 年齡：由表 2-14 可以得知各年齡區間與各產業類別的結構概況

① 15~24 歲投入最多的產業：「批發及零售業」、「住宿及餐飲業」。從 15~24 歲的年齡區間可以看出，以「批發及零售業」的就業人口最多，達 17.7 萬人，在「批發及零售業」就業人口中占 9.31%，其次為「住宿及餐飲業」達 15.5 萬人，在「住宿及餐飲業」就業人口中占 18.50%，只有這兩行業高於 10 萬人以上。且 15~24 歲投入「住宿及餐飲業」占比最高，顯示該行業投入年齡最輕，也顯示此行業之低門檻特性。

② 25~44 歲投入各服務業的絕對、相對人口數為：就絕對人數而言，以「批發及零售業」、「住宿及餐飲業」及「教育服務業」較多，分別為 95.6 萬人、39.7 萬人及 36.0 萬人。其他產業如：「醫療保健及社會工作服務業」、「其他服務業」、「金融及保險業」、「專業、科學及技術服務業」，以及「運輸及倉儲業」也有超過 20 萬人的規模。就相對比例而言，整體服務業達 52.25%，高於整體服務業比例的產業依序為：「出版、影音製作、傳播及資通訊業」、「醫療保健及社會工作服務業」、「專業、科學及技術服務業」、「金融及保險業」、「教育服務業」及「不動產業」；反之，其它產業之就業比例較整體服務業低。另外從每個行業的年齡階層來看，除了「支援服務業」以 45~64 歲就業人口占比最高外，均以 25~44 歲就業人口占比為最高，顯示各行業幾乎均以此年齡階層為主要投入人口。

③ 45~64 歲投入較多的產業：「批發及零售業」，占比最高為「支援服務業」：從表中可以看出 45~64 歲以「批發及零售業」的就業人口最多，有 71.1 萬人，而「住宿及餐飲業」、「教育服務業」以及「其他服務業」也有 20 萬人以上的規模；參與最少的為「藝術、娛樂及休閒服務產業」、「不動產業」以及「出版、影音製作、傳播及資通訊業」，皆未達 10 萬人。

④ 65 歲以上投入較多的產業「批發及零售業」：「批發及零售業」的 65 歲以上就業人口最高，為 5.8 萬人，而「住宿及餐飲業」及「其他服務業」其次，為 1.6 萬人。65 歲以上人口多半皆已退休，故有些行業如「出版、影音製作、傳播及資通訊業」、「不動產業」及「藝術、娛樂及休閒服務產業」等參與僅千人。

從 4 類年齡區間中，可以發現「批發及零售業」在各年齡區間皆有最多的就業人口，進而可以了解到當今中華民國服務業以「批發及零售業」為服務業主要就業人口之大宗，總共有 190.1 萬人，占服務業比重為 28.00%，占全國總就業人

口的 16.63%。

表 2-14　我國各產業與服務業就業人口年齡結構（2018）

單位：千人、%

	總計 千人	15-24 歲 千人	15-24 歲 結構比	25-44 歲 千人	25-44 歲 結構比	45-64 歲 千人	45-64 歲 結構比	65 歲以 上人數	65 歲以 上結構比
總計	11,434	860	7.52%	5,974	52.25%	4,320	37.78%	280	2.45%
農林漁牧業	561	15	2.67%	129	22.99%	315	56.15%	102	18.18%
工業	4,083	231	5.66%	2,297	56.26%	1,509	36.96%	46	1.13%
服務業	6,790	615	9.06%	3,548	52.25%	2,496	36.76%	132	1.94%
G 批發及零售業	1,901	177	9.31%	956	50.29%	711	37.40%	58	3.05%
H 運輸及倉儲業	446	27	6.05%	223	50.00%	188	42.15%	8	1.79%
I 住宿及餐飲業	838	155	18.50%	397	47.37%	270	32.22%	16	1.91%
J 出版、影音製作、傳播及資通訊業	258	17	6.59%	172	66.67%	68	26.36%	1	0.39%
K 金融及保險業	432	21	4.86%	246	56.94%	163	37.73%	2	0.46%
L 不動產業	106	5	4.72%	58	54.72%	43	40.57%	1	0.94%
M 專業、科學及技術服務業	374	27	7.22%	230	61.50%	113	30.21%	4	1.07%
N 支援服務業	296	13	4.39%	124	41.89%	147	49.66%	11	3.72%
O 公共行政及國防	367	20	5.45%	181	49.32%	162	44.14%	5	1.36%
P 教育服務業	653	39	5.97%	360	55.13%	251	38.44%	4	0.61%
Q 醫療保健及社會工作服務業	456	44	9.65%	281	61.62%	126	27.63%	5	1.10%
R 藝術、娛樂及休閒服務業	110	15	13.64%	60	54.55%	33	30.00%	1	0.91%
S 其他服務業	554	54	9.75%	261	47.11%	222	40.07%	16	2.89%

資料來源：行政院主計總處，2019，107 年人力資源調查統計。資料擷取：2019 年 7 月。

說　　明：工業包含礦業及土石採取業、製造業、電力及燃氣供應業、用水供應業與營造業。

⑶ 教育程度：從教育程度來分析服務業就業人口的結構，「國中及以下」、「高中職」、「大專及以上」的占比分別為 11.41%、29.71%、58.90%，可以發現在目前服務業中，「大專及以上」占了半數以上（58.90%）的就業人口（如表 2-15 所示）。且「大專及以上」之比重較上年上升，「國中及以下」與「高中職」占比則較上年度下降，顯示國內服務業就業人口教育程度亦隨我國高教普及而愈來愈高。其他分述如下：

①「國中及以下」就業人口投入較多的行業：「批發及零售業」與「住宿及餐飲業」、「其他服務業」。

在此教育程度中，「批發及零售業」為就業人口投入較多的行業，有 26.6 萬人，其次為「住宿及餐飲業」以及「其他服務業」，就業人口分別為 17.4 萬人、12.5 萬人。而「出版、影音製作、傳播及資通訊業」、「金融及保險業」、「不動產業」以及「專業、科學及技術服務業」皆未達 1 萬人。

②「高中職」就業人口投入較多的行業：「批發及零售業」、「住宿及餐飲業」與「其他服務業」。

「批發及零售業」、「住宿及餐飲業」以及「其他服務業」，就業人口分別為 70.0 萬人、37.2 萬人與 26.1 萬人，而「運輸及倉儲業」為 18.6 萬人，「支援服務業」為 11.7 萬人，其餘產業皆未達 10 萬人。

③「大專及以上」就業人口投入較多的行業：「批發及零售業」、「教育服務業」、「醫療保健及社會工作服務業」、「金融及保險業」。

「批發及零售業」為投入最多的就業人口，有 93.5 萬人，其次為「教育服務業」、「醫療保健及社會工作服務業」以及「金融及保險業」，分別有 58.8 萬人、37.9 萬人、35.9 萬人。在此教育程度中，僅「藝術、娛樂及休閒服務業」及「不動產業」的就業人數未達 10 萬人，此結果也與上年度相同。從以上分析中可以發現，「批發及零售業」不管是從性別、年齡或教育程度來看，皆占最多的就業人口，顯示「批發及零售業」人力需求量大，在就業方面居重要地位。

表 2-15　我國各產業與服務業就業人口教育程度結構（2018）

單位：千人、%

	總計 千人	國中及以 下千人	國中及以 下百分比	高中職 千人	高中職 百分比	大專及以 上千人	大專及以 上百分比
總計	11,434	1,913	16.73%	3,706	32.41%	5,814	50.85%
農林漁牧業	561	332	59.18%	161	28.70%	67	11.94%
工業	4,083	806	19.74%	1,528	37.42%	1,749	42.84%
服務業	6,790	775	11.41%	2,017	29.71%	3,999	58.90%
G 批發及零售業	1,901	266	13.99%	700	36.82%	935	49.18%
H 運輸及倉儲業	446	73	16.37%	186	41.70%	187	41.93%
I 住宿及餐飲業	838	174	20.76%	372	44.39%	291	34.73%
J 出版、影音製作、 傳播及資通訊業	258	2	0.78%	27	10.47%	230	89.15%
K 金融及保險業	432	4	0.93%	70	16.20%	359	83.10%
L 不動產業	106	4	3.77%	33	31.13%	70	66.04%
M 專業、科學及技 術服務業	374	4	1.07%	49	13.10%	320	85.56%
N 支援服務業	296	68	22.97%	117	39.53%	111	37.50%
O 公共行政及國防	367	13	3.54%	50	13.62%	305	83.11%
P 教育服務業	653	13	1.99%	52	7.96%	588	90.05%
Q 醫療保健及社會 工作服務業	456	15	3.29%	62	13.60%	379	83.11%
R 藝術、娛樂及休 閒服務業	110	15	13.64%	41	37.27%	54	49.09%
S 其他服務業	554	125	22.56%	261	47.11%	168	30.32%

資料來源：行政院主計總處，2019，107 年人力資源調查統計。資料擷取：2019 年 7 月。

說　　明：工業包含礦業及土石採取業、製造業、電力及燃氣供應業、用水供應業與營造業。

3. 服務業薪資結構：依據行政院主計總處之統計資料，2018 年服務業每月平均經常性薪資達 42,800 元（如表 2-16 所示），超過上年度的 41,680 元，成長率為 2.69%。從下表可觀察到「金融及保險業」的經常性薪資在服務業中最高，達 61,643 元，其次為「出版、影音製作、傳播及資通訊業」，達 57,383 元，再其次為「醫療保健服務業」的 54,457 元；而經常性薪資高於 4 萬元的產業還有「專業、科學及技術服務業」、「運輸及倉儲業」、「不動產業」及「批發及零售業」。「教育服務業」之經常性薪資為 24,597 元，未滿 3 萬元。若將 2017 年與 2018 年相比，各項服務業的經常性薪資都有成長，其中以「不動產業」成長幅度最大，達 5.82%；「教育服務業」、「其他服務業」、「住宿及餐飲業」及「藝術、娛樂及休閒服務業」均有超過 3% 的成長；而「出版、影音製作、傳播及資通訊業」、「支援服務業」、「金融及保險業」、「專業、科學及技術服務業」與「醫療保健服務業」經常薪資成長低於整體服務業平均水準。

「教育服務業」為服務業中最低薪資者，其經常性薪資為 24,597 元，非經常性薪資為 1,436 元，而平均經常性薪資較 2017 年成長 3.38%，非經常性薪資則減少 4.01%。教育服務業涵蓋範圍廣，除了包含正規教育體制內的各級學校外，還包括正規教育體制外各種領域之教育服務，以及不具教育學性質之教育輔助的行業。然而依據行政院主計總處之統計資料顯示，「教育服務業」有 90.05% 就業人口的教育程度為大專以上，這些資料說明教育服務業的內涵、結構及問題仍須進一步研究了解。

表 2-16　我國各業平均經常薪資與非經常薪資

單位：元新台幣、%

	2017 年		2018 年		2016 與 2017 年相較	
	經常性薪資	非經常性薪資	經常性薪資	非經常性薪資	經常性薪資	非經常性薪資
工業及服務業	39,928	10,552	40,959	11,448	2.58%	8.49%
工業部門	37,603	12,304	38,503	13,502	2.39%	9.74%
服務業部門	41,680	9,232	42,800	9,908	2.69%	7.32%
G 批發及零售業	39,229	8,031	40,362	9,436	2.89%	17.49%
H 運輸及倉儲業	42,453	10,861	43,701	11,293	2.94%	3.98%

	2017 年		2018 年		2016 與 2017 年相較	
	經常性薪資	非經常性薪資	經常性薪資	非經常性薪資	經常性薪資	非經常性薪資
I 住宿及餐飲業	29,841	3,565	30,758	3,319	3.07%	-6.90%
J 出版、影音製作、傳播及資通訊業	55,902	13,294	57,383	12,526	2.65%	-5.78%
K 金融及保險業	60,250	26,175	61,643	27,572	2.31%	5.34%
L 不動產業	38,158	6,735	40,377	7,281	5.82%	8.11%
M 專業、科學及技術服務業	48,629	8,956	49,721	9,052	2.25%	1.07%
N 支援服務業	32,722	3,456	33,527	3,606	2.46%	4.34%
P 教育服務業	23,792	1,496	24,597	1,436	3.38%	-4.01%
Q 醫療保健及社會工作服務業	53,605	12,076	54,457	12,557	1.59%	3.98%
R 藝術、娛樂及休閒服務業	35,027	2,508	36,093	2,649	3.04%	5.62%
S 其他服務業	30,055	3,805	30,984	3,982	3.09%	4.65%

資料來源：行政院主計總處，2019，薪資及生產力統計資料。資料擷取：2019 年 7 月。

說　　明：⑴ 工業包含礦業及土石採取業、製造業、電力及燃氣供應業、用水供應業與營造業。⑵ 本表不含「O 公共行政及國防」之統計資料。

▶▶ 四、服務業研發經費比較

　　我國服務業包含政府與民間投入的研發經費，雖歷年來比例皆不到製造業的一半，但每年皆有成長，加上近幾年政府大力推展服務業，政策上也推動服務業科技化，復以近年來智慧型手機日趨普遍，行動 APP 興起，O2O（On-line To Off-line）營運模式受到重視，因此服務業各行業業主在研發方面相當重視，投入也相當積極，此將有利於我國服務業的創新及持續發展。

　　在研發經費方面，由於資料取得之限制僅更新至 2017 年；在研發經費上，從表 2-17 可以看到，「出版、影音製作、傳播及資通訊業」的研發經費投入最高，高達 17,981 百萬元，其次是「專業、科學及技術服務業」的 7,300 百萬元，至於「醫療保健及社會工作服務業」、「金融及保險業」以及「批發及零售業」、也分別有 4,158 百萬元、4,077 百萬元以及 2,089 百萬元的研發經費投入；此外，

「住宿及餐飲業」及「不動產業」的研發經費投入分別僅 46 百萬元、94 百萬元。就研發經費投入成長率來看，最高者為「住宿及餐飲業」達 155.96%，其次為「不動產業」的 139.82%，「運輸及倉儲業」的 35.47%，「其他行業」的 31.55%，「醫療保健及社會工作服務業」的 17.30%，「金融及保險業」的 16.36%。僅「專業、科學及技術服務業」衰退 2.69%，其他則為小幅度成長。

表 2-17　我國服務業歷年研發經費

單位：新台幣百萬元、%

	2013 年研發經費	2014 年研發經費	2015 年研發經費	2016 年研發經費	2017 年研發經費	2017 年成長率
G 批發及零售業	1,542	1,769	1,698	2,044	2,089	2.21
H 運輸及倉儲業	226	261	270	386	523	35.47
I 住宿及餐飲業	8	2	2	18	46	155.96
J 出版、影音製作、傳播及資通訊業	14,797	15,286	15,949	17,033	17,981	5.56
K 金融及保險業	2,376	2,719	3,131	3,504	4,077	16.36
L 不動產業	26	43	36	39	94	139.82
M 專業、科學及技術服務業	6,995	7,191	7,555	7,502	7,300	-2.69
Q 醫療保健及社會工作服務業	3,008	3,446	3,522	3,545	4,158	17.30
其他產業	173	178	162	186	245	31.55

資料來源：行政院科技部，2019，全國科技動態調查－科學技術統計要覽。資料擷取：2019 年 7 月。
說　　明：其他服務業包括藝術、娛樂及休閒、公共行政及國防、強制社會安全及教育服務等。

第四節　我國商業服務業發展趨勢

我國商業服務業者多屬中小企業，很容易受到國際情勢與大環境的影響。在國際上因為受到美國川普發動貿易戰的影響，使得國際經濟產生波動，連帶影響我國企業獲利、進而影響我國內需市場與消費。在國內產業環境上，店面零售業者面臨無店面零售業者的強烈競爭，多半呈現低速成長或衰退；外國旅客結構與

消費行為的改變、年金制度的改革，或多或少也影響商業服務業的發展，對已占GDP六成以上的服務業自然是個不利的發展環境。所以，2019年我國服務業整體或個別細項產業的發展與經營概況（見本章前二節），所呈現的指標都不夠突出。這些情況其實並非只發生在今日，在過往的一段時間裡已逐漸顯現，只是面對國內外不確定因素越來越高，我國商業服務業者應持續提高警覺、積極應對。

本節將就我國商業服務業發展趨勢作一說明，當中有若干現象在過去的年鑑中已有提及，為顧及說明的完整性，容有部分重複：

▶ 一、優秀的員工會傳遞給消費者美好的購物體驗，是實體店面對消費者必須強化的課題

2017與2018年鑑都曾提及展示廳（Showrooming）現象，嚴重影響實體店面最近幾年的發展。歐美很多知名百貨公司近幾年不斷傳出關閉、裁員的消息，即是受到網購的衝擊。國內零售業者近年也因為國內景氣與電商的衝擊，造成頻

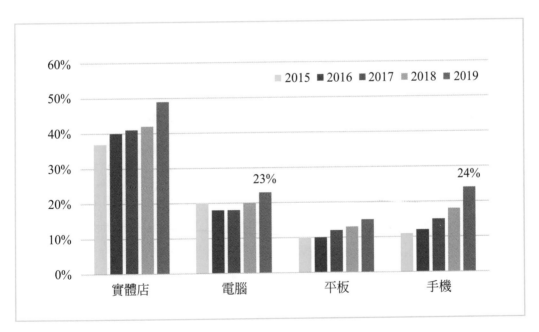

資料來源：PwC（2019）。

圖 2-1　消費者每周消費方式

繁更迭的現象。

不過上述現象開始有所轉變，根據（PricewaterhacsehouseCoopers 簡稱 PwC）（2019）全球消費者洞察調查顯示，消費者每週到實體店家消費的比率，由 2016 年的 40% 提升至 2019 年的接近 50%，顯示消費者又開始重視實體通路購物。不過，在同一個調查當中顯示消費者運用手機購物的比例（24%）已超過利用電腦（23%）與平板（16%）進行購物，這種現象不但表示業者在運用網路架設網站進行銷售或資訊傳遞時，必須考量在不同裝置呈現的影響外；也顯示消費者在購物通路的選擇上，雖然在實體店有些許的成長，不過利用行動裝置購物方面成長得更快。

此外，在同一份調查中顯示有幾乎三分之一的消費者以每週一次或更頻繁的頻率進行線上購物，較前一年增加 5 個百分點，從不上網購物的消費者比重也減少 3 個百分點、降至 7%，也可以充分表現出今日消費者更加數位化的生活型態。

消費者開始重回實體店消費的原因，主要原因是消費者希望可以在實體店中獲得體驗。為了吸引客戶前往實體門店，「客戶體驗」成為當今顯學，甚至百貨業者紛紛增加客戶體驗較強烈的門店。PwC（2018）公布「2018 消費者體驗的未來」調查報告指出，雖然消費者做出購買決定時，價格和品質仍然是首要的考慮因素，但有 73% 的全球受訪者表示，一個美好的體驗是影響其品牌忠誠度的關鍵驅動因素之一。在報告中提到，全球消費者願意多花費 16% 的價格，來購買具有高品質客戶體驗的產品和服務。過去消費者在意的「性價比」（C/P 值）逐漸退燒，取而代之的是「客戶體驗」，業者絕對不能忽視此一趨勢。

一次不好的消費體驗會導致消費者離去，而大部分的消費者認為店員對他們的體驗有重大影響。但只有 44% 的人認為店員很了解他們的需求。由於店員就是創造和維持與消費者良好互動的關鍵，業者除了必須透過企業內部的培訓，培養出非常棒的店員外，還必須將企業精神與共識也讓每一位店員知曉，透過具有企業精神與服務熱忱的店員協助傳遞，讓每一位消費者都能有極佳的消費體驗。

▶▶ 二、不論線上與線下，都必須強化社群經營與服務內容

「線上與線下融合」一直都有學者提出，不過一直到馬雲提出「新零售」這個概念才被廣泛的討論。馬雲在 2016 年 10 月的阿里雲棲大會上所提出「新零售」

一詞，他認為未來線下與線上零售將深度結合，再加上現代物流、大數據、雲計算等創新技術，構成未來新零售的概念。因此新零售的意涵其實是要建立「全通路」的聯合方式，以實體門店、電子商務、大數據雲平臺、移動互聯網為核心，透過融合線上線下，實現商品、會員、交易、行銷等數據的共融互通，向顧客提供跨管道、無縫化體驗。

如前所述，現今的消費者因為透過智慧型手機的使用以及重視社群的影響，已經成為智慧型消費者。目前的消費者獲取商品或服務的資訊來源，也與過去的消費者有非常大的不同。過去的消費者主要透過大眾媒體廣告獲得相關訊息，但根據 PwC（2019）全球消費者洞察調查，發現消費者一直在找尋協助簡化決定購物的工具，包括運用數位科技，也向信賴的社群、專家尋求建議等。根據調查結果，61% 的消費者購物決策受社群媒體影響，無論是突發的購物奇想或遵循網友的正面評價。反之，不到兩成消費者會因名人代言或網紅等具影響力的人士推薦而購物，傳統媒體在消費者消費決策中的重要性則是大大降低。

就消費者而言，相較於傳統的線上購物模式，過去多數消費者擔心尺寸、材質或整體是否合乎需求，目前的消費者更擔心是否買貴、無法貨比三家等情況。但近期越來越多電商在結合線上社群服務後，消費者不但可透過評價留言、好友推薦，甚至能直接在線上與銷售人員聯繫，因此成為目前多數電商採用的銷售模式。

此外，近年開始盛行的線上直播服務內容，更是大幅改變傳統電商銷售模式，使越來越多線上直播開始與電商服務結合，甚至在直播內容加入導購機制，讓更多網紅或具備影響力的知名人物透過分享、介紹，串接實際消費行為。藉由與更多網紅簽約大幅發揮導購成效，進一步將線上社群互動與電商或到店服務緊密連結，這遠比傳統電商行銷模式有更直接的宣傳效果。

▶▶ 三、商業服務業正在摸索甚麼才是臺灣的「無人化」或「少人化」發展模式

根據國發會「中華民國人口推估（2018 至 2065 年）報告」提及，我國總人口於 2020 年死亡人數達到 18.1 萬人，超過出生人數 17.8 萬人，自然增加率由正轉負。且依據國發會中推估情境，2021 年將達到高峰 2,361 萬人，2022 年之後

將會反轉下降，未來勞動力及消費人口將會呈現逐年減少的趨勢。15-64 歲青壯年人口自 2012 年達最高峰後開始下降。因此，就產業而言，未來將會面臨勞動力不足的問題。

商業服務業是以人為本的產業，其所提供的服務大部分都是透過人力來傳遞。一旦未來勞動力不足，商業服務業在員工聘用上將會出現短缺現象，連帶影響產業發展。此外，由於近兩年勞基法在勞動工時與時薪、月薪薪資的調整，使得商業服務業在人力聘用上與運用上遇到了一些瓶頸。在上述兩項因素交互激盪之下，商業服務業進行自動化與科技化的轉型勢在必行。

我國商業服務業在自動化與科技化的發展方面進展較慢，主要原因不外乎以下兩點：(1) 我國的商業服務業業者的規模較小，無太多資源來進行自動化與科技化；(2) 商業服務業者對於自動化與科技化在經營過程所可能產生的效益認識不深。因此，在國外商業服務業正如火如荼地推動自動化與科技化技術之際，真正落實在我國商業服務業者應用的比例仍低。

不過這兩年部分的臺灣業者開始嘗試建置無人服務模式來測試臺灣消費者的接受程度。7-Eleven 在臺北市建置兩家未來店 X-store，全家也建置科技體驗店，不過 7-Eleven 已宣布擱置拓展未來店 X-store 計畫，顯示歐美的無人商店似乎不太為臺灣消費者所接受。另一個例子是亞尼克蛋糕，亞尼克在 2018 年 7 月起，在臺北 54 個捷運站點鋪設 54 台蛋糕自動販賣機（YTM），當時期許每台機器每日能夠售出 30 條生乳捲，即可做到損益兩平。但一年之後檢視平均每台 YTM 銷售量未達預期。實際營收與原本的期待有落差，最大的問題在於錯估消費者心理。業者建置自動化機器原本是希望節省人事成本、消除營業時間限制，但許多消費者對於「跟機器買東西」仍有點排斥。「在一些乘客較傳統（年紀偏高）的捷運站，甚至還有媽媽說不敢靠近機台。」臺灣消費者仍然希望有溫度的服務，有人的互動。相對於亞尼克實體店配置蛋糕櫃服務人員，可以根據客人的詢問，介紹蛋糕口味，部分商品還能試吃；而且甜點蛋糕陳列琳瑯滿目，在視覺享受下，也更能刺激購買慾望。

雖然目前臺灣業者嘗試的「無人化」或「少人化」服務模式，尚未有成功的案例，不過上述業者的嘗試與努力，一定會找到科技運用與服務溫度的平衡點。一旦找出臺灣商業服務業的「無人化」或「少人化」服務模式，又因為 ICT 發展非常快速，相關設備的價格或許在短時間就會大幅度降低，則無人店或少人店的

的時代將會很快到來，我國業者仍然必須要持續關注無人店的發展動態。

▶▶▶ 四、臺灣外送餐飲平台應會面臨大洗牌

近年來餐飲外送產業興起，除了有無快送、foodomo 等臺灣業者之外，也有三大國際外送平台 Uber Eats、foodpanda、deliveroo 搶市，競爭相當激烈。事實上，餐飲外送早就不是什麼新鮮事。麥當勞、肯德基、Pizza Hut 或便當店，很早就有外送。但這次，外送大軍代表的意義，很不一樣。

過去，外送是消費者用電話訂餐，餐廳再送餐給消費者，如今的餐飲電商化，則是消費者透過手機，進入各餐飲外送平台的 APP，就能點餐。下單後，透過 AI 運算系統，平台會將訂單分配給有餘裕接單的外送員，消費者只要人在家中坐，美食便會自動送上門來。

臺灣外送成長力道的確驚人。foodpanda 表示，去年底和剛進臺灣相比，使用 foodpanda 人數成長了 35 倍。今年上半年訂單和去年同期相較，也成長 15 倍。Uber Eats 則透露，今年第一季，Uber Eats 合作餐廳已超過 6,000 家，是去年同期的 2 倍，平台活躍用戶和外送趟次，也成長 3 倍。

雖然各外送平台會以較低抽成，積極簽下「獨家餐廳」，藉此吸引消費者。但對消費者來說，重點是餐廳或店家的商品，誰送過來沒有太大差別，消費者不易對外送平台產生忠誠度。市場競爭者眾，各大外送平台想做出差異化，其實不太容易。目前臺灣餐飲外送市場仍在補貼燒錢階段，消費者多是哪裡便宜哪裡去；此外，外送平台後勤、客服、外送員等各種因素，都會影響消費者和美食店家使用意願。

就像躋身國內美食外送平台前三大，僅次於德商 foodpanda、美商 Uber Eats 的本土美食外送平台「吃飽沒」8 月 15 日在臉書官方粉絲專頁宣布，即日起結束營運。「吃飽沒」成立於 2017 年 11 月，資本額 3,100 萬，2018 年 5 月 APP 上線後，短短不到一年合作餐廳就超過 1,000 家，高峰時日均訂單量更高速成長超過 40 倍。不過由於競爭加劇，外商平台全力祭出廣告行銷及免運補貼的「資本戰」，嚴重衝擊營運，因此在審慎評估後選擇退場。

雖然近年臺灣掀起美食外送風潮，但本土業者想切入這塊市場，至少要面臨 3 大挑戰，首先是口袋夠不夠深，第二是品牌知名度，第三是市場侷限性。由

於「吃飽沒」缺乏外商集團的龐大資金後援，在行銷廣告資源不足下，品牌知名度、好感度、指名度等建立上挑戰相當高；而這也是繼今年 6 月「誠實蜜蜂」（honestbee）黯然宣布退場後，第 2 家倒閉的外送平台。

看來這場外送大軍競賽，才剛開打，還沒那麼快分出勝負。

▶ 五、企業與公協會自主節能減碳將是善盡企業社會責任之具體實踐

我國於 2015 年 7 月正式公布實施「溫室氣體減量及管理法」，隨即於 2017 年 2 月 23 日核定「國家因應氣候變遷行動綱領」，明確擘劃我國推動溫室氣體減緩及氣候變遷調適政策總方針。為依循行動綱領推動溫室氣體減量政策，邁向 2030 年溫室氣體排放量降為 2005 年溫室氣體排放量 20% 以下之中程願景，最終達成溫室氣體減量及管理法第 4 條所定於 2050 年溫室氣體排放量降為 2005 年溫室氣體排放量 50% 以下之國家溫室氣體長期減量目標，行政院環境保護署依溫室氣體減量及管理法第 9 條第 1 項規定，擬訂溫室氣體減量推動方案，啟動國家整體及跨部門的因應行動。

目前各部會將會依據溫管法擬定各產業的節能減碳方案與措施，而在能源使用上屬於「住商部門」的商業服務業者，未來勢必要針對這波節能減碳的趨勢有所因應。

在商業部門方面，由於我國業者多屬於中小業者，因此過去較無資源進行節能減碳。不過，由於目前經營環境不佳，在「開源」不易的情況之下，若能適當的「節流」，亦能提升企業的獲利，因此開始有業者積極進行節能。經濟部商業司過去幾年提供輔導資源，對有意進行節能的企業提供諮詢，但因為沒有實質提供經費協助業者更換設備，以至於成效不夠凸顯。近兩年經濟部商業司提供輔導款，透過補助技術團隊規劃費用的方式，協助業者進行耗能設備的更換，成效逐漸顯現，2018 年共有 6 家連鎖體系、9 家門市業者參與。經調查 2018 年可節省用電 21 萬度 / 年，節省電費 83 萬 / 年，共計可減少 113 公噸 CO_2e/ 年。2019 年則有 16 家連鎖體系、52 家門市業者參與，參與的業者越來越多。2019 年預估可節省用電 29 萬度 / 年，節省電費 112 萬 / 年，共計可減少 157 公噸 CO_2e/ 年。除了針對連鎖加盟業者辦理示範輔導外，經濟部商業司參考日本公協會自主減碳的

方式，正在邀請商業服務業相關公協會自主邀集協會會員，一起自訂節能減碳目標，透過行為管理與集體更換耗能設備的方式，逐步達到節能減碳目標。前瞻未來，面對越來越嚴重的溫室效應，節能減碳絕對是越來越重要的議題，業者除了可以淘汰耗能設備、更換能源使用效率更高的設備外，亦可以從調整行為模式著手，一樣可以為環境永續進一份心力。

第五節　結論

不論從服務業生產已占實質 GDP 的 60.82%；或是從我國服務就業人口數為 679.0 萬人，占總就業人數的 59.4%；以及 2018 年我國服務業對外貿易總額達 1,078.28 億美元，較 2017 年增加 8.08%，都可以發現服務業在我國經濟成長與就業所扮演的角色更加重要。

在服務投資方面，2018 年核准僑外投資服務業投資金額 53.96 億美元，較 2017 年增加 23.52%，其中商業投資金額雖然略有減少，但在投資件數上卻增加 8.48%。

在勞動力生產指數方面，2018 年服務業產值勞動生產力指數為 105.57，是近五年之新高。在每工時產出方面，2018 年服務業為 631.62 元，較上年度之 616.03 元增加，若以次產業觀之，可以發現服務業所有的次產業，除了「不動產業」外，2018 年全體產業的每工時產出相較於 2017 年均呈現成長的趨勢，顯示近幾年雖然受到外部環境不景氣影響，不過我國服務業仍然呈現緩步發展的格局。

目前研究發現，消費者開始重回實體店消費的原因，主要原因是消費者希望可以在實體店中獲得體驗。一次不好的消費體驗會導致消費者離去，而大部分的消費者認為店員對他們的體驗有重大影響。由於店員就是創造和維持與消費者良好互動的關鍵，業者除了必須透過企業內部的培訓，培養出幹練的店員外，還必須將企業精神與共識也讓每一位店員知曉，透過具有企業精神與服務熱忱的店員協助傳遞，讓每一位消費者都有極佳的消費體驗。

現今的消費者透過智慧型手機的使用以及重視社群的影響，已經成為智慧型消費者。過去的消費者主要透過大眾媒體廣告獲得相關訊息，而現在有 61% 的

消費者購物決策受社群媒體影響，無論是突發的購物奇想或遵循網友的正面評價。反之，不到兩成消費者會因名人代言或網紅等具影響力的人士推薦而購物，傳統媒體在消費者在消費決策中的重要性則是大大降低。

在新型態的商業模式——「無人化」或「少人化」服務模式，目前臺灣尚未有成功案例，不過上述業者的嘗試與努力，一定會找到科技運用與服務溫度的平衡點。而在外送餐飲方面，業者正面臨 3 大挑戰，首先是口袋夠不夠深，第二是品牌知名度，第三是市場侷限性。目前臺灣餐飲外送市場仍在補貼燒錢階段，未來市場應該會歷經大洗牌後才會有較清晰的發展方向。

在商業部門節能減碳方面，由於我國業者多屬中小業者，因此過去較無資源進行節能減碳。不過，由於目前經營環境不佳，在「開源」不易的情況之下，適當的「節流」即能提升企業獲利。近年經濟部商業司已針對連鎖加盟業者辦理示範輔導，未來將邀請商業服務業相關公協會自主邀集協會會員，一起自訂節能減碳目標，透過行為管理與集體更換耗能設備的方式，逐步達到節能減碳目標。

上述均是我國服務業需要留意的發展趨勢，雖然部分趨勢還不甚明顯，但相信在後續幾年相關效果將會逐漸浮現，我國商業服務業者應要妥善及早因應。

基礎
資訊

我國商業服務業現況

批發業現況分析與發展趨勢

商業發展研究院／傅中原研究員

第一節　前言

　　批發業於現今商業活動中扮演重要的角色，上承製造業，下接零售業，成為串聯生產端與消費端不可或缺的中介者。然而，批發業存在的功能不僅降低生產端與消費端間的交易成本、搜尋成本以及媒合成本外，同時也擔任提供貨物集散、調節市場供需情況、商品重製加工、融通生產端與消費端資金需求，並且提供市場商品資訊以及分攤市場等重要角色。

　　批發業與零售業的分界線在於購買對象的不同。若為供貨給下游生產或配銷業者，則屬於批發商（Business to Business, B2B）；若是直接銷售給消費者，則歸於零售商（Business to Consumer, B2C）。近年購物中心或網路平台等新興商業販售模式的出現，使雙方於配銷服務業上角色越來越模糊，實際的例子為大賣場可直接向生產製造商進貨，以較低廉的價格出售，藉以吸引消費者前去購買，而業者利用其專業物流服務將產品配送至消費者手上。資通訊科技的發達也讓批發業的角色逐漸式微，例如消費者匯集眾人的消費需求，直接利用生產端的電子商務銷售平台購買大宗產品，再分配至消費者的手上。

　　本章的內容安排如下：前言之後，第二節為我國批發業整體發展現況分析，透過統計數據的呈現，瞭解我國批發業經營現況，並發掘我國批發產業經營問題；第三節為主要國家批發業發展現況與新興批發業個案研究，內容探討美國、日本與中國大陸之批發業現況，並且針對新興批發業經營案例進行分析；最後則為結論與建議，將對企業未來發展提供相關建議。

第二節　我國批發業發展現況分析

　　根據行政院主計總處「行業標準分類」第 10 次修訂版本所定義之批發業，凡從事有形商品批發、仲介批發買賣或代理批發拍賣之行業，其銷售對象為機構或產業（如中盤批發商、零售商、工廠、公司行號、進出口商等）。批發業各業別包含商品批發經紀業、綜合商品批發業、農產原料及活動物批發業、食品、飲料及菸草製品批發業、布疋及服飾品批發業、家用器具及用品批發業、藥品、醫療用品及化妝品批發業、文教育樂用品批發業、建材批發業、化學原材料及其製品批發業、燃料及相關產品批發業、機械器具批發業、汽機車及其零配件、用品批發業以及其他專賣批發業。

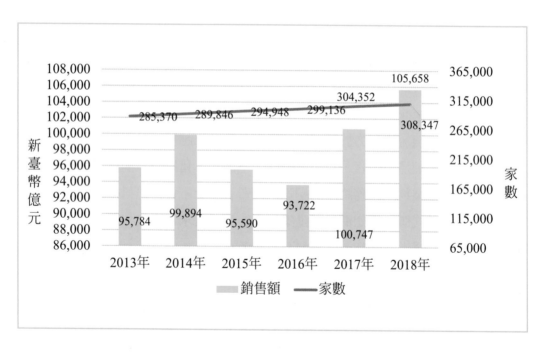

資料來源：整理自財政部財政統計資料庫與行政院主計總處薪資及生產力統計資料庫。資料擷取日期為
　　　　　2019 年 4 月 20 日。

說　　明：(1) 2013 年以後則採用「營利事業家數及銷售額第 7 次修訂」。(2) 勞動人口與薪資資料係整理
　　　　　自行政院主計總處薪資及生產力統計資料庫。(3) 上述表格數據會產生部分計算偏誤係因四捨五
　　　　　入與資料長度取捨所致，但並不影響數據分析結果。

圖 3-1　批發業銷售額與營利事業家數趨勢

▶▶ 一、批發業發展現況

由上圖 3-1 的數據顯示，2018 年我國批發業的銷售總額為新台幣 105,658 億元，年增率為 4.87%。與前一年相比，減緩趨勢明顯，主因為全球景氣擴張步調放緩，行動通訊產品買氣減弱，工業產品庫存調整以及 107 年高基數等因素交互作用下，影響我國整體批發業發展速度。

在營利事業家數方面，2018 年批發業整體家數為 308,347 家，相較於 2017 年，成長 3,995 家且成長幅度為 1.31%，可見我國整體批發業市場仍具有成長潛力，對潛在進入者而言，仍有利可圖。

2018 年我國批發業的受僱人數為 1,061,609 人，年增率為 1.06%，受僱員工人數雖有成長，但成長幅度較小，可見我國批發業處於產業規模成熟的階段，整體就業人數較不易受業者進入或退出影響。另外，2018 年批發業每人每月總薪資 53,648 元，較 2017 年成長 4.35%，主因為我國宣布調升最低工資有關，帶動整體批發業從業工人薪資。[12] 由男女性員工的薪資亦可看出，我國批發業男性薪資於統計年中均高於女性，但薪資成長幅度受景氣波動影響程度相當大。

表 3-1　我國批發業家數、銷售額、受僱人數與每人每月總薪資統計

單位：家數、億元新台幣、人、%、元

項目	年度	2014 年	2015 年	2016 年	2017 年	2018 年
銷售額	總計（億元）	99,894	95,590	93,722	100,747	105,658
	年增率（%）	4.29	-4.31	-1.95	7.49	4.87
家數	總計（家）	289,846	294,948	299,136	304,352	308,347
	年增率（%）	1.57	1.76	1.42	1.74	1.31

註 12　行政院於 2017 年 9 月 21 日公布自 2018 年 1 月 1 日起，每月基本工資由 21,009 元調整至 22,000 元，調升 991 元，調幅 4.72%（資料來源：行政院官方網站，資料擷取日期為 2019 年 4 月 20 日）。

項目	年度	2014 年	2015 年	2016 年	2017 年	2018 年
受僱員工人數	總計（人）	1,040,604	1,056,317	1,060,584	1,050,509	1,061,609
	年增率（%）	2.33	1.51	0.40	1.03	1.06
	男性（人）	470,078	474,404	475,630	472,097	475,470
	年增率（%）	0.19	0.92	0.26	1.24	0.71
	女性（人）	570,526	581,913	584,954	578,412	586,139
	年增率（%）	4.16	2.00	0.52	0.86	1.34
每人每月總薪資	總計（元）	48,249	49,223	49,073	51,413	53,648
	年增率（%）	5.29	2.02%	-0.30	4.77	4.35
	男性（元）	53,893	54,762	54,339	56,939	59,922
	年增率（%）	4.78	1.61	-0.77	4.78	5.24
	女性（元）	43,600	44,708	44,791	46,902	48,558
	年增率（%）	6.28	2.54	0.19	4.71	3.53

資料來源：整理自財政部財政統計資料庫與行政院主計總處薪資及生產力統計資料庫。資料擷取日期為 2019 年 4 月 20 日。

說　　明：(1) 2013 年以後則採用「營利事業家數及銷售額第 7 次修訂」。(2) 勞動人口與薪資資料係整理自行政院主計總處薪資及生產力統計資料庫。(3) 上述表格數據會產生部分計算偏誤係因四捨五入與資料長度取捨所致，但並不影響數據分析結果。

二、批發業之細業別發展現況

（一）銷售額

　　為進一步瞭解產業內部銷售額變化情況，在此採用主計總處行業標準分類的定義，將批發業區分為民生用品批發業（45）與產業用品批發業（46）。[13] 民生用品批發業主要以國內業者與消費者為銷售對象，而產業用品批發業則是多以製造商為其主要銷售對象。

　　由表 3-2 可知，民生用品批發業與產業用品批發業於 2018 年的總銷售額分別為 42,874 億元與 62,784.10 億元，其年增率分別為 1.32% 和 7.45%。若與其他年度相比，民生用品批發業銷售額自 2013 年以來，僅 2015 年出現小幅下滑現

86

象，其餘每年都持續成長，可見我國民間消費力道仍呈現持續成長態勢。

若以 2014-2108 年產業用品批發業銷售額來看，其波動程度相當劇烈。產業用品批發業於 2015、2016 年兩年間呈現衰退的情況，其衰退幅度分別為 -6.73%以及 -4.17%。不過到了 2017 年後，受惠於全球經濟復甦態勢影響，產業銷售情況明顯好轉，亦可保持較快速的成長力道。2018 年的銷售額也突破 2014 年的銷售高點，來到 62,784.10 億元，可見產業用品批發業發展前景看好。

就 2014 年至 2018 年間的批發業銷售額占比而言，我國批發業仍以產業用品批發業為主，其平均占比約為 58%，而民生用品批發業大約維持在 42%，代表我國批發產業之構成版圖已呈現穩定狀態，主要係以製造業供應鏈為主的產業型態。

表 3-2　批發細業別銷售額、年增率與銷售額占比

單位：億元新台幣、%

業別	年度	2014 年	2015 年	2016 年	2017 年	2018 年
民生用品批發業	銷售額（億元）	40,846.09	40,517.02	40,944.25	42,314.79	42,874.00
	年增率（%）	4.85	-0.81	1.05	3.35	1.32
	銷售額占比（%）	40.89	42.39	43.69	42.00	40.58
產業用品批發業	銷售額（億元）	59,048.14	55,073.85	52,778.68	58,432.49	62,784.10
	年增率（%）	3.90	-6.73	-4.17	10.71	7.45
	銷售額占比（%）	59.11	57.61	56.31	58.00	59.42

資料來源：整理自財政部財政統計資料庫。資料擷取日期為 2019 年 4 月 20 日。

說　明：(1)2013 年以後則採用「營利事業家數及銷售額第 7 次修訂」。(2) 民生用品批發業係標準行業 2 位碼代碼為 45 之業別，產業用品批發業的 2 位碼代碼則為 46。(3) 上述表格數據會產生部分計算偏誤係因四捨五入與資料長度取捨所致，但並不影響數據分析結果。

註 13　民生用品批發業包含 451 商品經紀業、452 綜合商品批發業、453 農產原料及活動物批發業、454 食品、飲料及菸草製品批發業以及 455 布疋及服飾品批發業、456 家庭器具及用品批發業、457 藥品、醫療用品及化妝品批發業以及 458 文教、育樂用品批發業；產業用品批發業則包含 461 建材批發業、462 化學材料及其製品批發業、463 燃料及相關產品批發業、464 機械器具批發業、465 汽機車及其零配件、用品批發業以及 469 其他專賣批發業。

　　若以批發業內各業別來看（詳參表 3-3），2018 年度銷售額規模前三大的產業分別為機械器具批發業、建材批發業以及食品、飲料及菸草製品批發業，其產業銷售額分別占我國批發業總額比重為 25.29%、13.51% 與 12.13%，而此三項產業銷售額占我國批發業整年度銷售額約二分之一，可見此三項產業興衰與我國批發業整體發展息息相關。

　　機械器具批發業 2018 年銷售額為 26,717.26 億元，年增率為 6.72%，主因受美中貿易摩擦下轉單效果以及國內產業擴產等多方利多因素，使機械器具批發業成長率保持較高的成長率；建材批發業 2018 年的銷售額為 14,269.14 億元，其年增率為 5.61%，因建材批發業主要銷售對象屬國內業者，可知國內景氣繁榮對於建材批發業的銷售成長雖有著一定的助益。

　　由於美中貿易戰與央行維持寬鬆的貨幣政策，房市前景有好轉的趨勢，國內建案增建帶動建材相關批發產品的需求。[14] 食品、飲料及菸草製品批發業 2018 年的銷售額為 12,815.88 億元，年成長率為 6.06%。由於食品、飲料及菸草製品批發業之銷售重心為國內業者，因國內經濟穩定成長，民間消費力道提升，對於食品、飲料及菸草製品批發業銷售額均有正面的挹注。

　　另外，值得注意的產業別為「燃料及相關產品批發業」與「化學原材料及其製品批發業」，這兩個產業的成長幅度較高，分別為 12.76% 以及 9.99%，主因為油價上漲帶動收益增加與因應國內外景氣擴張增產效果，加大對能源相關需求，以及化學產品價格持續居高檔及出口增加所致。不過，「家用器具及用品批發業」與「農產原料及活動物批發業」卻呈現衰退現象，其銷售額分別為 7,021.49 億元與 1,597.68 億元，且年增率分別為 -5.91% 與 -9.01%，推測可能因受到國內相關產品市場價格競爭策略、消費力道下滑等因素，引起產業銷售額下降的效果。

表 3-3　2018 年批發業細業別之銷售額、年增率與銷售額占比

單位：億元新台幣、%

行業別＼項目	銷售額	年增率（%）	銷售額占比（%）
批發業銷售額總計	105,658.10	4.87	100
機械器具批發業	26,717.26	6.72	25.29

項目 行業別	銷售額	年增率（%）	銷售額占比（%）
建材批發業	14,269.14	5.61	13.51
食品、飲料及菸草製品批發業	12,815.88	6.06	12.13
化學原材料及其製品批發業	7,973.87	9.99	7.55
汽機車及其零配件、用品批發業	7,249.89	8.12	6.86
商品批發經紀業	7,170.86	1.47	6.79
家用器具及用品批發業	7,021.49	-5.91	6.65
布疋及服飾品批發業	4,949.70	1.30	4.68
藥品、醫療用品及化妝品批發業	3,937.87	3.94	3.73
其他專賣批發業	3,564.87	9.31	3.37
綜合商品批發業	3,403.89	1.14	3.22
燃料及相關產品批發業	3,009.06	12.76	2.85
文教育樂用品批發業	1,976.63	3.70	1.87
農產原料及活動物批發業	1,597.68	-9.01	1.51

資料來源：整理自財政部財政統計資料庫。資料擷取日期為 2019 年 4 月 20 日。

說　　明：(1) 2018 年採用「營利事業家數及銷售額第 7 次修訂」。(2) 因四捨五入的緣故，表內數字加總未必與總計相等。(3) 上述表格數據會產生部分計算偏誤係因四捨五入與資料長度取捨所致，但並不影響數據分析結果。

（二）營利事業家數

　　由表 3-4 可知，民生用品批發業與產業用品批發業於 2018 年經營家數分別為 148,072 家與 160,275 家，年增率各別為 1.23% 和 1.39%。自 2013 年以來，每年都有新業者投入民生用品批發業與產業用品批發業之市場經營，可見我國批發業仍處於高度市場競爭的環境。

　　若以 2014 年至 2018 年間的家數占比而言，我國產業用品批發業之業者家數

註 14　根據國泰建設股份有限公司與政治大學臺灣房地產研究中心共同發布的「國泰房地產指數」針對 108 年第三季房地產景氣預估，提出「2018 年第 3 季國泰全國房地產指數，相較上一季價量俱穩，相較去年同季價穩量增」以及「2018 第 3 季央行維持利率不變持續寬鬆貨幣政策，以營造物價及金融穩定環境」等分析結果。

仍較多，但民生用品批發業家數的占比有逐年擴大的趨勢（除了 2018 年的占比為 48.02%），可見我國批發業未來將可能轉型為供應民生用品為主的產業結構趨勢。[15]

表 3-4　批發業細業別營利事業家數、年增率與家數占比

單位：家、%

業別	年度	2014 年	2015 年	2016 年	2017 年	2018 年
民生用品批發業	家數	136,868	140,124	143,175	146,272	148,072
	年增率（%）	1.89	2.38	2.18	2.16	1.23
	家數占比（%）	47.22	47.51	47.86	48.06	48.02
產業用品批發業	家數	152,978	154,824	155,961	158,080	160,275
	年增率（%）	1.28	1.21	0.73	1.36	1.39
	家數占比（%）	52.78	52.49	52.14	51.94	51.98

資料來源：整理自財政部財政統計資料庫。資料擷取日期為 2019 年 4 月 20 日。

說　　明：(1) 2013 年以後則採用「營利事業家數及銷售額第 7 次修訂」。(2) 民生用品批發業係標準行業 2 位碼代碼為 45 之業別，產業用品批發業的 2 位碼代碼則為 46。(3) 上述表格數據會產生部分計算偏誤係因四捨五入與資料長度取捨所致，但並不影響數據分析結果。

在細行業別分類中，即表 3-5，2018 年經營家數最多的產業別為機械器具批發業有 66,845 家，年增率為 2.32%，占整體批發業家數的比重為 21.68%；其次為建材批發業，家數為 53,191 家，年增率為 0.31%，占比為 17.25%；食品、飲料及菸草製品批發業則排名第三，家數有 48,297 家，其成長率為 1.72%，其比重為 15.66%。

若以各業別內部家數變化來看，細業別家數成長幅度高於整體批發業家數的產業有機械器具批發業，食品、飲料及菸草製品批發業，汽機車及其零配件、用品批發業；藥品、醫療用品及化妝品批發業；綜合商品批發業等業別，推測其產業成長係因為全球景氣復甦，帶動國內產業發展熱絡。

建材批發業、家用器具及用品批發業、布疋及服飾品批發業、其他專賣批發業、化學原材料及其製品批發業、商品批發經紀業、文教育樂用品批發業以及燃

料及相關產品批發業之成長率卻小於整體平均，可看出這些產業民間消費力道尚未恢復、產業面臨經營轉型困境、海外拓展未見成效等因素導致上述產業發展仍有困難之處。

表 3-5　2018 年批發業細業別之家數、年增率與銷售額占比

單位：家、％

項目 行業別	家數	年增率（％）	銷售額占比（％）
批發業家數總計	308,347	1.31	100.00
機械器具批發業	66,845	2.32	21.68
建材批發業	53,191	0.31	17.25
食品、飲料及菸草製品批發業	48,297	1.72	15.66
家用器具及用品批發業	32,852	-0.54	10.65
布疋及服飾品批發業	20,116	-0.28	6.52
汽機車及其零配件、用品批發業	14,054	2.25	4.56
藥品、醫療用品及化妝品批發業	13,824	2.33	4.48
其他專賣批發業	12,400	1.08	4.02
化學原材料及其製品批發業	11,976	0.66	3.88
商品批發經紀業	11,812	-2.57	3.83
文教育樂用品批發業	10,447	0.79	3.39
綜合商品批發業	5,403	1.33	1.75
農產原料及活動物批發業	5,321	24.96	1.73
燃料及相關產品批發業	1,809	-0.39	0.59

資料來源：整理自財政部財政統計資料庫。資料擷取日期為 2019 年 4 月 20 日。

說　　明：(1)2013 年以後則採用「營利事業家數及銷售額第 7 次修訂」。(2) 因四捨五入的緣故，表內數字加總未必與總計相等。(3) 上述表格數據會產生部分計算偏誤係因四捨五入與資料長度取捨所致，但並不影響數據分析結果。

註 15　民生用品批發業因進入市場之技術門檻較產業用品批發業為低，而且我國製造業也面臨東南亞國家產業崛起等因素影響產業發展，推論未來我國批發業將會轉變為以民生用品批發業為主要經營型態。

▶▶ 三、批發業政策與趨勢

透過探討經濟部統計處所公布 2017 年與 2018 年所公布的「批發、零售及餐飲經營實況調查」[16]（以下簡稱「實況調查」）的結果，藉以釐清我國批發服務業者經營型態與特性，並且從調查結果當中，發掘出我國批發產業經營上可能遇到的問題。

（一）我國批發業以內銷為主，主要銷售對象為貿易、批發、零售商

根據「實況調查」，如表 3-6 所示，我國批發業主要銷售對象以國內業者為主，銷售對象包含貿易商、批發商與零售商等業者。完全以國內市場為銷售重心的產業有藥品醫療用品及化妝品批發業、汽機車及其零配件用品批發業等，這些業別幾乎沒有銷售至海外市場，其產業經營主要依賴國內市場需求。若國內相關市場發生劇烈產業景氣波動時，直接衝擊藥品醫療用品及化妝品批發業、汽機車及其零配件用品批發業等業者銷售，業者生存將明顯受影響。

批發業以銷售國內市場為其經營重心，但亦有經營海外市場，如食品飲料及菸草製品批發業、家庭器具及用品批發業等產業。當國內景氣衰退或家計單位消費力減弱時，將直接影響這些產業銷售表現，可見國內景氣榮枯與消費者所得高低仍為影響我國批發產業發展主因。

另外，銷售對象偏重海外市場的業別有機械器具批發業。機械器具批發業係依據其產業供應鏈分布情況而定，而目前機械相關產業主要生產基地大多座落在中國大陸以及東南亞等國，因此，我國為全球機械產業供應鏈的一環，銷售對象可能為國內相關產業零組件加工業者，也可能為海外機械加工或組裝廠的供應商。因此，海內外所發生的產業因素與景氣波動同樣將對於我國機械器具批發產業造成衝擊。

註 16　「批發、零售及餐飲經營實況調查」係由經濟部統計處每年 4 月完成調查，而相關報告書於當年度 10 月出版。調查對象為從事商業交易活動之公司行號且設有固定營業場所之企業單位，且調查家數為 3,400 家。截至完成前，僅公布 2019 年 5 月所辦理「批發、零售及餐飲業經營實況調查」統計結果，而其調查年為 2018 年資料。

表 3-6　我國 2017 年批發業內外銷售比重

單位：%

業別　　　　　　　銷售對象	內銷（%）	外銷（%）
批發業	62.8	37.2
藥品醫療用品及化妝品批發業	99.0	1.0
汽機車及其零配件用品批發業	94.8	5.2
農產原料及活動物批發業	88.3	11.7
食品飲料及菸草製品批發業	84.6	15.4
家庭器具及用品批發業	79.2	20.8
建材批發業	77.6	22.4
綜合商品批發業	72.6	27.4
其他專賣批發業	72.6	27.4
文教、育樂用品批發業	69.9	30.1
化學材料及其製品批發業	64.1	35.9
商品批發經紀業	63.8	36.2
燃料及相關產品批發業	60.8	39.2
布疋及服飾品批發業	51.9	48.1
機械器具批發業	41.3	58.7

資料來源：整理自經濟部統計處「批發、零售及餐飲經營實況調查」。資料擷取日期為 2019 年 4 月 20 日。

（二）我國批發業未來希望能夠拓展的海外市場以「中國大陸」、「東協 10 國」與「美國」等國家為主

　　由表 3-7 可看出，整體批發業未來欲拓展的國家仍以中國大陸為主，占 60.4%，主要的原因為中國大陸的市場規模大、使用語言相同且消費習慣相似，對業者而言，商機較大且進入障礙較小。東協 10 國由於近年經濟成長高且年輕

消費人口比率高，對我國業者亦存在相當大的商機潛力，同時也因為台商逐漸將生產基地從中國大陸轉向東協市場，帶動相關批發業者將產品銷往東協市場。美國也是我國業者希望能夠加強拓銷的國家之一，其主因為美中貿易戰導致許多供應商紛紛回到美國設廠，規避高關稅削減自身競爭力，也讓我國業者看準此波契機，希望能夠透過轉單效應與臺灣品牌形象打進美國市場。

表 3-7　我國 2018 年批發業未來加強拓銷的海外市場

單位：%

國家別 業別	美國	歐洲	東協 10 國	中國 大陸	紐澳	南亞	日本	南韓
批發業	30.9	26.6	31.0	60.4	10.4	13.6	27.8	10.7
商品批發經紀業	26.1	30.4	26.1	47.8	0.0	13.0	13.0	0.0
綜合商品批發業	43.8	28.1	21.9	56.3	9.4	12.5	53.1	18.8
農產原料及活動物批發業	43.8	28.1	25.0	43.8	28.1	25.0	46.9	9.4
食品飲料及菸草製品批發業	21.4	14.6	21.4	70.8	10.1	7.9	30.3	19.1
布疋及服飾品批發業	43.1	32.4	49.0	52.9	9.8	11.8	20.6	5.9
家庭器具及用品批發業	31.2	33.3	25.8	44.1	9.7	12.9	36.6	6.5
藥品醫療用品及化妝品批發業	23.3	6.7	20.0	76.7	3.3	0.0	23.3	3.3
文教、育樂用品批發業	45.7	50.0	34.8	50.0	13.0	21.7	30.4	13.0
建材批發業	30.3	31.2	34.9	56.0	15.6	16.5	26.6	11.0
化學材料及其製品批發業	15.1	22.1	39.5	66.3	9.3	15.1	24.4	15.1
燃料及相關產品批發業	14.3	28.6	28.6	85.7	14.3	14.3	28.6	14.3
機械器具批發業	29.5	19.6	28.8	76.1	6.1	13.5	26.4	11.7
汽機車及其零配件用品批發業	45.2	35.7	23.8	45.2	16.7	11.9	16.7	9.5
其他專賣批發業	20.9	23.3	25.6	65.1	7.0	16.3	20.9	4.7

資料來源：整理自經濟部統計處「批發、零售及餐飲經營實況調查」。資料擷取日期為 2019 年 4 月 20 日。

（三）批發服務業主要遇到的經營困難以同業競爭激烈、新市場開拓不易、匯率波動風險與經營成本增加

　　由表 3-8 可知，我國批發業面臨到的經營障礙多為產業內部問題，此類障礙包含產業競爭激烈、新市場拓展不易等因素，而產生這兩項原因除了本身產業競爭生態外，更重要係因為我國批發業者多以內銷為主，加上我國國內市場規模較小，業者為了取得更高的市占率，紛紛採取殺價競爭的策略，形成產業內部過於競爭的情況。此外，國內市場規模小也凸顯批發產業難以開拓新市場之困境。

　　對於民生用品類的批發商而言，電子商務的發達使業者面臨更劇烈的產業競爭程度，如消費者透過搜尋平台或交易平台直接找到產品生產商，以團購方式購買並由業者宅配到府。對於生產商而言，可以直接銷售給消費者的模式不僅可以減少中間商賺取差價的機會，可將產品價差直接回饋給消費者，進而擴大消費者購買數量，增加生產商獲利，更重要的是生產商將容易掌握消費者的需求與偏好，透過消費者意見回饋或是數據分析，以生產更符合消費者期待的產品，擴大生產商可銷售面向。

　　與海外採購和銷售相關的障礙有匯率波動的風險以及關稅障礙等因素。由於我國並未與主要貿易國，如中國大陸、美國、日本等國洽簽自由貿易協定，無法取得貿易對手國給予我國業者關稅優惠，使得業者認為關稅障礙也將影響其銷售表現。

　　另外，中國大陸的淘寶網興起後，對於臺灣民生產品的批發業經營也產生了不小的影響。一般批發業者所販售的產品主要係來自臺灣本地或是海外品牌，大多數是經營代理該品牌為主。但淘寶網成立後，其網站標榜商品眾多且價格便宜的賣點下，立即成為消費者心目中網路購物首選。淘寶網產品價格低廉的優勢搭配臺灣與中國大陸間的低廉的運輸與通關成本，讓不少臺灣消費者轉變成小型批發或零售商，其經營模式多為一次大量向淘寶網賣家購買商品，之後再分銷給臺灣本地生產商或消費者，逐漸侵蝕到原本批發商的利潤。[17]

註 17　根據商業周刊報導，中國大陸阿里巴巴集團下支付寶公布其金融年度對帳單，列出購買淘寶網人均消費前十大城市，當中第一名是嘉義市、第二名是杭州市、第三名是高雄市，第四名與第五名分別為臺中市與臺南市，且嘉義市消費者的人均消費金額是杭州的 1.8 倍，更重要的是這些城市也是我國批發業的主要根據地。資料來源網址：https://www.businessweekly.com.tw/magazine/Article_page.aspx?id=18629&p=0，資料擷取日期為 2019 年 5 月 20 日。

表 3-8　我國 2018 年批發業經營障礙來源

單位：%

經營障礙　　　業別	競爭激烈(%)	關稅障礙(%)	人員招募不易(%)	匯率波動風險(%)	消費需求多變(%)	產品生命週期短(%)	新市場開拓不易(%)	資金融通困難(%)	代理權不易掌握(%)	企業規模小(%)	經營成本提高(%)
批發業	72.1	8.6	16.9	34.0	24.9	10.0	40.2	5.4	7.5	12.0	38.8
商品批發經紀業	82.5	12.5	7.5	50.0	15.0	10.0	52.5	0.0	7.5	22.5	30.0
綜合商品批發業	86.1	4.2	18.1	31.9	33.3	18.1	43.1	2.8	11.1	8.3	38.9
農產原料及活動物批發業	84.1	6.4	20.6	41.3	23.8	12.7	30.2	9.5	0.0	17.5	38.1
食品飲料及菸草製品批發業	65.9	9.2	18.7	19.4	37.0	15.8	31.5	6.2	7.3	9.5	37.7
布疋及服飾品批發業	64.8	10.7	11.3	28.9	35.9	13.8	50.3	5.0	3.1	14.5	36.5
家庭器具及用品批發業	73.4	7.1	16.9	39.1	29.4	8.7	41.3	5.4	11.4	11.4	49.5
藥品醫療用品及化妝品批發業	70.6	2.4	15.3	18.8	36.5	8.2	34.1	4.7	10.6	12.9	27.1
文教、育樂用品批發業	64.4	8.2	21.9	52.1	32.9	17.8	43.8	4.1	5.5	19.2	45.2
建材批發業	78.6	8.1	17.7	32.5	13.3	3.7	40.2	6.6	3.3	12.2	41.0
化學材料及其製品批發業	78.0	14.2	18.1	44.1	16.5	4.7	50.4	4.7	14.2	14.2	37.0
燃料及相關產品批發業	75.6	2.4	2.4	14.6	9.8	2.4	24.4	2.4	7.3	12.2	26.8
機械器具批發業	71.5	9.3	17.0	44.8	17.8	11.5	43.3	5.6	9.6	10.7	36.3
汽機車及其零配件用品批發業	69.7	9.3	20.2	31.2	28.4	4.6	38.5	3.7	9.2	3.7	42.2
其他專賣批發業	60.0	10.0	16.7	36.7	11.1	6.7	34.4	7.8	4.4	13.3	38.9

資料來源：整理自經濟部統計處「批發、零售及餐飲經營實況調查」。資料擷取日期為 2019 年 4 月 20 日。

第三節　國際批發業發展情勢與展望

　　由於美中貿易戰對於全球貿易產生嚴重的影響外，對於全球主要國家之批發業及其相關供應鏈也產生一定影響。因此，本節將針對主要國家之批發業現況與發展案例進行探討，第一部分探討主要國家批發業現況，而第二部分探討國外批發業發展案例。

▶▶ 一、主要國家批發業發展現況

（一）美國

　　2018 年美國經濟穩健擴張，勞動市場表現強勁，非農就業人數增加 264 萬人，為近 3 年來最高，失業率降至 3.9% 之歷年最低，工業生產年增 4.1%，全年經濟成長率為 2.9%。但美國經濟仍存有許多下行風險，例如財政刺激政策減稅效應逐漸減弱，聯準會貨幣政策逐步正常化，以及較高貿易關稅進一步影響出口及投資等經濟活動，也為美國經濟帶來許多不確定因素。

　　由表 3-9 的數據顯示，美國批發業 2018 年的銷售總額為 5,933,902 百萬美元，與 2017 年相比，年增率為 4.47%，該增幅雖不比 2017 年強勁，但整體而言產業仍保持成長的趨勢。

表 3-9　美國批發業細業別之銷售額與年增率

單位：百萬美元、%

行業別	項目	2014 年	2015 年	2016 年	2017 年	2018 年
批發業	銷售額（百萬元）	5,557,760	5,287,539	5,257,774	5,680,023	5,933,902
	年增率（%）	3.57	-4.86	-0.56	8.03	4.47

資料來源：整理自美國普查局「Monthly Wholesale Trade Report」。資料擷取日期為 2019 年 4 月 20 日。

說　　明：上述表格數據會產生部分計算偏誤係因四捨五入與資料長度取捨所致，但並不影響數據分析結果。

由表 3-10 可以看出，2017 年美國批發業的受僱人數為 3.84 百萬人，相較於 2016 年 3.87 百萬人，年增率 -0.78%。另外，美國企業對於年度調薪 3-5% 已視為常態，因此 2017 年每人每月薪資為 5,226 美元，相較於 2016 年的 5,070 美元，成長幅度達 3.09%，但此幅度相較於 2015 年的調薪幅度 3.99% 來看，仍有明顯落差，可知對應 2017 年度的景氣復甦，批發業整體調薪幅度較顯不足。

表 3-10　美國批發業受僱人員數與薪資

單位：百萬人、美元、%

項目　　　　　　　　　年度	2014 年	2015 年	2016 年	2017 年
受僱員工人數總計（百萬人）	3.89	3.96	3.87	3.84
受僱員工人數變動（%）	-	1.80	-2.27	-0.78
每人每月薪資（美元）	4,767	4,957	5,070	5,226
每人每月薪資變動（%）	-	3.99	2.28	3.09

資料來源：整理自 DATA USA，資料擷取日期為 2019 年 4 月 20 日。

說　　明：上述表格數據會產生部分計算偏誤係因四捨五入與資料長度取捨所致，但並不影響數據分析結果。

（二）日本

日本因為 2018 年一連串的天然災害影響國內經濟，復甦趨勢緩慢。雖 2018 年第 4 季實質 GDP 成長率升至 1.4%，但尚不足彌補第 3 季的 -2.6%，全年經濟成長率僅為 0.8%，未來將有賴國內勞動參與率提升，且政府採取臨時刺激政策等利多因素提升內需市場，才能恢復過往經濟成長動能。

由表 3-11 顯示，日本 2018 年批發業的銷售總額為 3,265,850 億元。與 2017 年相比，成長幅度高達 4.19%，可見批發業仍維持穩定成長力道，同時也帶動下游零售相關產業發展。

表 3-11　日本批發業細業別之銷售額與年增率

行業別	項目	2014 年	2015 年	2016 年	2017 年	2018 年
批發業	銷售額（十億元）	327,659	319,477	302,406	313,439	326,585
	年增率（%）	0.13	-2.50	-5.34	3.65	4.19

資料來源：整理自日本經濟產業省《商業動態統計書》。資料擷取日期為 2019 年 4 月 20 日。
說　　明：上述表格數據會產生部分計算偏誤係因四捨五入與資料長度取捨所致，但並不影響數據分析
　　　　　結果。

　　根據表 3-12 可以看出，2018 年日本批發業的受僱人數為 326 萬人，年增率
為 -1.51%，受僱員工人數雖呈現小幅下降，但整體就業結構仍屬穩健。批發業
2018 年每人每月薪資約為 359.3 千元，與 2017 年相比並無變動，代表日本整體
批發業的每人薪資仍保持於一較穩定的水準上。

表 3-12　日本批發業受僱人員數與薪資

項目	年度	2014 年	2015 年	2016 年	2017 年	2018 年
受僱員工人數總計（萬人）		330	326	325	331	326
受僱員工人數變動（%）		0.61	-1.21	-0.31	1.85	-1.51
每人每月薪資（千元）		362.2	357.9	362.9	359.3	359.3
每人每月薪資變動（%）		6.44	-1.19	1.4	-0.99	0.00

資料來源：整理自日本經產省《勞動力調查書》與《基本工資結構統計調查書》。資料擷取日期為 2019 年
　　　　　4 月 20 日。
說　　明：(1) 表格中的每人每月薪資項目最低計算基準值為企業聘僱人數達 10 人以上之企業。(2) 上述表
　　　　　格數據會產生部分計算偏誤係因四捨五入與資料長度取捨所致，但並不影響數據分析結果。

（三）中國大陸

中國大陸 2018 年國內生產總值為 90 兆 0,309 億人民幣，經濟成長率為 6.6%，達成 6.5% 的目標，但較上年減少 0.3 個百分點。中國大陸國務院總理李克強於第 13 屆全國人大二次會議發表「政府工作報告」指出，中國大陸正面對經濟轉型的陣痛期。

為了提振國內經濟，中國大陸當局繼續推動積極的財政政策及穩健且鬆緊適度的貨幣政策，以及實施就業優先政策、推動規模近 2 兆人民幣的減稅降費政策、落實粵港澳大灣區建設規劃、解決民企融資困難問題、進一步放寬市場准入條件，以及加速推動 FTA、RCEP 及中日韓自貿區談判等工作。由表 3-13 的數據顯示，中國大陸在 2017 年的批發業銷售總額為 825,012.05 億元，與 2016 年的數據相比，年增率為 18.57%，該幅度為近年少見的成長動能。

表 3-13　中國大陸批發業細業別之銷售額與年增率

單位：億元人民幣、%

行業別	項目	2013 年	2014 年	2015 年	2016 年	2017 年
批發業	銷售額（億元）	665,277.68	711,805.01	650,522.83	695,818.53	825,012.05
	年增率（%）	20.33	6.99	-8.61	6.96	18.57

資料來源：整理自中國大陸國家統計局。資料擷取日期為 2019 年 4 月 20 日。

說　　明：上述表格數據會產生部分計算偏誤係因四捨五入與資料長度取捨所致，但並不影響數據分析結果。

根據表 3-14 可看出，2017 年中國大陸批發業的受僱人數為 5,063,213 人，與 2016 年就業人數相比，成長率微幅上升，約 2.09%。不過若與過去幾個年度相比，2017 年的就業人數高於 2014 年度之就業人口，意味中國大陸經濟景氣已有明顯回升，甚至出現成長的開端，帶動國內批發業人口的需求，相關批發產業就業人口出現成長趨勢。

自從 2012 年至 2017 年，中國大陸批發業每人每年薪資每年均有 7.85%~10.99% 不等的增幅，2017 年批發業每人每年薪資已達到 71,201 元，推究批發業

工資逐年提升的原因係受惠於中國大陸近年來調升最低工資以及批發業相關產業持續成長等多種因素影響下，推升相關從業人員之薪資水準。

表 3-14　中國大陸批發業受僱人員數與薪資

單位：人、元人民幣、%

年度 項目	2013 年	2014 年	2015 年	2016 年	2017 年
受僱員工人數總計（人）	4,842,000	5,001,000	4,907,000	4,959,341	5,063,213
受僱員工人數變動（%）	17.98	3.28	-1.88	1.07	2.09
每人每年薪資（元）	50,308	55,838	60,328	65,061	71,201
每人每年薪資變動（%）	8.56	10.99	8.04	7.85	9.44

資料來源：整理自中國大陸國家統計局。資料擷取日期為 2019 年 4 月 20 日。

說　　明：(1) 表格中的每人每年薪資為批發業與零售業合計數。(2) 上述表格數據會產生部分計算偏誤係因四捨五入與資料長度取捨所致，但並不影響數據分析結果。

▶▶ 二、國外批發業發展案例

（一）Planet Table ──連結產地與餐廳之媒合配送平台

在日本，蔬果稻作等農產從生產者端販售給中盤商，再由其配銷給其他零售通路，零售通路取得食材時間平均需等待三到四天，食材在運送中不僅費時、損耗率高（約 10%~15%），且生產者實際獲得的收益僅 30%~40%，仍由中盤商賺取多數利潤。

Planet Tablet 成立於 2014 年 5 月，總部設於日本東京市涉谷區，目前資本額約 4 億 6,740 萬日幣。成立 Planet Tablet 的目的在於希望透過產地食材直送餐飲店，降低食材運輸過程的損耗率，同時能讓賣相不佳的 NG 蔬果作為其他用途（如果醬、沾醬等），減少食物浪費，同時讓生產者獲得應有的收益。

另一方面，Planet Tablet 認為餐飲店對生鮮食材需求與一般消費者相比較穩定，因而選擇 B2B 經營模式。目前與 Planet Tablet 合作的餐飲店家數約達 5,000 家，而且透過此種經營模式可降低生鮮配送損耗率至 0.88%，相較於傳統配送方

式為 10%~15%，成效相當顯著。

Planet Tablet 主要提供的服務包含 5 項，分述如下：

1. SEND 生鮮預訂平台：SEND by MEAT 是提供畜牧品及乳製品，包含牛／羊／雞肉類、雞蛋和乳酪，SEND by SEAFOOD 是提供蝦、蟹、貝類和魚等水產，均可預訂局部或稀有部位，訂購少量亦提供免費配送。若欲訂購平台未刊登之食材，可利用「食材需求」、「聊天」等功能，徵求可供應的生產，但目前不接受消費者個人訂單。另外，SEND 會主動向餐飲業者推薦季節性食材。

2. SEND 生鮮配送服務說明：生產者免費上網登錄可販售或預售之農產、海產、畜牧及乳製品數量和預計可出貨時間，SEND 會集結來自餐飲業者的訂單並統一進貨，再根據各訂單需求小包分裝和免費配送。餐飲業者上網免費登錄註冊後，便可透過 SEND 平台訂購所需食材，配送日當天上午 6 點前可取消訂單或變更訂單內容。SEND 配送服務全年無休，包含週末和國定假日，配送時間可選擇上午、中午、晚間等區間，但根據不同地區可能略有差異。

3. SEND 農產需求預測：為了讓作物在賞味期最佳狀態快速配送至餐飲業者，SEND 後台建有食材需求預測系統，透過蒐集餐飲店訂單、顧客資訊、座位數、女性顧客比例、周邊活動和天氣等數據進行分析，預測餐飲業者何時會進貨那些食材，以此為基礎管理庫存。SEND 於三至六個月前，會先利用數據分析進行預測，先向生產者預告可能所需之訂單量，一個月或一周前再正式下單訂購。

4. season 平台：生產者可透過 season 平台直接接觸到不同類型的買主，如零售商、中盤商、食品公司等，並在栽種和出貨前，先與買主在線上進行議價和交易。然而，生產者可利用 season 平台進行一站式的訂單管理，包含規劃和追蹤從栽種、收成、包裝、出貨通知到收款之程序；生產者亦可邀請既有合作的業者註冊使用，讓雙方的交易進行一致化的線上化管理。生產者可在 season ！告示板刊登過剩產量資訊，尋求買主認購；買主亦可刊登食材需求，招募可供應之生產者，對買主來說，可快速觸及到來自不同地區的生產者，且可線上直接詢問食材規格和數量等資訊。

5. FarmPay 支付：FarmPay 服務四大特色：生鮮銷售收款保障、多種貨款支付週期選擇、出貨前預支貨款、現物精算（直接使用生鮮裝運結算，不另扣除物流途中耗損）。生產者希望在出貨前取得部分或全部貨款，可提出申請（須在前一個月的月底前設定完成，且僅適用於一個月），經 Planet Table 審查通過，

才可提前結算，另收取手續費。生產者若因天氣或意外導致預收貨款無法如期出貨，於一年內交貨能保留以原收購價計算，但超過一年則須返還貨款。

Planet Tablet 的獲利模式建立在生產者和餐飲業者可透過 SEND 或 season！平台直接進行食材的媒合和交易，由 Planet Table 配送至餐飲業者並收款（月結或送貨當下付款，接受現金或轉帳），再交付給生產者。生產者透過 FarmPay 服務收取貨款，可根據需求向 Planet Table 申請貨款預支，讓生產者可先獲得部分款項支付，支應相關成本投入。

（二）FBN ──利用資料平台建立農業 B2B 電商模式

過去美國農場面臨到兩個發展問題，一為選擇種植之作物時，多僅依據過往的經驗或與鄰近農場交流，選擇新一季所要種植之作物，但其所選擇之作物不見得最適合自家農場環境，導致收成量無法極大化；二為美國農場常面臨嚴重資訊不對稱，不同的農場在向同一盤商購買耕種原料時，價格差異可高達 300%，探究其原因在於盤商壟斷通路，壓縮農場利潤，使得農場損失自身利益。

FBN 成立於 2014 年，由 Amol Deshpande 與 Charles Baron 所創辦，成立於美國加州，目前公司規模已達 125 人，且超過 3,400 名已註冊會員。FBN 主要提供的服務為建立一個農業數據分析平台，協助農夫挑選經濟價值最大的作物栽種，並且透過所蒐集到的數據，提供農夫與下游業者交易媒合，降低中間盤商的剝削。

FBN 的作法是向會員農場蒐集數據，分析各類因素（土壤種子、氣候等）導致之收成量差異，並結合農產品市場價格進行數據分析，向各農場建議能帶來最高收益之作物。此外，FBN 媒合農場與相關農產品盤商業者，希望建立價格透明之農業 B2B 電商平台，提高農場獲利。

FBN 提供的服務可分為四項，分述如下：

1. 數據分析：FBN 提供的數據分析項目包含「彙整作物資訊、土地資訊後，依照各農場的土地特性建議能達成最高收益之作物」、「將會員之原物料購買價格與其他會員之購買價格相比較，使會員了解其進貨成本是否合理、比較會員目前所使用之產品與相似之產品價格，替會員尋找更便宜之替代品」、「農場員工可透過 FBN 撰寫工作內容、巡查植栽的紀錄，方便農場經營者進行管理作業」等分析，透過上述數據分析結果提供，農場業者可更清楚瞭解獲利較高的作物

為何。

2. 進貨通路：FBN 首先成立肥料、農藥等原物料購買平台，會員農場可透過此平台購買相關之生產要素，並且利用大批採購方式，壓低進貨價格。另外，透過 FBN 數據資料庫，會員可清楚了解自身的進貨價格、市場價格，同時可與 FBN 平台上之原物料價格進行比較，挑選成本較低方式採購生產物料。

3. 銷貨平台：為了協助會員精準媒合，FBN 成立 Profit Center，會員農場可於平台上看到各個盤商的出價，自主選擇要將農產品賣給誰，此舉跳脫傳統由鄰近盤商收購之模式，由農場主動出貨給出價最高之盤商。

4. 融資：FBN 提供兩類融資項目，分別為農舍／農地擴建貸款以及農場營運貸款，貸款利率為 2.75% 以及 2.93% 等，並且提供多元繳款方式，便利農場主依據自身需求選取。FBN 掌握會員農場數據，可依數據預測農場收益，在收益可預期下，放款風險也將隨之降低，因此 FBN 可向會員農場提供更低之貸款利率。

FBN 的競爭優勢在於相較於其他業者，FBN 開始往原物料進貨通路與農作物銷貨通路布局，結合原料成本與作物銷售的市場價格分析，提供一條龍式的生態予會員農場，可增加會員之便利性，進而提升黏著度。不過由於其他國家農業之機械化程度未必與美國相同，若於境外國家布局時，可能會面臨沒有數據分析的狀況，使得平台效益大打折扣。

第四節　結論與建議

▶▶ 一、批發業轉型契機與挑戰

根據前揭章節的說明，可知我國批發業主要面臨下列幾項挑戰：

（一）消費與產業景氣循環對產業影響程度大

由於批發業係介於產業生產與零售銷售間的產業，不論是當上游產業發生衰退情況或是下游消費景氣不振均會對批發業經營產生實際衝擊。若是業者無適當的轉型策略，恐怕將面臨利潤縮小甚至倒閉的情況。

（二）部分批發業經營行銷應用科技程度較低

與相關布疋、衣服批發業者訪談後發現，大多數批發者經營方式多為顧客直接到店或工廠挑選樣品，銀貨兩訖後服務即完成。物品庫存與銷售情況更是多為業主透過自身經驗與人工方式進行盤點，也未引進相關電子管理系統設備協助業者經營，且對於運用科技協助銷售方面知識較欠缺。對於新科技如大數據分析、平台等，批發業者更是沒有運用這些科技優勢，發展出差異化的營運模式。

（三）批發服務較欠缺行銷等策略

大多數傳統產業業者仍運用既有的銷售方式來聯繫顧客，對於形象行銷等模式，多有排斥或認為無法服務到主要客群，也難以打開新客群。對於如何運用新行銷媒體才能擴大其客群，降低同業間產生價格競爭且侵蝕其利潤，仍是業者亟需思考之難題。

▶ 二、對企業的建議

（一）結合平台經濟協助改善業者經營模式

由上述美國與日本的新興案例可看出，未來批發業的發展趨勢首重結合平台經濟的優勢，打造全方面的服務模式，整合批發業的供應鏈，解決批發業的經營痛點。建議作法為建立起批發產業生態系，整合物流、金融、生產與消費端，協助業者改善其經營模式。

（二）透過參加海外行銷展會，強化與海外消費市場連結

建議批發業者可積極參與海外展會或是商機媒合會，透過參與國際消費市場，不僅可提升品牌知名度，亦可爭取銷售海外市場的機會。此外，透過海外展覽的觀摩與學習，掌握國外買家或消費市場的需求，提升業者產品設計的能力，接軌國際市場來擴大商機。

附錄　批發業定義與行業範疇

　　根據行政院主計總處「行業標準分類」第 10 次修訂版本所定義之批發業，凡從事有形商品批發、仲介批發買賣或代理批發拍賣之行業，其銷售對象為機構或產業（如中盤批發商、零售商、工廠、公司行號、進出口商等）。批發業各細類定義及範疇如表 3-15 所示：

表 3-15　行政院主計總處「行業標準分類」第 10 次修訂版本所定義之批發業

批發業小類別	定義	涵蓋範疇（細類）
商品批發經紀業	以按次計費或依合約計酬方式，從事有形商品之仲介批發買賣或代理批發拍賣之行業，如商品批發掮客及代理毛豬、花卉、蔬果等批發拍賣活動。	商品批發經紀
綜合商品批發業	以非特定專賣形式從事多種系列商品批發之行業。	綜合商品批發
農產原料及活動物批發業	從事未經加工處理之農業初級產品及活動物批發之行業，如穀類、種子、含油子實、花卉、植物、菸葉、生皮、生毛皮、農產原料之廢料、殘渣與副產品等農業初級產品，以及禽、畜、寵物、魚苗、貝介苗及觀賞水生動物等活動物批發。	穀類及豆類批發業 花卉批發業 活動物批發業 其他農產原料批發業
食品、飲料及菸草製品批發業	從事食品、飲料及菸草製品批發之行業，如蔬果、肉品、水產品等不須加工處理即可販售給零售商轉賣之農產品及冷凍調理食品、食用油脂、菸酒、非酒精飲料、茶葉等加工食品批發；動物飼品批發亦歸入本類。	蔬果批發業 肉品批發業 水產品批發業 冷凍調理食品批發業 乳製品、蛋及食用油脂批發業 菸酒批發業 非酒精飲料批發業 咖啡、茶葉及辛香料批發業 其他食品批發業
布疋及服飾品批發業	從事布疋及服飾品批發之行業，如成衣、鞋類、服飾配件等批發；行李箱（袋）及縫紉用品批發亦歸入本類。	布疋批發業 服裝及其配件批發業 鞋類批發業 其他服飾品批發業

批發業小類別	定義	涵蓋範疇（細類）
家用器具及用品批發業	從事家用器具及用品批發之行業，如家用電器、家具、家飾品、家用攝影器材與光學產品、鐘錶、眼鏡、珠寶、清潔用品等批發。	家用電器批發業 家具批發業 家飾品批發業 家用攝影器材及光學產品批發業 鐘錶及眼鏡批發業 珠寶及貴金屬製品批發業 清潔用品批發業 其他家用器具及用品批發業
藥品、醫療用品及化妝品批發業	從事藥品、醫療用品及化妝品批發之行業。	藥品及醫療用品批發業 化妝品批發業
文教育樂用品批發業	從事文教、育樂用品批發之行業，如書籍、文具、運動用品、玩具及娛樂用品等批發。	書籍及文具批發業 運動用品及器材批發業 玩具及娛樂用品批發業
建材批發業	從事建材批發之行業。	木製建材批發業 磚瓦、砂石、水泥及其製品批發業 瓷磚、貼面石材及衛浴設備批發業 漆料及塗料批發業 金屬建材批發業 其他建材批發業
化學原材料及其製品批發業	從事藥品、化妝品、清潔用品、漆料、塗料以外之化學原材料及其製品批發之行業，如化學原材料、肥料、塑膠及合成橡膠原料、人造纖維、農藥、顏料、染料、著色劑、化學溶劑、界面活性劑、工業添加劑、油墨、非食用動植物油脂等批發。	化學原材料及其製品批發
燃料及相關產品批發業	從事燃料及相關產品批發之行業。	液體、氣體燃料及相關產品批發業 其他燃料批發業
機械器具批發業	從事電腦、電子、通訊與電力設備、產業與辦公用機械及其零配件、用品批發之行業。	電腦及其週邊設備、軟體批發業 電子、通訊設備及其零組件批發業 農用及工業用機械設備批發業 辦公用機械器具批發業 其他機械器具批發業
汽機車及其零配件、用品批發業	從事汽機車及其零件、配備、用品批發之行業。	汽車批發業 機車批發業 汽機車零配件及用品批發業
其他專賣批發業	從事 453 至 465 小類以外單一系列商品專賣批發之行業。	回收物料批發業 未分類其他專賣批發業

資料來源：行政院主計總處，2016，「中華民國行業標準分類第 10 次修訂（105 年 1 月）」。擷取日期：2018 年 04 月。

基礎資訊

③ 批發業現況分析與發展趨勢

商業發展研究院／謝佩玲研究員

第一節　前言

　　回顧我國零售業的表現，根據財政部統計處顯示，整體零售業 2018 年的銷售額約為新台幣 45,918 億元，而 2018 年綜合商品零售業銷售額約為新台幣 11,417 億元，約占整體零售業的 25%；此外，代表電子商務的無店面零售業 2018 年的銷售額則約為新台幣 1,090 億元，約占整體零售業的 2.3%。2018 年綜合商品零售業的銷售額，占整體零售業將近四分之一，是零售業中最為重要的產業。另一方面，在全球電子商務仍持續維持成長趨勢下，我國的無店面零售業依然成長快速，已成為零售業中的重要產業。

　　根據國際市場研究機構 eMarketer 所發布的「2019 年全球零售電子商務銷售額報告」指出，全球零售業 2018 年的銷售額約為 23.956 兆美元，年成長率約 4.3%，並預估 2019 年全球零售業的銷售額約為 25.038 兆美元，年成長率為 4.5%，略高於 2018 年，到了 2023 年，將成長到 29.763 兆美元，成長率為 4.5%，顯示出全球零售業發展仍將持續成長。其中，電子商務銷售額將由 2018 年的 2.928 兆美元成長至 2023 年的 6.542 兆美元，表示零售業電商仍處於高成長階段。

　　緣此，本文將以綜合商品零售業及無店面零售業為主，從銷售額、家數到國內外當前的發展情勢進行分析，並提出相關之因應建議。

　　在本節前言說明之後，本章內容安排如下：第二節將先說明我國零售業的發展現況，再進入我國綜合商品零售業及無店面零售業，描繪並分析我國綜合商品零售業不同業態的整體狀況及經營模式與特色，並選擇具創新代表性的國內零售業案例，進行個案分析，並探討目前我國政府針對零售業發展所推出的政策措施；第三節則說明全球零售業及無店面零售業的發展現況，再選擇具創新代表性的全球零售業案例，進行個案分析，並探討國外針對零售業所推行的相關政策，

希冀透過國內外零售業經營方式及政府政策探討，提供我國零售業者於經營上的啟發和參考；第四節將綜合上述內容提出對企業的發展建議。

第二節　我國零售業發展現況分析

相對於前章批發業的銷售對象為產業或機構，零售業的對象為一般消費大眾，零售業屬於流通服務業的最下游，擔任批發業與消費者之間商品和資訊的集散點，可以降低消費者的搜尋成本，提高整體經濟的配置效率。

根據行政院主計總處所公布第 10 次修訂之行業標準，中類 47-48 為零售業；零售業定義為「從事透過商店、攤販及其他非店面如網際網路等向家庭或民眾銷售全新及中古有形商品之行業」，其小類包括「綜合商品零售業」、「食品、飲料及菸草製品零售業」、「布疋及服飾品零售業」、「家用器具及用品零售業」、「藥品、醫療用品及化妝品零售業」、「文教育樂用品零售業」、「建材零售業」、「燃料及相關產品零售業」、「資訊及通訊設備零售業」、「汽機車及其零配件、用品零售業」、「其他專賣零售業」、「零售攤販」、「其他非店面零售業」等 13 項。

其中，小類 471 為綜合商品零售業，定義為「從事以非特定專賣形式銷售多種系列商品之零售店，如連鎖便利商店、百貨公司及超級市場等。」在綜合商品零售業的細類上，分別有 4711 連鎖便利商店、4712 百貨公司、4719 其他綜合商品零售業；4719 其他綜合商品零售業又包括消費合作社、超級市場、雜貨店、零售式量販店。

在本文所呈現之零售業與綜合商品零售業之銷售額與家數上，係採用財政部的統計資料，而該統計資料並以中華民國稅務行業標準分類為依據。必須說明的是，在 2017 年底中華民國稅務行業標準分類進行了第 8 次修訂，自 2018 年 1 月 1 日起實施適用，因此本文採用之行業統計資料為財政部第 8 次修訂版，而前一年則使用其第 7 次修訂版之資料。

▶▶▶ 一、零售業發展現況

（一）銷售額

在銷售額方面，如圖 4-1，2018 年的銷售額約在 45,918 億元，與 2017 年相比，上升幅度達 6.49%，顯示 2018 年的零售業銷售額年增率幅度高於家數的增長幅度。

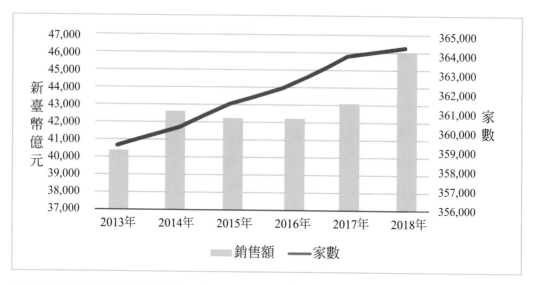

資料來源：整理自財政部統計資料庫，第 7、8 次修訂（6 碼）。資料擷取：2019 年 6 月。

圖 4-1　我國零售業家數、銷售額

（二）營利事業家數

營利事業家數上，如表 4-1，我國零售業近五年中的家數增長以 2017 年的 0.44% 為最高，其次為 2015 年的 0.37%，而近五年的表現則平均約在 0.28% 的水準，顯示近五年的成長家數呈現起起落落的狀態。

（三）受僱人數與薪資

在受僱員工方面，以 2016 年的年增率最高，為 1.81%，2018 年則遞減至 1.29%，總受僱員工人數為 443,287 人。在性別方面則是呈現男性受僱員工人數略多的情形；在性別的年增率上面，男性在 2014 年為 -1.62%，而 2015 年

（2.36%）與 2016 年（3.60%）則皆有上升情形，然而 2017 年又降至 1.73%，2018 年則上升為 2.23%；反觀女性則是由 2014 年的 1.79% 下滑至 2015 年的 -1.51%，2016 年雖略微回升，但仍呈現 -0.05%，2017 年再次回正至 1.41%，但 2018 年僅上升 0.28%，使零售業受僱員工從 2015 年至 2018 年，皆呈現男性員工人數超越女性員工人數的狀態。

在薪資方面，整體零售業薪資表現由 2014 年平均的總月薪 36,344 元上升至 2018 年的 38,614 元，上升幅度約為 6.24%；在年成長率方面，2014 年至 2018 年皆有正的成長，並且以 2014 年的 4.30% 為最高，整體五年的平均成長率約在 2.09%。從薪資與性別方面來看，在 2014 年與 2018 年，以男性的薪資較女性高，2015 年至 2017 年則恰巧相反，差異幅度最高則是以 2015 年的 1,767 元為最高。

表 4-1 　我國零售業家數、銷售額、受僱人數及每人每月總薪資統計

單位：家數、億元新台幣、人、元、%

項目		2014 年	2015 年	2016 年	2017 年	2018 年
銷售額	總計（億元）	42,652.01	42,334.46	42,323.74	43,120.95	45,918
	年增率（%）	5.65	-0.74	-0.03	1.88	6.49
家數	總計（家）	360,194	361,534	362,403	363,980	364,389
	年增率（%）	0.24	0.37	0.24	0.44	0.11
受僱員工人數	總計（人）	421,390	423,186	430,836	437,609	443,287
	年增率（%）	0.06	0.43	1.81	1.57	1.29
	男性（人）	210,568	215,539	223,294	227,151	232,234
	年增率（%）	-1.62	2.36	3.60	1.73	2.23
	女性（人）	210,822	207,647	207,542	210,458	211,053
	年增率（%）	1.79	-1.51	-0.05	1.41	0.28
每人每月總薪資	總計（元）	36,344	37,293	37,546	38,559	38,614
	年增率（%）	4.30	2.61	0.68	2.70	0.14
	男性（元）	36,646	36,426	37,133	38,268	39,144
	年增率（%）	4.91	-0.60	1.94	3.06	2.28
	女性（元）	36,043	38,193	37,990	38,873	38,030
	年增率（%）	3.69	5.97	-0.53	2.32	-2.16

資料來源：家數及銷售額整理自財政部統計處第 7、8 次修訂（6 碼）；受僱員工人數及每人每月薪資整理自行政院主計總處，2019，「薪資和生產力統計」。

資料擷取：2019 年 6 月。

說　　明：上述表格數據會產生部分計算偏誤係因四捨五入與資料長度取捨所致，但並不影響分析結果。

►►► 二、零售業之細業別發展現況

（一）綜合商品零售業發展現況

1. 銷售額：由表 4-2 的數據顯示，我國零售業於 2018 年的銷售總額為新台幣 45,918 億元，年增率上升 6.49%。其主要原因在於 2015 年全球經濟成長趨緩，我國出口表現不佳，整體就業與薪資受到影響，導致內需市場成長大幅減緩，使 2015 年與 2016 年之年增率為負，分別為 -0.74% 與 -0.03%。2016 年全球經濟逐步回溫，使我國出口於下半年由黑翻紅，帶動就業成長，內需擴張，進而帶動零售業成長。在趨勢方面，觀察 2014 年至 2018 年的銷售總額年增率的變化，年增率由 2014 年的 5.65% 下降至 2015 年的 -0.74%，隨之在 2016 年回升至 -0.03%，2017 年則回升轉正至 1.88%，2018 年又再上升至 6.49%，顯示我國零售業的成長率從 2015 年到 2018 年呈現逐年好轉的現象，而 2017 年與 2018 年的年增率皆為正值，且 2017 年到 2018 年我國零售業成長快速。

2018 年綜合商品零售業各細業別的銷售額占比由大至小，依序為連鎖式便利商店業（29.35%）、百貨公司業（28.51%）、超級市場業（21.01%）、其他綜合商品零售業（9.54%），及零售式量販業（9.34%）。其中，除了其他綜合商品零售業（雜貨店、消費合作社、未分類其他綜合商品零售）於 2018 年的銷售額占比稍較 2017 年提升外，連鎖式便利商店業、百貨公司業、超級市場業及零售式量販業都呈現遞減趨勢。在銷售額成長方面，2018 年百貨公司業、超級市場業及其他綜合商品零售業都比 2017 年增加，2018 年增率分別為 5.01%、5.49%、4.35%，而 2017 年年增率則分別為 -0.33%、-1.28%、-6.19%，顯示 2017 年到 2018 年百貨公司業、超級市場業及其他綜合商品零售業成長力道強勁；反觀連鎖式便利商店業、零售式量販業，2018 年年增率則比 2017 年下滑，2018 年年增率分別為 0.09%、1.12%，2017 年年增率則分別為 4.37%、1.48%，其中，又以連鎖式便利商店業下滑較多，由 4.37% 降至 0.09%，可能原因在於 2017 年到 2018 年間超級市場業急起直追，積極創新且有效吸客，相較之下，連鎖式便利商店的創新與吸客程度反而不及超級市場業，以至於 2018 年的銷售額年增率僅微幅增加 0.09%。

由上可知，連鎖式便利商店與百貨公司的相對市場占有率較高，顯示兩者目前為綜合商品零售業中創造穩定產值的主要來源。從年增率來看，連鎖式便利商

店業近五年來年增率的表現起起落落，在 2014 年到 2015 年以及 2017 年到 2018 年出現較大幅度的下滑；百貨公司年增率則從 2014 年到 2017 年呈現一路下滑趨勢，惟 2017 年到 2018 年又再大幅成長；超級市場業年增率除在 2016 年到 2017 年間曾出現大幅下降外，大致呈現成長趨勢；零售式量販業近五年成長率看起來並不高，年增率除 2015 年到 2016 年出現上升外，大致呈現緩慢下滑趨勢；其他綜合商品零售業除在 2017 年到 2018 年出現大幅度的成長外，亦呈現一路下滑趨勢，不難看出綜合商品零售業各業別皆面臨市場多變的挑戰。

表 4-2　零售業暨綜合商品零售業銷售額與年增率

單位：億元新台幣、%

業別		2014 年	2015 年	2016 年	2017 年	2018 年
零售業	銷售額（億元）	42,652.01	42,334.46	42,323.74	43,120.95	45,918
	年增率（%）	5.65	-0.74	-0.03	1.88	6.49
綜合商品零售業	銷售額（億元）	9,764.26	10,240.77	10,774.65	10,821.57	11,416.93
	年增率（%）	6.76	4.88	5.21	0.44	5.5
	銷售額占比（%）	100	100	100	100	100
百貨公司業	銷售額（億元）	2,954.06	3,057.96	3,109.95	3,099.70	3,255.16
	年增率（%）	7.85	3.52	1.70	-0.33	5.01
	銷售額占比（%）	30.25	29.86	28.86	28.64	28.51
超級市場業	銷售額（億元）	1,916.87	2,084.39	2,303.72	2,274.29	2,399.35
	年增率（%）	2.37	8.74	10.52	-1.28	5.49
	銷售額占比（%）	19.63	20.35	21.38	21.02	21.01
連鎖式便利商店業	銷售額（億元）	2,910.93	3,038.98	3,208.47	3,348.60	3,351.65
	年增率（%）	8.66	4.40	5.58	4.37	0.09
	銷售額占比（%）	29.81	29.68	29.78	30.94	29.35
零售式量販業	銷售額（億元）	988.59	999.50	1,039.25	1,054.64	1,066.54
	年增率（%）	2.41	1.10	3.98	1.48	1.12
	銷售額占比（%）	10.12	9.76	9.65	9.75	9.34
其他綜合商品零售業	銷售額（億元）	993.81	1,059.95	1,113.25	1,044.35	1,089.86
	年增率（%）	11.67	6.65	5.03	-6.19	4.35
	銷售額占比（%）	10.18	10.35	10.33	9.65	9.54

資料來源：整理自財政部統計資料庫，第 7、8 次修訂（6 碼）。
資料擷取：2019 年 6 月。
說　　明：上述表格數據會產生部分計算偏誤係因四捨五入與資料長度取捨所致，但並不影響分析結果。

2. **營利事業家數**：在營利事業家數方面，從表 4-3 中可看到綜合商品零售業的店家數與營業額的變化類似，年增率均隨著景氣波動而變化，長期有趨緩的趨勢。2018 年家數最多的綜合商品零售業為連鎖式便利商店業，計有 31,268 家，再來是其他綜合商品零售業，共計 9,439 家，然後是超級市場業與百貨公司業，家數分別為 2,199 家與 661 家。

在家數成長方面，百貨公司業從 2014 年到 2018 年皆呈現負成長，連鎖式便利商店業則在 2018 年出現負成長，達 -26.64%，其餘的綜合商品零售業的家數在 2018 年皆有所增加，年增率以零售式量販業最高，為 3.44%，超級市場業次之，年增率為 1.80%，而其他綜合商品零售業由 2017 年年增率 3.54% 降至 2018 年的 1.51%。

3. **受僱人數與薪資**：在受僱人數與薪資方面，由表 4-4 中可以看出，2018 年綜合商品零售業的總受僱人數為 173,497 人，年增 1.89%，其中男性員工為

表 4-3　綜合商品零售業營利事業家數與年增率

單位：家數、%

業別		2014 年	2015 年	2016 年	2017 年	2018 年
綜合商品零售業	家數	28,702	29,119	29,647	30,514	31,268
	年增率（%）	5.38	1.45	1.81	2.92	2.47
百貨公司業	家數	917	894	849	822	794
	年增率（%）	-0.11	-2.51	-5.03	-3.18	-3.40
超級市場業	家數	2,013	2,065	2,140	2,160	2,199
	年增率（%）	1.72	2.58	3.63	0.93	1.80
連鎖式便利商店業	家數	16,549	16,741	17,063	17,595	12,907
	年增率（%）	7.63	1.16	1.92	3.12	-26.64
零售式量販業	家數	583	595	615	639	661
	年增率（%）	0.69	2.06	3.36	3.90	3.44
其他綜合商品零售業	家數	8,640	8,824	8,980	9,298	9,439
	年增率（%）	3.04	2.13	1.77	3.54	1.51

資料來源：整理自財政部統計資料庫，第 7、8 次修訂（6 碼）。

資料擷取：2019 年 6 月。

說　　明：(1) 連鎖式便利商店包括直營及加盟。(2) 上述表格數據會產生部分計算偏誤係因四捨五入與資料長度取捨所致，但並不影響分析結果。

89,101 人，年增 0.90%，女性員工則增加至 84,396 人，年增 2.95%。

表 4-5 彙整了綜合商品零售業的薪資與工時資料，2018 年整體每人每月薪資為新台幣 57,040 元，年增 28.17%，薪資成長比 2017 年增加許多，其中男性的薪資年增 29.52%，女性則年增 26.57%。2018 年的平均工時相較於 2017 年增加了 8.2 個小時。

表 4-4　綜合商品零售業營利事業受僱人數概況

單位：人、%

性別		2014 年	2015 年	2016 年	2017 年	2018 年
男性	受僱人數（人）	83,150	85,511	85,442	88,309	89,101
	年增率（%）	3.00	2.84	-0.08	3.36	0.90
女性	受僱人數（人）	72,534	75,879	79,816	81,976	84,396
	年增率（%）	0.15	4.61	5.19	2.71	2.95
合計	受僱人數（人）	155,684	161,390	165,258	170,285	173,497
	年增率（%）	1.65	3.67	2.40	3.04	1.89

資料來源：行政院主計處，2019，薪資和生產力統計。
資料擷取：2019 年 6 月。
說　　明：上述表格數據會產生部分計算偏誤係因四捨五入與資料長度取捨所致，但並不影響分析結果。

表 4-5　綜合商品零售業營利事業每人每月總薪資與工時

單位：元新台幣、小時

項目		2014 年	2015 年	2016 年	2017 年	2018 年
每人每月總薪資	男性	41,581	43,621	44,099	46,306	59,975
	成長率（%）	4.22	4.91	1.10	5.00	29.52
	女性	39,699	41,293	40,985	42,561	53,868
	成長率（%）	3.77	4.02	-0.75	3.85	26.57
	合計	40,704	42,526	42,595	44,503	57,040
	成長率（%）	4.05	4.48	0.16	4.48	28.17
平均每月工時		165.4	166.4	160.4	158.1	166.3

資料來源：行政院主計處，2019，薪資和生產力統計。
資料擷取：2019 年 6 月。
說　　明：上述表格數據會產生部分計算偏誤係因四捨五入與資料長度取捨所致，但並不影響分析結果。

（二）無店面零售業發展現況

在主計總處第 10 次行業標準分類上，無店面零售業歸類在零售業下的「487 其他非店面零售業」項下，再細分為「4871 電子購物及郵購業」、「4872 直銷業」及「4879 未分類其他非店面零售業」等三項。若依照經濟部公告的營業項目代碼，我國的電子商務歸類到「F399040 無店面零售業」，泛指非店面零售之行業，與百貨公司業、超級市場業、便利商店業、零售式量販業不同的地方在於，其業務範圍包含從事以郵件及廣播、電視、網際網路等電子媒介方式零售商品之行業。

在無店面零售業的銷售額與家數方面，本文採用財政部的統計資料，而該統計資料係以中華民國稅務行業標準分類為依據。值得注意的是，2017 年底中華民國稅務行業標準分類進行了第 8 次修訂，自 2018 年 1 月 1 日起實施適用。對照第 7 次修訂版，第 8 次修訂版針對無店面零售業中的 4871-12 與 4871-13 進行部分修正，原 4871-12 為電視購物、網路購物，其定義：包括透過廣播、電視、網際網路、電話行銷等方式零售商品；4871-13 為網際網路拍賣。第 8 次修訂版則將 4871-12 改為經營電視購物、電台購物，其定義：包括透過廣播、電視、電話行銷等方式零售商品；且將 4871-13 改為經營網路購物之行業，其定義：包括經營網際網路拍賣。

1. 銷售額：依表 4-6 所整理之資料，可計算出我國 2018 年零售業營收結構，其中無店面零售業銷售額占比約為 2.4%。綜觀近三年的無店面零售業銷售額及年增率，2016 年無店面零售業年銷售額新台幣 968.85 億元，年增率 6.71%；2017 年無店面零售業年銷售額新台幣 1,019.62 億元，年增率 5.24%；2018 年無店面零售業年銷售額新台幣 1,109.38 億元，年增率 8.80%，可以發現無店面零售業近三年皆顯著成長。再依據財政部稅務行業標準分類第 8 次修訂分類，再向下細分出 8 項分類，其結果可由表 4-6 所示呈現。由表 4-6 中，可看出 2018 年無店面零售業以電視購物、電台購物擁有最高銷售額，其次為經營網路購物；值得注意的是，在財政部稅務行業標準分類第 8 次修訂分類中，將第 7 次分類表原歸為一類統計的「電視購物、網路購物」中之網路購物獨立出來計算，且占了其他無店面零售業銷售額的 39.2%，顯示其重要性。

若由近三年的成長趨勢來看，電視購物、電台購物連續三年來都呈現負成長，而網路購物、多層次傳銷（商品銷貨收入）、以自動販賣機零售商品、非店面零

售代理則連續三年來都呈現正成長。2018 年網路購物從電視購物業別獨立出來後，電視購物、電台購物的年增率更下降至 -26.76%；2018 年網路購物銷售額為新台幣 427.28 億元，與電視購物、電台購物業別銷售額新台幣 455.59 億元已相差不遠。單層直銷（有形商品）、多層次傳銷（商品銷貨收入）、多層次傳銷（佣金收入）的增長率在過去三年都曾出現負成長，增長率有高有低，呈現不穩定趨勢。

表 4-6　其他無店面零售業銷售額統計

單位：億元新台幣、%

業別		2016 年	2017 年	2018 年
零售業	銷售額（億元）	42,323.74	43,120.95	45,918
	年增率（%）	-0.03	1.88	6.49
其他無店面零售業	銷售額（億元）	968.85	1,019.62	1,109.38
	年增率（%）	6.71	5.24	8.80
郵購	銷售額（億元）	1.07	0.51	0.6
	年增率（%）	-13.66	-52.02	17.64
電視購物、電台購物 （原：電視購物、網路購物）	銷售額（億元）	630.41	622.10	455.59
	年增率（%）	-1.68	-1.32	-26.76
網路購物 （原：網際網路拍賣）	銷售額（億元）	139.14	182.78	427.28
	年增率（%）	36.92	31.36	133.77
單層直銷（有形商品）	銷售額（億元）	6.39	9.09	9.58
	年增率（%）	-11.29	42.28	5.39
多層次傳銷 （商品銷貨收入）	銷售額（億元）	81.52	83.96	83.81
	年增率（%）	-1.92	2.99	-0.18
多層次傳銷 （佣金收入）	銷售額（億元）	15.66	15.06	18.51
	年增率（%）	29.43	-3.84	22.91
以自動販賣機零售商品	銷售額（億元）	4.15	4.80	5.58
	年增率（%）	13.64	15.68	16.25
非店面零售代理 （原：無店面零售代理）	銷售額（億元）	90.51	101.32	108.43
	年增率（%）	56.64	11.94	7.02

資料來源：整理自財政部統計資料庫，第 7、8 次修訂（6 碼）。

資料擷取：2019 年 6 月。

說　　明：(1) 原業別係指財政部稅務行業標準分類第 7 次修訂之分類；2016、2017 年的統計係依第 7 次修訂之分類，而 2018 年的統計則依第 8 次修訂之分類。(2) 上述表格數據會產生部分計算偏誤係因四捨五入與資料長度取捨所致，但並不影響分析結果。

2. 營利事業家數：由表 4-7 的家數統計來看，於 2018 年，以網路購物家數達 16,470 家為最多，其次為非店面零售代理的 1,353 家，分別占其他無店面零售業的 79.1% 及 6.4%。其他無店面零售業在過去三年的家數成長率上，以網路購物、多層次傳銷（商品銷貨收入）、多層次傳銷（佣金收入）、以及自動販賣機零售商品業連續三年都有正的成長率；而 2018 年網路購物從電視購物業別獨立出來後，電視購物、電台購物的家數年增率則下降至 -74.09%，家數為 960 家。2018 年與前兩年相比，其他無店面零售業的家數增長率有減緩現象。

表 4-7　其他無店面零售業家數統計

單位：家、%

業別		2016 年	2017 年	2018 年
零售業	家數	362,403	363,980	364,389
	年增率（%）	0.24	0.44	0.11
其他無店面零售業	家數	14,238	17,639	20,819
	年增率（%）	25.58	23.89	18.00
郵購	家數	15	15	16
	年增率（%）	-11.76	0.00	6.67
電視購物、電台購物 （原：電視購物、網路購物）	家數	3,464	3,705	960
	年增率（%）	10.35	6.96	-74.09
網路購物 （原：網際網路拍賣）	家數	7,815	10,640	16,470
	年增率（%）	39.16	36.15	54.8
單層直銷（有形商品）	家數	229	233	225
	年增率（%）	1.33	1.75	-3.43
多層次傳銷（商品銷貨收入）	家數	710	761	766
	年增率（%）	10.25	7.18	0.66
多層次傳銷（佣金收入）	家數	345	434	487
	年增率（%）	29.21	25.80	12.21

業別		2016 年	2017 年	2018 年
以自動販賣機零售商品	家數	419	485	542
	年增率（％）	22.87	15.75	11.75
非店面零售代理 （原：無店面零售代理）	家數	1,241	1,366	1,353
	年增率（％）	14.06	10.07	-0.95

資料來源：整理自財政部統計資料庫，第 7、8 次修訂（6 碼）。

資料擷取：2019 年 6 月。

說　　明：(1) 原業別係指財政部稅務行業標準分類第 7 次修訂之分類；2016、2017 年的統計係依第 7 次
修訂之分類，而 2018 年的統計則依第 8 次修訂之分類。(2) 上述表格數據會產生部分計算偏誤
係因四捨五入與資料長度取捨所致，但並不影響分析結果。

▶ 三、零售業政策與趨勢

（一）國內發展政策

有鑑於零售業受網路與數位科技的影響日益深切，為協助我國零售業跟上這波「新零售」的潮流趨勢，經濟部商業司與時俱進推出許多政策措施希望助業者一臂之力，以順利創新轉型並開拓市場。主要包括推動智慧商業、服務業創新研發、跨境電商、網路購物產業價值升級與環境建構等面向。

智慧商業主要在鼓勵業者透過智慧科技應用，發展新型態商業服務模式及擴大服務範疇，建構消費者便利的消費環境，促使商業服務朝向個人化、智慧化及便利化的創新服務發展。

服務業創新研發原則是希望鼓勵企業積極投入新服務商品、新經營模式及新商業應用技術（三新）之創新研發。

而跨境電商係為協助電商業者於國際市場導入創新服務與模式，並對接當地政府與產業資源，促成跨國產業合作、解決當地物金流障礙，帶動跨境交易額成長。

在網路購物產業價值升級與環境建構方面，主要在強化我國電商資安與個資之規範推廣、平台維運、聯盟運作、行政檢查，提升民眾對電子交易安全的信賴。

（二）趨勢與案例

國內許多零售業已經慢慢朝線下與線上整合的 O2O（Offline to Online）趨勢升級轉型，以迎接智慧零售時代的來臨，除了愈益重視會員資料的建置與數據分析，同時也更加注重消費者需求，為了帶給消費者耳目一新與更便利的購物體驗，跨界、跨業、跨域整合也成了零售業的重要創新趨勢。此外，網路購物已經日益普及，而電子商務市場仍然不斷在成長，也為零售業者提供了更寬廣的銷售通路。

1. 綜合商品零售業發展趨勢：我國綜合商品零售業包含百貨公司業、超級市場業、連鎖式便利商店業及零售式量販業等，以下將依序說明各綜合商品零售業營業型態之整體狀況及經營模式與特色。

(1) 百貨公司業：我國的百貨公司及購物中心為消費者購物聚集場所之一，許多購物場所更是百貨公司與購物中心混合的型態。不過，若依第 8 次修訂的「中華民國稅務行業標準分類」，4712「百貨公司」則指從事在同一場所分部門零售服飾品、化妝品、家用器具及用品等多種商品，且分部門辦理結帳作業之行業，不包括：(1) 於百貨公司所在大樓或購物中心獨立營運之店家，如服裝店、餐廳及電影院分別歸入 4732 細類「服裝及其配件零售業」、5611 細類「餐館」及 5914 細類「影片放映業」；(2) 以出租場地為主要經濟活動之購物中心歸入 6811 細類「不動產租售業」。

根據財政部財政統計資料庫 2018 年全年綜合商品零售業銷售額顯示，百貨公司業銷售額占比為 28.51%，為次高。綜觀近三年的百貨公司業銷售額及年增率，分別為新台幣 3,109.95 億元、3,099.70 億元和 3,255.16 億元及 1.70%、-0.33% 和 5.01%，可以發現百貨公司成長率在 2017 年為負，到了 2018 年又反轉為正，顯示 2018 年百貨公司的經營開始好轉。

在經營模式與特色上，以往百貨公司給予大眾的印象為商品眾多，且多為高單價精品，然而隨著電子商務的發達、消費世代的交替與轉型，為因應消費型態及人口的改變，現今的百貨公司更強調消費體驗及購物氛圍。由於實體零售市場逐漸被便利的網路購物取代，另一方面，臺灣的外食人口逐漸增加，因此以販賣體驗為主的餐飲在百貨公司中的比例也愈來愈高，甚至成為吸客的主角。

為滿足顧客的需求並增加吸引力，許多百貨公司透過引進知名餐飲品牌，吸

引顧客上門用餐，順便進行購物，以提高提袋率，例如「微風南山」B1 的微風超市就匯集了多國料理、零食、雜貨，讓顧客可以輕鬆購足生活用品。此外，百貨公司一、二樓過去多為美妝與精品專櫃，為了吸引更多元化的消費者，也開始多了通訊、電信業者的品牌進駐；較高樓層也開始出現美容、美髮或 Spa 等店家進駐。同時，在數位化時代及新零售概念來襲下，我國百貨業進行線上線下的全通路整合，並以消費者需求為依歸，打破實體百貨營業時間限制，24 小時滿足消費者隨時的購物需求。

(2) 超級市場業：超級市場與百貨業的差別在於超級市場規模較小，主要提供生鮮食品雜貨與日常生活用品為主，且生鮮商品須達到一定占比，商品價格也較為平易近人，主要顧客則是以附近居民為主。我國超級市場業因應區域型顧客的多元需求，店型較為多樣化，並強調生鮮食品以裸包裝的方式陳列，以拓展商品種類，刺激消費者購買。根據財政部財政統計資料庫 2018 年全年綜合商品零售業銷售額之資料，超級市場業銷售額占比為 21.01%。綜觀近三年的超級市場業銷售額及年增率，分別為新台幣 2,303.72 億元、2,274.29 億元和 2,399.35 億元及 10.52%、-1.28% 和 5.49%，可以發現超級市場業在 2017 年成長率大幅下降後，2018 年又再大幅上升。

在經營模式與特色上，根據 International Data Group （IGD）公司研究，至 2023 年十大全球線上食品雜貨市場預計總銷售額將達到近 2,000 億元，因此，許多超級市場實體店近來積極與電子商務結合，以提升消費者購物的便利性，滿足消費者更多需求。同時，超級市場實體店也紛紛朝數位化轉型。

此外，超級市場透過與電商的結合及實體店的數位化，也開始透過消費者數據、人工智慧與機器學習，進行更有效地定位產品與服務，以便達到精準行銷。

另一方面，數據儲存、計算、分析技術的進步也逐漸改變消費者對產品可追溯性的期望，愈來愈多中產階級對於食品安全、食物採購與篩選方式感到好奇，未來超級市場的產品資訊或許除了來源外，還可能會擴及到營養與口味等其他更加細微的訊息，而許多超級市場也已開始採用區塊鏈技術，以 QR code 為消費者提供食品來源的詳細資訊。

(3) 連鎖式便利商店業：便利商店與百貨公司及超級市場不同點在於：便利商店主要販賣可滿足顧客立即性需求的民生相關用品、食品及飲料，而其 24 小時營業與高度便利性為主要特點。依據財政部財政統計資料庫 2018 年全年綜

合商品零售業銷售額之資料，便利商店業銷售額占比 29.35%，為占比最高的業態。綜觀近三年的便利商店業銷售額及年增率，分別為新台幣 3,208.47 億元、3,348.60 億元和 3,351.65 億元及 5.58%、4.37% 和 0.09%，可以發現便利商店業成長率在這三年有下降趨勢；2018 年成長率僅 0.09%，推測市場已趨飽和，有待創造新一波成長力道。

在經營模式與特色上，近年連鎖式便利商店業大致朝新型態門市（如超市化、複合式店型等）以及導入創新技術（如無人商店、智慧商店、行動支付等）趨勢發展。例如，7-ELEVEN 建立的「智慧型商店」X-STORE 以導入 AI（人工智慧）、物聯網等技術為主，並搭配大數據分析，提供消費者更好的服務。7-ELEVEN 的智慧型商店強調要讓員工和消費者都更有效率地運作，以人臉辨識進出、電子式看板進行廣告宣傳、商品採電子化標籤並增設自助結帳區，使消費者自行入店、挑選、結帳、離開。而全家則是以打造讓店員更輕鬆的科技概念店為主軸，利用 IoT（物聯網）、大數據、AI（人工智慧）、RFID（無線射頻）等科技，優化員工的工作流程並降低工作量，其預計單店一年可省下 858 小時的工時。萊爾富則是於桃園分店內進駐首位 Life-ET 智慧生活服務機器人，其靠著 3D 環視人臉辨識智慧感知器，並藉由雲端運算的大數據，使機器人能自行思考後做出精準判斷，讓機器人與消費者互動，消費者只要進到門市內買東西，就會聽到機器人打招呼。

(4) 零售式量販業：零售式量販業與百貨、超級市場、便利商店業不同的地方在於：零售式量販業為同時結合倉儲與賣場的商店，以民生用品為其銷售主力，零售式量販業通常擁有大型賣場、充足之停車場設備、商品種類多樣化、購物環境舒適、採購成本較低及週轉性高等大量進貨及銷貨的批發特性，藉此壓低售價，且因其販售商品大量且多樣化，可滿足顧客期望低價與一次購足的需求。依財政部財政統計資料庫 2018 全年綜合商品零售業銷售額之資料，零售量販業銷售額占比 9.34%。綜觀近三年的零售式量販業銷售額及年增率，分別為新台幣 1,039.25 億元、1,054.64 億元和 1,066.54 億元及 3.98%、1.48% 和 1.12%，可以發現零售量販業於 2016 年衝高後，2017、2018 年都呈現小幅成長，且有趨緩趨勢。

在經營模式與特色方面，零售式量販業者近來也紛紛調整經營模式、跨入其他零售業態市場，並且強化線上銷售能力，朝向全通路發展。例如家樂福積極發展「便利購」與「線上購物服務」，「便利購」概念係將賣場深入消費者住家，

並以量販店的價格優勢，結合超市的便利性，讓採購消費更方便；同步亦推出無人商店，並採用會員識別方式、提供無人結帳台，朝向智慧零售發展，進而建立消費行為分析大數據，優化營運效率。另外，以大潤發為例，於 2017 年開始導入自助結帳系統，購買量少於 10 樣商品的消費者，由店員協助將顧客商品掃描條碼出單後，再由顧客持單自行至機台以信用卡結帳，在假日人多時，結帳速度比起一般人工結帳快上約 3 倍，能有效疏導排隊人潮。以會員倉儲式量販店為主的好市多則加入電商戰局，開啟線上購物網站，同樣以會員制為主，僅提供會員購物，特別的是，網站上推出的產品三分之二是實體店面沒有的特別商品。

2. **無店面零售業發展趨勢**：隨著虛擬通路消費日趨成熟及無店面零售業之蓬勃發展，經濟部將其定義為：「凡從事以郵件及廣播、電視、網際網路等電子媒介方式零售商品之行業。本細類主要以網路或其他廣告工具提供廣告、型錄等商品資訊，經由郵件、電話或網際網路下訂單後，商品直接從網際網路下載或以運輸工具運送至客戶處。經由電視、收音機及電話銷售商品及網際網路拍賣活動亦歸入本細類。不包括應經許可始得銷售之商品。」依財政部財政統計資料庫 2018 全年綜合商品零售業銷售額之資料，無店面零售業近三年的銷售額及年增率，分別為新台幣 968.85 億元、1,019.62 億元和 1,089.86 億元及 6.71%、5.24% 和 6.88%，可以發現無店面零售業成長幅度在 2017 年雖有下降，但 2018 年又開始上升，過去三年來成長幅度皆在 5% 以上。

電子商務基於網路可記錄使用軌跡的優勢，有助於蒐集大量顧客數據資料以進行銷售策略的制定，因此在經營模式與特色方面，主要在於運用大數據分析並進行精準行銷。如露天拍賣將過去幾年所累積的大量消費者資料，運用於 AI 以提供更有效率的服務。目前露天拍賣的首頁、搜尋功能都已經導入 AI，協助消費者更快速且精準地找到想要購買的東西，其利用圖像辨識技術把相同的商品歸類，讓消費者搜尋的時候不須再於商品堆中挑選，而是更清楚看到不同商品之間的差別，而個人購物首頁也會因為個人的購物習慣及偏好而變得不同，此重大突破也協助賣家能更精準地針對消費者進行廣告投放，而不像過去只以廣告置頂或是放於首頁的方式吸引大眾購買。

除了露天拍賣已邁向 AI 世代外，主打少量商品、把關品質與價格的電商業者創業家兄弟，也於 2017 年下半年啟動 AI 與大數據分析。透過大數據掌握年輕小資族群講求的個人化推薦和行動端採購需求，讓消費者看到的都是個人化推薦

頁面。此外,針對高齡族群對生活品的量化採購服務,也透過數據分析顯示,網站中有客戶重疊現象,因此為避免用戶轉換網站的困惑,將旗下五個網站整合成三個。

3. 案例分析:

(1) 全聯福利中心

・經營現況與特色:全聯福利中心在 2018 年營收為 1,200 億新台幣,年增率為 10.29%,並突破千店門檻,讓 80% 的家庭能夠在十分鐘內找到一家全聯,穩居超市龍頭。全聯福利中心為了跳脫以往的定位與形象,做了許多創新的嘗試,例如推出「全聯經濟美學」系列廣告,從一系列文青風格的 10 秒短影音,到全聯購物袋改裝成的「全聯潮包」,不但問鼎數項廣告大獎,更讓這個本來以 45 歲主婦為首要客群的超市,吸引不少年輕族群。

此外,全聯福利中心看準臺灣烘焙市場商機,斥資 7.92 億元收購老字號蛋糕品牌「白木屋」,接收其廠房和設備發展烤焙工廠,以進軍現烤麵包與甜點市場。全聯福利中心攜手日本零售業霸主 H2O 集團,合資成立「全聯阪急麵包公司」,引進他們的阪急 Bakery 冷凍麵糰和烘焙技術,並在全聯福利中心的門市提供「現烤麵包」,預計 2020 年前要導入全臺近千家門市。另一方面,全聯福利中心也在 2016 年正式成立自有甜點品牌 WeSweet,一改通路僅將甜點陳列在櫃上的被動式銷售,時常舉辦「甜點試吃日」活動,並搭配茶、咖啡等相關系列商品促銷,成功帶動門市業績提升 30% 以上。全聯福利中心並陸續和日本百年抹茶品牌「辻利茶舖」、新竹甜品名店「一百種味道」、「七四甜創」等合作推出聯名甜點,藉由維持 WeSweet 的品牌活躍度,而全聯福利中心甜品的業績持續成長,甚至已占烘培產品的 5 成。

・創新應用:全聯福利中心形容自己是「實體電商」,也就是立基於實體通路優勢的電商策略,以此提供更多「e-service」,分布各地的實體通路是全聯投入電商的最大優勢,無論消費者選擇到店取貨或是宅配,因為全聯有約一千家門市,和消費者距離更近,因此配送成本會比電商更低,而近年全聯也投資一百多億元於物流倉儲,要強化配送效率,以創造和供應商、消費者三贏局面。

此外,為降低找零時間、提高結帳效率,為顧客創造購物體驗及提供多元服務,全聯福利中心最近推出行動支付 PX Pay,讓結帳情境更加多元,從現金、掃碼付款、感應支付、電子票證、實體信用卡、福利卡儲值金以及紙本禮券等都

囊括在內，可說是打通支付上的「全通路」。PX Pay 於兩周內達到 100 萬的下載量，泰半來自全聯福利中心原先的實體會員卡會員。另外 PX Pay 也解決過去因一張會員卡可能被全家人輪流使用，而難以瞭解消費數據後面消費者的問題，以手機為載體的 PX Pay APP 讓全聯福利中心更能精準鎖定消費群。同時，全聯更開放自由轉點制度，讓消費者想把點數轉給誰都可以，湊點換禮更自由，而功能多元的 PX Pay 內有儲存電子發票功能，PX Pay 不僅會進行中獎通知，用戶也可以把發票獎金存入 PX Pay 內即時管理。PX Pay 及其整合的行動福利卡，是全聯福利中心推動數位轉型計畫的「首部曲」，也是最重要的「數位化基礎建設」，未來規劃還將陸續推出線上購物、整買零取、店配到宅等服務。

(2) 寶雅

　　經營現況與特色寶雅可謂國內保養美妝通路龍頭，市占率高達 82%，市場定位非常明確，抓準女性族群喜愛逛保養美妝店，只鎖定 15-49 歲的女性，因此來客、購買等皆為女性為大宗的寶雅，業績上保養、彩妝、家庭百貨各占 16%，飾品加紡織品 15%，再加上洗沐用品 11%，總計將近 74% 的商品都是女性商品。寶雅先以「鄉鎮包圍都市」策略，在中南部站穩腳步後，建立起「多樣少量」的平價百貨消費形態，然後在全臺灣包括北中南展店。現已發展成為連鎖生活美妝百貨的寶雅，銷售品項高達 6 萬個，在 2018 年的營收達 141 億元，年增率為 6.8%，發展策略將持續優化第五代店，相較四代店多出 20% 的品項，且將增設第六代店。寶雅發展實體通路，主要靠規模化降低成本使高毛利品項比例提升，店數增加的同時營業額也相對提高，即將利潤放大，此模式所累積的經驗，讓寶雅開始橫向發展並成立新品牌，預期在 2019 年五代店數量將可超過百家。

　　全通路概念的興起，使寶雅考量新的服務開發及經營策略，取消「抽成專櫃」，空出來的店內空間以增加個人飾品的方式彌補。此外，寶雅認知到自有品牌的利潤較高，規劃致力提高相關比重，並且發展線上通路，建立「電子商務網路購物中心」，也積極強化商品線廣度，定期至國外開發採購新款商品。

　　寶雅透過導入資訊系統以提升庫存管理與人力使用效率，同時自建統倉物流中心等管理系統，不僅成為寶雅展店的後盾，協助寶雅成為生活百貨霸主，也為發展電子商務做準備。

　　‧創新應用：寶雅目前收入主要來自於線下實體商店，但已規劃推出 P-stagram 美妝平台，將導入評論機制、會員機制以及與電商結合的 APP，提供

更多行動化服務,透過與素人網紅合作推播商品,帶動顧客線上及線下選購,使用產品後在平台撰寫評論累積點數兌換優惠,同時可提供其他對該商品有興趣者的購物參考。在行銷的推播應用方面,寶雅將利用 APP,提供廣告與促銷推播服務,整合以上數位化裝置,並透過線上與線下的數據蒐集,進行各項消費者行為分析,提供決策者制定銷售策略之參考。

(3) 新光三越

· 經營現況與特色:新光三越 2018 年營收為 797 億元,年增率 2%,創新高紀錄。新光三越在數位化轉型上積極投入,例如推動 skm pay 電子錢包,有效鞏固客源,目前會員數已近 200 萬人。2018 年新光三越信義新天地維持高成長,幅度逾 6%,面對日益激烈的百貨競爭,新光三越一方面朝數位化趨勢轉型,一方面強化線下體驗,包括導入本土餐飲品牌,做為差異化的重點之一。新光三越接下來也希望發展成「本土品牌孵化器」,積極尋找國內優質品牌並規劃先在信義計畫區萌芽。

· 創新應用:skm pay(ShinKong Mitsukoshi Pay)行動支付,兼具「支付、會員宣告、累點」三合一特色,加上美食訂候位服務新增外帶功能、會員點數新增折抵停車費功能,同時將贈品禮券存在雲端,手機就是行動貴賓卡,也是會員卡電子發票載具進而促進無紙化,還能夠提供分期付款與紅利積點服務,以往要在後續申請與處理的事項,都能在支付的短時間內完成。

在品牌與服務上,新光三越有三大行銷策略,包括創意、空間配置、打卡吸人潮。近年來,新光三越逐步把信義區百貨公司二樓空橋的牆面打開,讓來往行人能一眼看到館內品牌商品陳列,提高自動入門誘因,而非只是路過。這樣的穿透性設計,也增加空間視覺琳琅滿目的豐富度,而且只要品牌櫥窗陳列改變,消費者就會有「空間主動邀請群眾」的感受。在百貨配置邏輯上,新光三越也開始打破傳統的框架,一樓不再只是單純的化妝品和精品賣場,連原先只會出現在高樓層的運動品牌也進駐到地面來。

第三節　國際零售業發展情勢與展望

　　「智慧零售」與「電子商務」已然成為零售業的主流發展趨勢，國際間為了推動零售業的轉型，紛紛推出相關政策。例如，新加坡政府推出為期十年的「2015 智慧國家 (Intelligent Nation 2015, iN2015）」計畫，由資訊通訊媒體發展局（IMDA）負責推動，透過發展資通訊科技，打造發展智慧型產業所需的軟硬體基礎，尤其關注於包含觀光服務與零售等領域的智慧化轉型；另外，為了協助零售業掌握全球電子商務市場商機，新加坡政府近年內還將大力推動零售業朝多元通路發展，希望利用電商幫中小企業擴充業務。馬來西亞則推出「全國電子商務策略藍圖」，目標為電子商務成長率從 10.8% 提升至 2020 年的 20.8%，且設定 2020 年電子商務產值占 GDP 比例由 5.8% 提升至 10% 的目標。

▶▶ 一、全球零售業發展現況

　　市場研究機構 eMarketer 指出 [18]，全球零售業 2018 年的銷售額約為 23.956 兆美元，增長率約 4.3%。從全球零售業銷售額增長率來看，繼 2017 年達 6.2% 高峰後，2018 年已出現下降現象。eMarketer 預估到了 2023 年，將成長到 29.763 兆美元，成長率為 4.5%。由圖 4-2 可看出，全球零售業雖然持續成長，但成長幅度預估將落在 4% 到 4.5% 間；相較於 2018 年之前五年每年增長約 5.7% 到 7.5%，已開始出現較顯著下降。根據 eMarketer 的報告，主要原因在於這兩年來全球經濟不確定性增加，包括中國大陸近來 GDP 的成長率開始下降，而歐洲的 GDP 成長率也出現停滯不前的狀態，美國的經濟成長也可能因中美貿易戰等因素而出現變數，全球經貿的不確定性使得過去兩年來消費者支出出現放緩。

　　此外，隨著各式新興科技及網路社群普及所帶動的新零售時代，促使零售業者以運用大數據、零庫存的現代物流、線上線下與物流的結合為手段，實現以消費者為中心的市場為其目標。依據產業生命週期理論，在其他條件不變下，全

球零售業在 2019 年以後將步入成熟期，整個零售產業將逐漸再踏入高度競爭的情況。

eMarketer 的報告亦指出，2018 年全球零售業的電子商務銷售額約為 2.928 兆美元，成長率為 22.9%（詳參圖 4-3），顯示全球的零售業者正積極地搶食這塊大餅；但因零售業爭相投入電子商務的經營，在其他條件不變下，使得未來電子商務市場的成長幅度因市場逐漸成熟而縮小。依據 eMarketer 預測，電子商務銷售額占整體零售額的比重，將由 2018 年的 12.2% 增長到 2019 年的 14.1%，逐步增加至 2023 年的 22.0%；而銷售成長率將由 2018 年的 22.9%，逐步降低至 2023 年的 14.9%。

在勤業眾信（Deloitte）在「2019 零售力量與趨勢展望」報告中表示，2018 年全球前 10 大零售業商中，依序為沃爾瑪（Walmart）、好事多（Costco）、克羅格（Kroger）、亞馬遜（Amazon）、施沃茨（Schwarz）、家得寶（The Home Depot）、沃爾格林（Walgreens）、Aldi Einkauf GmbH & Co. oHG（奧樂齊超

資料來源：整理自 eMarketer。

資料擷取：2019 年 6 月。

圖 4-2　全球零售業銷售額預估

市與 ALDI 母公司）、CVS 健康連鎖藥店（CVS Health Corporation）、特易購
（TESCO）等，而全球前 10 大零售業者中，美國占了大部分比例，占業界銷售
額的比例持續擴大，在 2018 年度占前 250 大之整體零售營收的 31.6%。

若根據 2018 年全球前 250 大零售業來看，北美有 85 家（美國就有 79 家）、
拉丁美洲有 9 家、歐洲 87 家、日本有 31 家、中國大陸與香港則有 13 家、其他
亞太國家有 16 家、中東與非洲有 9 家，僅北美地區的企業數量就涵蓋前 250 大
零售商的 34.0%，占前 250 大的三分之一，銷售額貢獻更近二分之一，為各區域
中占比最大者。

值得一提的是，歐洲企業在前 250 大之家數占比逐漸增加，自 2017 年度的
82 家增加至 2018 年的 87 家，且歐洲企業是最積極在本土市場外尋求成長機會
者，其境外營收比重達 42.3%。以亞太區域而言，進榜的日本零售業營收超過了
中國大陸與香港以及其他亞太國家（澳洲、印尼、印度、南韓、臺灣、菲律賓和

資料來源：整理自 eMarketer。

資料擷取：2019 年 6 月。

圖 4-3　全球電子商務零銷售額預估

紐西蘭等）；而海外營收占比之部分則是以中國大陸／香港最高。

在產品類別銷售方面，2018 年服飾與配件的零售業者仍然維持獲利為最高，由於服飾與配件業者主要採取差異化的利基策略，集中於少數的客群，以獲取最大的利潤，在成長率上位居第二。服飾配件亦為各類別中，國外銷售額比重最高者，平均在 26 個國家皆有銷售，遠高於其他類別企業。而快速消費品在前 250 大中的家數與銷售額占比皆為最高，其類別業者主要採取成本領導策略，提供低價商品，吸引顧客，以獲取最大的銷售額為經營導向。

在 2018 年度的消費性電子與娛樂商品類別亦持續成長，銷售額增長了 10.1%，2013 至 2018 銷售額的年複合成長率穩定維持在 6.8% 左右，超過了其他產品類別。2018 年在前 250 大零售業者中，消費性電子與娛樂商品雖僅占 20%（50 家公司），但仍有 5.7% 的銷售成長率。

▶ 二、國外零售業發展案例

（一）永旺（AEON）

1. 經營現況與特色：永旺集團（AEON Group）是日本最大，也是 2018 年是世界排名第 13 大的零售集團，目前全球的總店鋪數約 22,000 家，會員卡發行數量達 4,220 萬張，員工人數達 58 萬人之多，在中國、香港、馬來西亞、越南、柬埔寨等地皆擁有分公司，為亞洲最大的百貨零售企業，以經營綜合購物商場為其核心業務。永旺集團從 2005 年《京都議定書》上路到 2015 年《巴黎協議》的問世，都發表過相呼應的抗暖化宣言和行動。

永旺集團欲挑戰 2050 年零碳排放的目標，並以「向後預測法」（Back Casting Method）進行規劃，制定不同階段的目標，期望在 2020 年達成減碳 15%（比較基準為 2010 年），2030 年減碳 35%，2040 年減碳 70% 的目標。永旺的行動方案包括推動「SMART AEON 店舖」，運用設置太陽能板、電動車充電樁、重新配置空調和換氣系統、使用節水設備和 LED 燈具等諸多措施，搭配智慧能源管理系統，導入後預計可創造 30% 的減碳效果。在評估自家排碳量約有 9 成來自用電後，除了節能外，永旺還選擇具有再生能源的綠色電力，視為其減碳主力，且規劃成立專屬的電力仲介商，協助開發、採購、調配各種綠能來源。

2017 年永旺旗下所有店舖都設置了電動車（EV）充電器，達成「EV100」

運動（呼籲企業用車電動化）的目標，近來更宣示加入「RE100」（再生能源倡議），提出 2050 年達到 100％電力都來自再生能源的承諾。永旺透過投入再生能源來滿足電力需求的作法，對日本市場和其他尚未跟進的公司來說，不僅具有重要的啟示意義，在發揮零售業能源轉型的示範效果上也令人期待。

2. 創新應用：永旺除了致力於節能減碳，也跟上零售業科技化的創新潮流，透過投資外部的 Boxed 公司來強化自己的科技化能力，Boxed 不僅開發出自動化物流系統，也有自己的機器人研發團隊。Boxed 的線上量販服務使用了自行開發的後端倉儲自動化物流管理系統，同時也用自己的演算法做大量數據分析和應用。

Boxed 內部的機器人研發團隊負責開發自動化倉儲設備和無人載具，而永旺則邀請 Boxed 的物流人員，和永旺團隊組成專案小組，幫助永旺的員工學習 Boxed 在自動化物流發展的專業知識。另外，永旺也希望透過 Boxed 的數據分析平台打造客製化的消費者服務等。永旺期待藉由投資外部擁有技術能力的公司，一方面加強推動其線上事業發展，另一方面幫助永旺員工轉換成數位思維，刺激並加速該公司的數位轉型。

（二）好市多（Costco）

1. 經營現況與特色：「會員經濟」是美國的零售超市巨頭好市多（Costco）成功的手法之一。市值超過 1,000 億美元的 Costco 在 2018 年時，成為世界和美國第二大零售商，年營收 129,025 百萬美元，年增率為 8.7％，靠的是「會員經濟」。在 Costco 只有會員或者會員攜帶的消費者才能進入消費，Costco 走的也不再是傳統一買一賣賺取差價的模式，而是以會員年費作為最主要的收入來源。Costco 劃分不同會員身分組別，有針對個人消費者亦有針對企業客戶。購買一年會員的價格也並不貴，普通會員年費是 60 元美金，高級會員是 120 元美金，但是能享受一年內購買金額的 2％ 的返還，最高返還金額是 1,000 元美金。所以買得多就賺回來了。目前 Costco 有超過 9,000 萬名會員，單是來自會員費的收入就超過 31 億美元，也差不多就是 Costco 的利潤了。Costco 的低毛利率、會員制和低 SKU（Stock Keeping Unit，庫存單位）品類模式顛覆了傳統零售產業，也成為如今新零售產業的教科書，可以說嚴選模式的鼻祖就來自 Costco。Costco 內部有一個 14％ 的神祕數字，任何商品在進貨之後，最終定價的毛利率不能超過 14％。當你靠會員費賺錢，不需要從商品上面賺錢的時候，你的最大利益反而是

把價格降下來，最重要是讓會員們滿意。會員經濟使 Costco 會員非常忠心，因此會員的續卡率常年維持在 90%。

另外，順利撐起會員體系的商品是 Kirkland Signature 自營品牌，好事多總營業額中，Kirkland Signature 占比達到三分之一，2018 年 Kirkland Signature 產品銷售額達到 390 億美元，年增率達 11.4%，營業額比梅西、JP Penney 等百貨同年加總營收還多。2018 年的一個經典案例是，Costco 將旗下 Kirkland 約 40 瓶包裝的 500ml 礦泉水降價到 2.99 美元，使 Poland Spring 在內的傳統品牌，不得不跟進降價。Kirkland 幫 Costco 控制供應鏈成本，Kantar Retail 分析師 Timothy Campbell 就表示，「它讓供應商保持誠實」，且 Costco 也可依據自身情況微調商品，如 2014 年 Costco 將 Kirkland 腰果罐從圓形改為方形，以便貨運卡車裝載更多腰果，也更能善用賣場的存放與陳列空間。

2. 創新應用：Costco 聚焦在線下會員經營，培養顧客的固定消費習慣，也開發線上訂購並提供快速配送的服務，加上能適時調整商品的銷售結構，有效減少了來自電商的競爭衝擊。Costco 維持顧客的核心在於透過吸引人的商品和價格，讓顧客願意成為其會員，再透過會員體系成功與顧客建立強連結的關係，這種差異化的經營策略，使得 Costco 單店營業額達到了沃爾瑪的 4 倍。

Costco 盡量為顧客提供低價的優質品牌商品，其深刻瞭解商品的品質直接決定了顧客的重複購買率、信任度和黏著度；基於本原則，Costco 在選擇供應商上秉持嚴苛的條件。Costco 認為中高端的品牌基於其品牌影響力大，同時品牌也是這些企業的信譽所在，所以這樣的商品供應商，基本上不會選擇犧牲品質去獲取較高的利潤，於是 Costco 選擇與他們合作，如此也可大幅降低篩選商品的成本。

另一方面，Costco 與供應商合作的條件嚴苛，一旦商品品質出現問題，Costco 將至少三年不會再與這個品牌供應商合作。也由於 Costco 年產值達到千億美金，而擁有足夠的議價能力，從源頭上保證商品的品質。基於對 SKU 的控制，Costco 在每個品牌上只供應 1-2 項商品，可減少顧客選擇的時間，也提升了單品的銷售量，並透過對銷售數據的監測和商品陳列展現方式的操作，能即時調整商品採購數量以及提升銷售量，從而縮短了庫存的周轉周期。

（三）家得寶（The Home Depot）

1. 經營現況與特色：成立於 1978 年的家得寶是世界最大的家具建材用品零

售商，2018 年總營收為 100,904 百萬美元，年增率為 6.7%，淨利率為 8.6%。家得寶主要銷售各類建築材料、家居用品和草坪花園產品，並且提供相關服務。家得寶在全球擁有超過 2,000 家店鋪，店鋪平均室內面積約 9,758 平方公尺，並設有戶外的花園產品區域。家得寶提供上下游一條龍的解決方案，從裝潢材料、室內設計、施工、工具租賃、到裝潢貸款等方向多元化發展。

家得寶利用自營式連鎖零售與多樣化產品與服務策略，將營業範疇擴展至 DIY（Do It Yourself）、DIFM（Do It For Me）與專業承包等類型的居家裝修零售服務，加速成為該領域的龍頭企業。隨著電商的崛起，家得寶除了利用 O2O 的線上訂購與線下付款策略外，在實體店面上，不僅未縮減店面數，反而持續擴張北美的實體店面，成為傳統零售商突圍的成功案例。

家得寶改變單一的 DIY 產品，進一步將 DIY 推向了 DIY + BIY + CIY（Do It Yourself + Buy It Yourself + Create It Yourself），即鼓勵消費者自己設計，請家得寶施工。自己設計，請家得寶施工）的新組合，這種創新也使家得寶「家庭安裝服務」業務大幅增長；在產品與服務創新上，家得寶還全力改造 IT 系統、商品整合，引進家居軟飾產品、廚房家電等。

2. 創新應用：面對電子商務的競爭之下，家得寶在部分店鋪安裝專用的存儲隔間，提供線上下單、線下實體店提貨的服務，並提供具知識性和教育性的線上教學、即時客服、圖像搜索、語音搜尋、擴增實境（AR）應用等。此外，家得寶與 Price Wise 合作，以因應消費者對店內更數位化的互動體驗需求，同時回應網路購物消費者比價的需求。掌握消費者線上購物方便但要知道最佳購買時間並不容易的需求，家得寶讓消費者可將商品加到 Price Wise 中，在每次商品價格下降時予以通知，並可立刻點擊直接進行購買。

家得寶也引進視覺搜尋（Visual Search），消費者可以使用手機拍攝所需產品的照片，在特定商店的庫存中找到類似的商品，消費者也可針對喜愛的物品進行搜尋並得到更多啟發。

家得寶還與即時客戶體驗管理平台合作，Adobe Experience Platform 是一個開放、可擴展的平台，能整合企業內的數據，並透過 Adobe Sensei 人工智慧（AI）及機器學習功能，即時建立客戶檔案，同時可從多方蒐集和處理大量即時數據，並將數據整合到體驗數據模型（Experience Data Model，XDM）中，家得寶可借助 Adobe Experience Platform 取得來自該平台有關大數據分析等解決方案

的消費者洞察。

第四節　結論與建議

▶ 一、零售業挑戰與轉型契機

（一）綜合商品零售業界限日趨模糊而競爭日益加劇

從年增率來看，連鎖式便利商店業在 2014 年到 2015 年以及 2017 年到 2018 年出現較大幅度的下滑，近五年來年增率的表現起起落落；百貨公司則從 2014 年到 2017 年呈現一路下滑趨勢，但 2017 年到 2018 年又再大幅成長；超級市場業年增率在 2016 年到 2017 年間曾出現大幅下降，其他年度則大致呈現成長趨勢；零售式量販業近五年成長率也呈現不穩定趨勢，不難看出綜合商品零售業各業別皆面臨市場多變的挑戰，包括各業別間的界限日益模糊而競爭加劇。而市場也已逐漸飽和，使得百貨公司業家數從 2014 年到 2018 年皆呈現負成長，連鎖式便利商店業則在 2018 年出現負成長；不過另一方面，超級市場業與零售式量販業則有正成長，顯見若零售業能在市場上發掘符合市場的需求商機，並以符合消費趨勢的角度切入，仍有機會再創成長動能。

（二）線上與線下結合的新零售型態逐漸百花齊放

在數位時代下，消費者愈來愈能善用網路力量，取得更多資訊，並期望企業立即回應，來滿足消費者的需求，以及提供個人化的服務，也使愈來愈多零售業正在打破時空限制，朝線上、線下無縫接軌的「新零售」型態轉變。然而，對於原本擅長經營線上的電商業者而言，跨入線下的實體店經營成為新挑戰。同樣地，對於為數眾多的實體零售業而言，跨到線上經營電子商務，也成為有待重新學習與摸索的課題。例如，7-11 從實體商店躍入 X-Store 的無人商店過程，仍處於從營運與市場測試中累積經驗階段；而選擇從實體商店漸進式科技化升級的全家，也還在摸索如何善用科技提高經營效率。然而零售業共同趨勢仍是線上與線下整合的「新零售」。

▶▶ 二、對企業的建議

（一）企業應更貼近消費需求並保持創新彈性

在零售市場的競爭日益激烈的態勢下，企業有必要更加關注消費偏好與需求，反思既有的經營模式是否符合市場所需；保留經營模式的創新彈性，便於隨時視市場脈動而調整其設計，以因應市場快速變化的趨勢。例如百貨公司為了因應消費型態及人口的改變，而更加強調消費體驗、購物氛圍及分眾市場的設計。

（二）企業須提升數位知能朝「新零售」轉型

科技的進步與網路的普及正在改變整個零售業，對零售業而言，最大的改變之一就是從實體到虛擬，並逐漸發展成虛實整合的「新零售」型態。上述變化改變了人們的購物方式，也改變了零售業的經營模式。隨著科技的發展與消費者的意識抬頭，消費者的要求比以往更高，零售業也開始進入轉型期。Deloitte 勤業眾信於「2019 零售力量與趨勢展望」中指出，由於零售業環境接連不斷顛覆變動，挑戰許多既有準則，不僅為新進業者創造了機會，也迫使現有的企業必須轉型。因此，零售業者必須提早因應，建議應善用外部資源，例如政府的培訓與補助等資源，提升數位知能，投入數位轉型，以因應「新零售」時代的來臨。

附錄　零售業定義與行業範疇

　　根據行政院主計總處「行業標準分類」第 10 次修訂版本所定義之零售業，從事透過商店、攤販及其他非店面如網際網路等向家庭或民眾銷售全新及中古有形商品之行業。零售業各細類定義及範疇如表 4-9 所示：

表 4-9　行政院主計處「行業標準分類」第 10 次修訂版本所定義之零售業

零售業小類別	定義	涵蓋範疇（細類）
綜合商品零售業	從事以非特定專賣形式銷售多種系列商品之零售店，如連鎖便利商店、百貨公司及超級市場等。	連鎖便利商店 百貨公司 其他綜合商品零售業
食品、飲料及菸草製品零售業	從事食品、飲料、菸草製品專賣之零售店，如蔬果、肉品、水產品、米糧、蛋類、飲料、酒類、麵包、糖果、茶葉等零售店。	蔬果零售業 肉品零售業 水產品零售業 其他食品、飲料及菸草製品零售業
布疋及服飾品零售業	從事布疋及服飾品專賣之零售店，如成衣、鞋類、服飾配件等零售店；行李箱（袋）及縫紉用品零售店亦歸入本類。	布疋零售業 服裝及其配件零售業 鞋類零售業 其他服飾品零售業
家用器具及用品零售業	從事家用器具及用品專賣之零售店，如家用電器、家具、家飾品、鐘錶、眼鏡、珠寶、家用攝影器材與光學產品、清潔用品等零售店。	家用電器零售業 家具零售業 家飾品零售業 鐘錶及眼鏡零售業 珠寶及貴金屬製品零售業 其他家用器具及用品零售業
藥品、醫療用品及化妝品零售業	從事藥品、醫療用品及化妝品專賣之零售店。	藥品及醫療用品零售業 化妝品零售業
文教育樂用品零售業	從事文教、育樂用品專賣之零售店，如書籍、文具、運動用品、玩具及娛樂用品、樂器等零售店。	書籍及文具零售業 運動用品及器材零售業 玩具及娛樂用品零售業 影音光碟零售業
建材零售業	從事漆料、塗料及居家修繕等建材、工具、用品專賣之零售店。	

零售業小類別	定義	涵蓋範疇（細類）
燃料及相關產品零售業	從事汽油、柴油、液化石油氣、木炭、桶裝瓦斯、機油等燃料及相關產品專賣之零售店。	加油及加氣站 其他燃料及相關產品零售業
資訊及通訊設備零售業	從事資訊及通訊設備專賣之零售店，如電腦及其週邊設備、通訊設備、視聽設備等零售店。	電腦及其週邊設備、軟體零售業 通訊設備零售業 視聽設備零售業
汽機車及其零配件、用品零售業	從事全新與中古汽機車及其零件、配備、用品專賣之零售店。	汽車零售業 機車零售業 汽機車零配件及用品零售業
其他專賣零售業	從事 472 至 484 小類以外單一系列商品專賣之零售店。	花卉零售業 其他全新商品零售業 中古商品零售業
零售攤販	從事商品零售之固定或流動攤販。	食品、飲料及菸草製品之零售攤販 紡織品、服裝及鞋類之零售攤販 其他零售攤販
其他非店面零售業	從事 486 小類以外非店面零售之行業，如透過網際網路、郵購、逐戶拜訪及自動販賣機等方式零售商品。	電子購物及郵購業 直銷業 未分類其他非店面零售業

資料來源：行政院主計處，2016，中華民國行業標準分類第 10 次修訂（105 年 1 月）。

基礎資訊

④ 零售業現況分析與發展趨勢

餐飲業現況分析與發展趨勢

商業發展研究院／林聖哲研究員、程麗弘研究員

第一節　前言

在資訊爆發的時代，每個人都可以透過各種管道輕易取得美食資訊，對於食物的要求不再只是填飽肚子，更重視體驗與分享。在各國致力推動觀光資源之際，政府已開始藉由美食帶動觀光，而餐飲業屬於競爭激烈的紅海市場，在此情況下，我國餐飲業者如何吸引顧客消費，無不各展身手，透過國際化、科技化、多元化等經營模式，以爭取餐飲市場的一席之地。

由於臺灣餐飲內需市場小，近年來許多餐飲集團除了持續深耕臺灣市場之外，亦積極布局海外市場，透過國際化為企業注入新的成長動能，例如揚秦國際的「炸雞大獅」、六角國際的「日出茶太」、美食-KY的「85°C」等至海外展店，皆受到當地消費者的好評。

我國政府自 2016 年提出「新南向政策」計畫以來，積極協助國內餐飲業者進入新南向國家市場。由於東協、南亞各國之飲食文化、風俗民情、稅務法規、投資政策等差異甚大，政府透過計畫資源，辦理參展團、商機媒合交流活動、國際行銷活動等，以期促成國內餐飲業者順利拓展海外市場。

隨著行動網路普及化與行動裝置應用多元化，消費習慣與生活型態改變，餐飲業必須與時俱進，轉變原有經營模式，以面對高度競爭的產業環境。為協助我國餐飲業者因應數位衝擊，我國政府推動餐飲業升級轉型，協助業者有效結合科技應用與創新服務，朝向科技化經營模式邁進。

此外，對於普遍缺乏資金的中小型餐飲業者而言，因餐飲外送服務新營運模式的興起，除了節省店面租金與人事成本之外，更打破地域限制，增加區域以外潛在顧客數。自 2012 年首家進入臺灣餐飲外送服務市場之空腹熊貓（foodpanda）至 2018 年加入之戶戶送（deliveroo），顯示代勞的新經營模式於我國餐飲業正崛起。

為洞悉國內外餐飲業發展現況與趨勢，本文首先將介紹我國餐飲業發展現況，依餐飲業（中業別、細業別）近年來銷售額、營利事業家數、受僱人數之變化趨勢進行分析，並闡述我國餐飲業發展政策與趨勢，輔以實際案例說明；接續說明國際餐飲業發展情勢與展望；最後將彙整上述國內外餐飲業發展趨勢之研析結果，並歸納可能影響餐飲業之關鍵議題，據此提出對於我國餐飲業之建議，以供我國餐飲業參考。

第二節　我國餐飲業發展現況分析

　　行政院主計總處於 2016 年 1 月，完成我國行業標準分類第 10 次修訂，將服務業範圍劃分為 13 大類[19]。餐飲業屬於 I 類「住宿及餐飲業」中之細項，係指從事調理餐食或飲料供立即食用或飲用之行業，另餐飲外帶外送、餐飲承包等亦歸入本類；其涵蓋類別包含餐食業（餐館、餐食攤販）、外燴及團膳承包業、飲料店業（飲料店、飲料攤販）。其中，餐食業係指從事調理餐食，並供立即食用之商店及攤販。外燴及團膳承包業係指從事承包客戶於指定地點舉辦運動會、會議及婚宴等類似活動之外燴餐飲服務，或是專為學校、醫院、工廠、公司企業等團體提供餐飲服務之行業，而承包飛機或火車等運輸工具上之餐飲服務亦歸入本類。

▶▶▶ 一、餐飲業發展現況

（一）銷售額
　　依據財政部公布之資料顯示，參見表 5-1，2018 年餐飲業銷售額約新台幣

註 19　服務業範圍劃分為 13 大類：G 類「批發及零售業」、H 類「運輸及倉儲業」、I 類「住宿及餐飲業」、J 類「資訊及通訊傳播業」、K 類「金融及保險業」、L 類「不動產業」、M 類「專業、科學及技術服務業」、N 類「支援服務業」、O 類「公共行政及國防；強制性社會安全」、P 類「教育服務業」、Q 類「醫療保健及社會工作服務業」、R 類「藝術、娛樂及休閒服務業」、S 類「其他服務業」。
　　　　目前行政院主計處已推出第 10 次行業分類，而財政部統計資料庫之統計資料是以按稅務行業標準分類。本章節以財政部統計資料庫之數據為主要呈現。

5,536 億元,較 2017 年成長 7.22%。觀察 2014 年至 2018 年的銷售額變化,從 4,096 億元呈現逐年攀升,每年成長率在 6% 到 10% 之間,此與我國民眾飲食習慣改變,外食人口成長,連帶提升餐飲產業的整體銷售額不無相關。

相較於 2017 年因全球經濟逐步趨緩,餐飲業銷售額年成長率為 6.78%,2018 的年增率則約略成長,為 7.22%,維持一定成長動能,卻顯示產業漸趨向飽和,業者競爭激烈。銷售額與成長率的部分,近五年維持在 6.78%~9.27% 之間(圖 5-1、表 5-1)。

(二)營利事業家數

在營利事業家數方面,2018 年底共計 141,823 家,首度突破 14 萬家,相較於 2017 年增加 4,917 家,年增率約 3.59%。觀察 2014 至 2018 年家數的變化,從 2014 年的 117,307 家逐年成長;每年年增率變化,落在 3%~6% 之間,以 2015 年增幅最大(5.81%)(參見圖 5-1、表 5-1)。

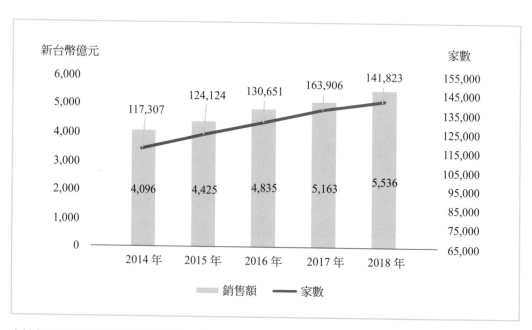

資料來源:整理自財政部統計資料庫,銷售額及營利事業家數第 7 次、第 8 次修訂(6 碼)及地區別。資料擷取:2019 年 5 月 31 日。

圖 5-1 餐飲業銷售額與營利事業家數趨勢

（三）受僱人數與薪資

2018 年餐飲業之受僱員工為 359,198 人，較 2017 年成長 3.91%。近年來，以 2014 年的年增率最高，為 4.80%，之後微幅遞減至 3.36%，2017 年則再提升。在性別方面則呈現女性受僱員工人數略多的情形，在性別的年增率方面，男性在 2014 年為 -12.07%，而 2015 年則大幅上升（25.88%），於 2016 年降為 4.55%，2017 年又降至 3.36%；反觀女性則未有大幅變化，維持在 2.46%~4.78% 之間。

表 5-1　餐飲業銷售額、營利事業家數、受僱員工數與每人每月總薪資統計

單位：家、%

項目	年度	2014 年	2015 年	2016 年	2017 年	2018 年
銷售額	總計（億元）	4,096	4,425	4,835	5,163	5,536
	年增率（%）	9.26	8.03	9.27	6.78	7.22
家數	總計（家）	117,307	124,124	130,651	136,906	141,823
	年增率（%）	3.43	5.81	5.26	4.79	3.59
受僱員工人數	總計（人）	309,285	321,103	331,879	345,694	359,198
	年增率（%）	4.80	3.82	3.36	4.16	3.91
	男性（人）	109,091	137,324	143,575	148,398	153,508
	年增率（%）	-12.07	25.88	4.55	3.36	3.44
	女性（人）	177,407	183,779	188,304	197,296	205,690
	年增率（%）	3.71	3.59	2.46	4.78	4.25
每人每月總薪資	總計（元）	33,033	33,845	34,263	35,274	37,070
	年增率（%）	3.38	2.46	1.24	2.95	5.09
	男性（元）	35,472	36,343	36,510	37,114	38,755
	年增率（%）	0.76	2.46	0.46	1.65	4.42
	女性（元）	31,464	32,233	32,772	34,038	36,001
	年增率（%）	4.98	2.44	1.67	3.86	5.77

註：上述表格數據會產生部分計算偏誤係因四捨五入與資料長度取捨所致，但並不影響分析結果。

資料來源：整理自財政部統計資料庫，銷售額及營利事業家數第 7 次、第 8 次修訂（6 碼）及地區別。行政院主計總處，103~107 年薪資及生產力統計年報。資料擷取：2019 年 5 月 31 日。

在薪資方面，2018 年平均薪資為新台幣 37,070 元，比 2017 年成長 5.09%。整體薪資表現由 2017 年平均的總月薪 35,274 元上升至 2018 年的 37,070 元，而與 2014 年的 33,033 元相比，5 年來成長幅度達 12.22%；在年成長率方面，2013 年至 2017 年皆有正的成長，並且以 2018 年的 5.09% 為最高。從薪資與性別方面來看，男性的薪資皆高於女性，差異幅度則是以 2015 年的 4,110 元為最高（表 5-1）。

▶▶ 二、餐飲業之細業別發展現況

（一）銷售額

2018 年餐館業銷售額達新台幣 4,485.82 億元，相較 2017 年上升 8.11%，飲料店業銷售額約達新台幣 734.36 億元，相較 2017 年上升 3.88%，餐飲攤販業銷售額達新台幣 88.71 億元，相較 2017 年上升 0.46%；其他餐飲業銷售額達新台幣 226.74 億元，相較 2017 年上升 3.82%。

由表 5-2 可看出，2018 年餐飲業中的細項產業——餐館業、飲料店業、餐飲攤販業以及其他餐飲業，餐館業的銷售額占比明顯高於其他業別，在 8 成與 8 成 3 之間。「飲料店業」之銷售額成長率明顯趨緩，由 2016 年之 30.49% 下降至 2018 年之 3.88%。五年來從 2014 年的 436.71 億元，成長到 2018 年的 734.36 億元，成長幅度為 68.16%。2018 年以「餐館業」的銷售額成長率居冠，成長幅度達 8.11%。而「餐飲攤販業」則由近年來之負成長，至 2018 年翻轉為正成長，其銷售額成長率為 0.46%。

表 5-2　餐飲業銷售額與年增率

單位：億元、%

項目	年度	2014 年	2015 年	2016 年	2017 年	2018 年
餐飲業	銷售額（億元）	4,096.43	4,425.06	4,835.48	5,162.76	5,535.63
	年增率（%）	9.26	8.03	9.27	6.78	7.22
餐館業	銷售額（億元）	3,397.82	3,651.01	3,903.83	4,149.12	4,485.82
	年增率（%）	8.25	7.45	6.92	6.28	8.11
	銷售額占比（%）	82.95	82.51	80.74	80.36	81.03

項目 / 年度		2014 年	2015 年	2016 年	2017 年	2018 年
飲料店業	銷售額（億元）	436.71	496.43	647.77	706.94	734.36
	年增率（%）	19.73	13.67	30.49	9.13	3.88
	銷售額占比（%）	10.66	11.22	13.40	13.69	13.27
餐飲攤販業	銷售額（億元）	92.44	88.86	88.72	88.3	88.71
	年增率（%）	-5.16	-3.87	-0.16	-0.47	0.46
	銷售額占比（%）	2.26	2.01	1.83	1.71	1.60
其他餐飲業	銷售額（億元）	169.46	188.76	195.16	218.4	226.74
	年增率（%）	13.42	11.39	3.39	11.91	3.82
	銷售額占比（%）	4.14	4.27	4.04	4.23	4.10

註：上述表格數據會產生部分計算偏誤係因四捨五入與資料長度取捨所致，但並不影響分析結果。

資料來源：整理自財政部統計資料庫，《銷售額及營利事業家數第 7 次、第 8 次修訂（6 碼）及地區別》。

資料擷取：2019 年 5 月 31 日。

（二）營利事業家數

整體而言，餐飲業的營利事業家數從 2014 年至 2018 年為逐年遞增趨勢。由表 5-3 的統計數字進行餐館業營利事業家數檢視，2018 年為 107,991 家，相較於 2017 年增加 4,022 家，成長率約 3.87%。飲料店業 2018 年為 22,464 家，相較於 2017 年增加 1,118 家，成長率約 5.24%。餐飲攤販業 2018 年為 9,020 家，相較於 2017 年減少 121 家，成長率約 -1.32%。其他餐飲業 2018 年為 2,348 家，相較於 2017 年減少 102 家，為近五年來首次出現負成長，成長率約 -4.16%。

餐館業的家數明顯高於其他類型，近 5 年來餐館類家數呈現逐年增加的趨勢，成長幅度為 21.91%。由於近年來，國內的餐館業者常以集團式之經營模式相繼成立平價餐飲品牌、運用擴增門市以及異業跨界進行轉投資營運連鎖餐館業，使得餐館業的營利事業家數呈大幅成長。

飲料業店家數也是逐年成長，2018 年達 22,464 家，比起 2014 年的 16,836 家，成長幅度為 33.43%，針對消費者各種不同需求偏好，現調手搖飲料、現磨咖啡、冰果、冷熱茶飲等多元品牌林立，家數眾多。餐飲攤販業的家數則逐年減少，近年已低於 1 萬家，主要的原因包含消費型態與市場環境的改變、連鎖餐飲品牌分食平價餐飲市場，以及國內連鎖便利商店強化供應鮮食蔬果產品，並擴大

店面增設內用座位的多元發展，降低了外食族群對於餐飲攤販業的消費意願，連帶影響其家數。

餐館業雖然近五年來都有正的成長率，然而比起 2015 年的 6.32%，2016~2018 年的成長率有減緩現象；飲料店業在 2016 年的成長率為 9.57%，2017、2018 年則亦趨緩，分別為 6.09%、5.24%，顯示餐飲業的競爭白熱，收購、關閉、退出市場等情事時有所聞。

表 5-3　餐飲業營利事業家數與年增率

單位：家、%

業別		2014 年	2015 年	2016 年	2017 年	2018 年
餐館業	家數（家）	88,579	94,177	98,927	103,969	107,991
	年增率（%）	4.05	6.32	5.04	5.10	3.87
飲料店業	家數（家）	16,836	18,363	20,121	21,346	22,464
	年增率（%）	5.98	9.07	9.57	6.09	5.24
餐飲攤販業	家數（家）	9,727	9,324	9,266	9,141	9,020
	年增率（%）	-6.12	-4.14	-0.62	-1.35	-1.32
其他餐飲業	家數（家）	2,165	2,260	2,337	2,450	2,348
	年增率（%）	6.60	4.39	3.41	4.84	-4.16

註：上述表格數據會產生部分計算偏誤係因四捨五入與資料長度取捨所致，但並不影響分析結果。
資料來源：整理自財政部統計資料庫，銷售額及營利事業家數第 7 次、第 8 次修訂（6 碼）及地區別。資料擷取：2019 年 5 月 31 日。

▶▶ 三、餐飲業政策與趨勢

（一）國內發展政策

隨著全球經濟成長呈現疲軟，以及經營環境、消費型態的改變，再加上臺灣餐飲內需市場小，為活絡國內消費與投資，擴大內需動能，透過政府資源協助，

除可提升我國餐飲業之營運績效，亦同步發揮促進多元消費效益。

經濟部 2018 年於推動我國商業服務業發展項下，對於餐飲業投入相關資源，包括科技化、新南向、主題活動國際市場拓銷等面向，協助我國餐飲業提升產業競爭力，詳細內容如下所述：

1. 科技化：開發線上版科技應用評測系統，我國中小型餐飲業者藉由填測過程，掌握自身科技應用能力，而系統將提供相對應之技術解決方案，再由輔導團隊進行諮詢診斷，以解決中小型餐飲業因資金與營運規模不足導致數位轉型不易的問題。另一方面，因應我國餐飲業者發展需求，協助我國餐飲業者導入科技應用、優化環境與服務品質，同時結合網路平台，辦理美食數位行銷活動，增加餐飲及周邊營業額。

此外，透過群聚輔導方式，與資訊服務業者合作，整編為技術輔導、設計規劃、聯盟行銷與教育培訓等組別，協助臺灣餐飲業者進行數位轉型。或是透過社群媒體行銷團隊與國內餐飲業者合作，提升餐飲店家之服務創新，以及進行海外服務驗證，提高餐廳於社群中的評價，進而鞏固店家現有客戶忠誠度及持續吸引新客戶，穩定連鎖店面的營收。

2. 新南向：面對餐飲連鎖業者新南向發展經營創新需求，以加速提昇餐飲業者國際合作餐飲在地食材鏈結、創新經營餐飲在地服務鏈結、多元行銷餐飲品牌戰略鏈結，優化經營能力、培育餐飲展店及新南向人才、帶動新南向行銷及合作交流，以提升營業實績。而為協助餐飲業者拓展新南向市場，進行清真認證輔導、辦理媒合交流活動、拜會在地協會、清真認證相關推動單位及標竿企業參訪。

此外，推動連鎖企業赴海外參展，例如邀請臺灣連鎖品牌企業參與國際餐飲連鎖加盟展，並於展會期間安排交流與考察當地商圈活動。同時，提供海外市場拓展媒合商機，為進軍國際市場做準備。

3. 主題活動國際市場拓銷：美國有線電視新聞網（CNN）曾以遊客來臺必吃之美食為題進行調查，由庶民美食的「國飯」滷肉飯榮登冠軍寶座。為帶動我國餐飲業發展，自 2017 年經濟部辦理首屆之「臺灣滷肉飯節」行銷活動迄今，已邁入第三年，每屆「臺灣滷肉飯節」活動針對業者經營環境與現況進行評選，運用整體國內外系列行銷活動，包括結合中央與地方政府共同辦理活動、透過紀念品製作、美食節目及電子書推廣與北捷車廂露出進行廣宣，展現我國美食意象。

此外，參與臺灣美食展、Taiwan Plus 2018 文化臺灣、臺灣美食祭聯合行銷活動，另邀請國際網紅來臺報導、辦理小旅行活動，協助業者進行推廣，讓臺灣的滷肉飯飄香國際。

為協助餐飲業者精進創新經營思維，邀請日本、香港及臺灣米其林業者分享摘星祕訣，從各個角度深度解析米其林，分享經營之道、暢談昇華廚藝之法，傳授摘星密技與維持之術，讓我國餐飲業者與國際更密切接軌，並使臺灣的餐飲美食品牌在世界舞台發光發熱。

近年來，來自國內外觀光人次節節上升，帶動國內觀光商機。為能提供更優質的服務，讓外籍人士皆能自在地在臺灣消費，帶動商家拓展國際旅客商機。行政院以 2030 年為目標，將臺灣打造成為雙語國家。在此基礎下，經濟部與交通部觀光局推動之「2019 年小鎮漫遊年」合作，串連在地餐飲店家，輔導經典小鎮餐飲店家，包括特色料理、環境改善、服務流程及提升英語力，提供更優質之遊憩品質與餐飲環境，進而帶動餐飲及周邊店家營業額。

（二）趨勢與案例

1. **我國餐飲業競爭態勢分析**：根據臺灣連鎖暨加盟協會之「2019 臺灣連鎖店年鑑」統計資料顯示，2018 年臺灣地區連鎖總部數 2,880 家，相對於 2017 年增加 3.6%；連鎖店總店數為 10.98 萬店，年增 4.6%。其中，直營店數 49,716 家，年增 6.4%；加盟店數 60,084 家，年增 3.2%。

我國餐飲集團除了積極布局海外市場，近年來亦引進許多國際餐飲品牌，例如 2015 年王品集團與新加坡莆田集團合作，成立「PUTIEN 莆田」；欣葉集團與中國大陸唐宮集團合作，陸續引進馬來西亞「PAPPaRich」、中國大陸「唐點小聚」。2018 年瓦城子公司全球美味引進日本鬆餅品牌「Eggs'n Things」。2019 年東元餐飲集團與土耳其 MADO 集團合作，將土耳其最大連鎖餐飲暨甜點品牌「MADO」引進臺灣，以擴大企業營運版圖。

此外，因應電子商務崛起，近年來不少百貨改變經營策略，以往在地下美食街餐飲店面，已漸往高樓層移動，將消費者分流到各樓層，吃飽喝足後，也順道看看琳瑯滿目的商品。經濟部統計處 2017 年資料顯示，百貨公司銷售結構以「餐飲服務」增加 1.2% 最多，主因業者積極引進知名或創意餐飲進駐，以藉此帶來集客效應。

　　其中，新光三越全台各分店餐飲櫃位數從 2012 年的 390 家（720 櫃），增加到 2018 年的 411 家（752 櫃），餐飲業績占比從 10% 提升至 15%，並於 2015 年首度突破百億元大關，全年餐飲營收達 104 億元。微風廣場一代店的餐飲面積占比為 18%，將於 2019 年初步提升至 25%；二代店微風信義與微風松高，已達 35%；三代店微風南山更提高至 45%，約 90 個餐飲品牌。遠東集團旗下之遠東百貨全台各分店 2018 年的餐飲櫃位數為 10%，另遠東巨城餐飲面積占比為 22~25% 之間，每個樓層的角落都有餐飲進駐。

　　2. **我國餐飲業發展趨勢**：餐飲業時常受市場景氣、消費習慣、飲食偏好的改變，促成其服務模式之調整。本文將以三化說明我國餐飲業營運模式之轉變，藉此說明未來餐飲業發展趨勢。

　　(1) 深化消費者服務體驗：考量現代人生活忙碌，餐飲外送平台服務於近幾年興起。根據經濟部統計處資料顯示，2017 年外送市場占整體營業額之 5%，2018 年外送占比將成長至 7~8%。外送平台服務為一新型態的服務系統，適合於人口密集的都會區，目前較大型平台商家服務範圍已從北部地區拓展到中南部，消費者利用手機 APP 即可訂餐，由店家負責出餐，再由外送車隊進行送餐。此分工模式將使許多缺乏資金的中小型業者，能夠透過外送平台增加店內人員的利用率，並增加區域以外潛在顧客數。店家既節省外送人力成本，讓消費者免出門、免排隊，而外送業者則可賺取簽約金與服務費。

　　此外，越來越多消費者追求富有創意視覺的餐點，品味美食之餘，亦注重視覺享受，將餐食於 Facebook、Instagram 等社群網路進行分享，「用眼睛吃飯」於 2019 年持續延燒。

　　(2) 優化企業內部營運管理：隨著高齡化與少子化的趨勢，我國餐飲業為因應勞動人口結構之改變，開啟無人化之新商業模式，以改善缺工問題。目前無人化商業模式類型，包括前場無人與後場有人（例如使用自動販賣機）、前場有人與後場無人（例如使用自動蒸煮機）、全店無人等。此外，為有效掌握目標客群，餐飲業者藉由導入顧客關係管理系統，將可減少人員投入的成本、時間，並能將消費者管理的效益發揮最大效果。

　　(3) 強化食材供需體系效率：餐飲業常因錯估消費需求量，準備過多的食材，造成資源浪費。近年來剩食議題受到各國關注，如何避免食物浪費，創造更多價值，已為臺灣餐飲業不得不面對的課題。目前除了可將剩食重製、烹煮、再

基礎資訊

⑤ 餐飲業現況分析與發展趨勢

147

利用之外，也透過進銷存系統之科技化管理技術，促使食材供給量與實際需求量之差異縮小，減少食材浪費。

3. 案例分析

(1) 營業模式擴大至外送服務：餐飲業營業戰線已由展店、拓點策略，擴大增加外送服務，藉此搶攻市場占有率。近年來我國餐飲業與許多國際外送服務平台進行合作，例如 foodpanda、優食（Uber Eats）、deliveroo 等。

foodpanda 為首家進入我國餐飲市場之國際外送平台公司，目前提供瓦城、海壽司、這一鍋、鬍鬚張、吉野家等連鎖餐飲業之外送服務，成為目前全台最大的美食外送平台；緊追在後之 Uber Eats，擁有超過 6,000 家餐飲業的外送服務，服務範圍遍及臺北市、新北市、臺中市與高雄市；再加上近期加入之英國外送平台 deliveroo，預期我國餐飲業外送服務將日益競爭。

(2) 企業經營結合科技工具：我國餐飲業導入平板點餐系統，縮短點餐與送餐時間，有助於減少出錯率、提高翻桌率、節省人力成本，例如鴻匠科技將智動化概念應用於餐廳，簡化點餐流程，目前與合點壽司、點爭鮮、定食 8、一龍拉麵等合作，餐廳內餐桌上已設置多臺智慧平板點餐系統，提供顧客點餐使用。

此外，餐飲業為了解消費者需求，透過導入顧客關係管理系統，蒐集會員之消費偏好、餐飲口味、來店頻次等相關資料，以有效掌握目標客群，進行精準行銷。例如社群無限（SocialWifi）以社群概念建立商家與消費者間的行銷互動關係，目前與咖啡弄、海底撈京站店、鮮芋仙等餐飲業者合作。

(3) 剩食回收再分配：臺灣目前處理剩食之方法，包括捐贈剩餘食材至食物銀行、社區冰箱，再將其分配給需要的民眾。由非營利組織運作之「食物銀行」，蒐集自產地、食品加工廠、銷售通路餐廳與賣場、家戶等據點，將當日品相不佳但安全無虞的食材加以烹煮，幫助有此需求者；或是鄰里設置「社區冰箱」，接收商家或民眾捐贈之即期食品、醜蔬果的平台，發放給需要者。

此外，明日餐桌（原名為七喜廚房）為 2017 年 4 月成立之剩食共享餐廳，餐廳經營者運用創意，改變民眾對於剩食的想像，將剩食變為盛食。而近期連鎖便利商店導入科技工具，以「時控條碼」為基礎，開發「時間定價」系統，鮮食商品於效期前 7 小時即自動折扣促銷，吸引消費者購買，進而降低食物浪費問題。

第三節　國際餐飲業發展情勢與展望

▶ 一、全球餐飲業發展現況

依據聯合國發布之「2019 年世界經濟形勢與展望」（World Economic Situation and Prospects 2019）資料顯示，2019 年與 2020 年全球經濟成長維持於 3%，與 2018 年大約一致。但因中美貿易戰升溫，為企業與消費者帶來不確定性，勢將衝擊許多國家的經濟成長。

本節針對全球餐飲產業概況進行分析，第一部分探討主要國家餐飲業現況，第二部分則分析國際外送平台發展概況與突出案例。

（一）美國

美國為全球最發達的資本市場，其上市餐飲企業之發展情況，無疑對全球餐飲市場具有重要的參考價值；無論從管理服務面向、連鎖經營程度或集中化程度，均處於全球領先地位。根據美國普查局（United States Census Bureau）資料顯示，參見表 5-4，美國餐飲業銷售額從 2014 年的 5,762.16 億美元持續攀升，於 2018 年達到 7,378.15 億美元，成長率約介於 5%~8.5% 之間。此外，餐飲服務業為美國第二大勞動產業，根據美國勞動部（United States Department of Labor）資料顯示，參見表 5-5，餐飲業受僱員工人數自 2014 年的 1,085.48 萬人成長至 2018 年的 1,207.35 萬人，成長率約 11.23%。

表 5-4　美國餐飲業銷售額與年增率

年度 項目	2014 年	2015 年	2016 年	2017 年	2018 年
銷售額（億美元）	5,762.16	6,234.94	6,575.49	6,937.16	7,378.15
年增率（％）	6.06%	8.20%	5.46%	5.50%	6.36%

註：上述表格數據會產生部分計算偏誤係因四捨五入與資料長度取捨所致，但並不影響分析結果。
資料來源：United States Census Bureau，資料擷取：2019 年 6 月 20 日。

表 5-5　美國餐飲業員工僱用人數與年增率

項目 \ 年度	2014 年	2015 年	2016 年	2017 年	2018 年
受僱員工人數總計（千人）	10,854.8	11,272.2	11,577.5	11,815.1	12,073.5
受僱員工人數變動（%）	3.30%	3.85%	2.71%	2.05%	2.19%

註：上述表格數據會產生部分計算偏誤係因四捨五入與資料長度取捨所致，但並不影響分析結果。
資料來源：Bureau of Labor Statistics，資料擷取：2019 年 5 月 31 日。

（二）中國大陸

中國大陸作為全球第二大經濟體，2018 年人均 GDP 為 9,776 美元，整體餐飲市場全面步入跳躍式增長階段。隨著生活型態改變，外食餐飲業需求大增，餐

資料來源：整理自 2014~2018 中國餐飲業年度報告。資料擷取：2019 年 5 月 31 日。

圖 5-6　中國大陸餐飲業營業收入及年增率

飲消費已成為拉動中國大陸消費需求增長的重要力量。根據中國大陸國家統計局數據資料，參見表 5-6，2018 年中國大陸餐飲業收入 42,716 億元人民幣，比去年同期增長 7.75%。惟近年中國大陸餐飲收入逐年增加，年增率卻已逐年趨緩。

中國大陸商務部會同中央精神文明建設指導委員會辦公室、國家發展和改革委員會、教育部、生態環境部、住房和城鄉建設部、人民銀行、國家機關事務管理局、中國銀行保險監督管理委員會等單位於 2018 年發布之「關於推動綠色餐飲發展若干意見」，旨在推動中國大陸綠色餐飲之發展，建立健全餐飲業節能、節約發展模式，預計於三年內培育綠色餐飲企業 5,000 家。此外，在互聯網、大數據等應用下，中國大陸智慧餐飲市場快速發展，早期經營模式已無法維持餐飲業者之收益，2019 年將進入新餐飲時代，出現嶄新商業模式與產業生態。

（三）日本

日本餐飲業發展主要根據其經濟發展與市場變化不斷轉變調整。近年來日本人口結構面臨少子化、高齡化及人口持續呈現負成長，可預見未來將出現勞動力減少、人力成本增加之現象。雖然如此，2017 年日本餐飲業銷售額相較於 2016 年仍有顯著成長，成長率為 7.08%，主要係因餐飲業者改變其營運模式，透過提升生產效率、減少人力成本，藉此改善勞動力不足之衝擊（表 5-6）。

根據日本統計網（e-Stat）資料顯示，餐飲業受僱員工人數自 2014 年的 272 萬人成長至 2018 年的 294 萬人，成長率約 8.09%。在薪資方面，2018 年平均月薪為 286,100 日圓，比 2017 年成長 1.35%。整體薪資表現而言，2018 年平均月薪為 286,100 日圓，相對於 2014 年平均月薪 284,500 日圓，成長 0.56%（表 5-7）。

表 5-6　日本餐飲業銷售額與年增率

項目＼年度	2014 年	2015 年	2016 年	2017 年	2018 年
銷售額（億日圓）	177,038.4	181,379.6	183,647.9	196,648.5	-
年增率（%）	-2.90%	2.45%	1.25%	7.08%	-

註：上述表格數據會產生部分計算偏誤係因四捨五入與資料長度取捨所致，但並不影響分析結果。
資料來源：日本統計網（e-Stat），資料擷取：2019 年 5 月 31 日。

表 5-7　日本餐飲業員工僱用人數與年增率

項目 ＼ 年度	2014 年	2015 年	2016 年	2017 年	2018 年
受僱員工人數總計（萬人）	272	271	276	276	294
受僱員工人數變動（%）	-0.73%	-0.37%	1.85%	0.00%	6.52%
每人每月薪資（千日圓）	284.5	281.0	281.1	282.3	286.1
每人每月薪資變動（%）	7.04%	-1.23%	0.04%	0.43%	1.35%

註：上述表格數據會產生部分計算偏誤係因四捨五入與資料長度取捨所致，但並不影響分析結果。

資料來源：日本統計網（e-Stat），資料擷取：2019 年 6 月 20 日。

▶ 二、國際外送平台發展概況與案例分析

（一）國際外送平台發展簡介

1. 定義：隨著網路的發展（尤其是行動上網以及 APP 盛行），以及民眾生活日漸忙碌，越來越多的餐飲業者加入餐飲外送服務行列，也提供了更多元化的外送食物品項。線上餐飲外送（online food delivery，或稱網路餐飲外送）[20]，包含「餐廳對顧客的外送（restaurant-to-customer delivery），以下簡稱餐廳外送」以及「平台對顧客的外送（platform-to-customer delivery），以下簡稱平台外送」兩種服務模式，前者包括線上預訂（透過餐廳官網或平台皆屬之）、餐廳送餐，或是線上預訂自己到餐廳取餐；後者則指透過平台擔任媒合角色，進行線上訂餐及外送。

2. 市場規模與成長潛力：Statista（2019）資料顯示，參見圖 5-8，在 2018年，線上餐飲外送的全球收益達到 822.2 億美元，年複合成長率為 10.3%，預估到 2023 年將達 1,344.9 億美元。其中，餐廳外送市場仍是主力。

全球主要收益地區，主要來自於中國大陸，在 2018 年已達 342 億美元；其

註 20　不包含電話點餐。

次是美國，2018 年為 180 億美元。歐洲地區 2018 年為 125 億美元，其中，英國是歐洲餐飲外送的領先國家，2018 年收益為 33 億美元。就成長潛力部分，預計歐洲的年成長率最高，為 11.4%；到 2023 年，將達 215 億美元。中國大陸的年

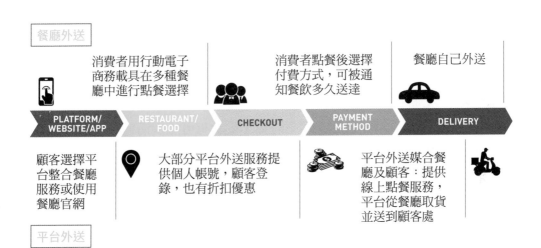

資料來源：Statista（2019），eServices Report 2019-Online Food Delivery；本研究整理。

圖 5-7　線上餐飲外送兩種不同商業模式

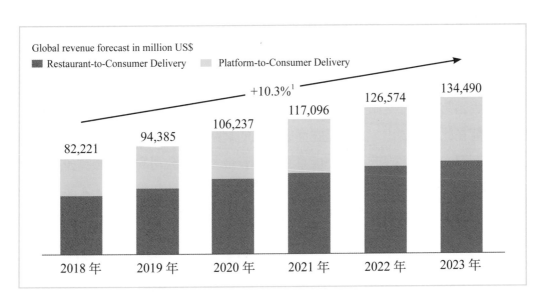

資料來源：Statista（2019），Food & Beverages。

圖 5-8　全球餐飲外送收益預估

成長率為 10.3%，到 2023 年，將達 559 億美元。美國的年成長速度略低於中國大陸和歐洲，為 6.4%，在 2023 年將達到 245 億美元。

3. 平台外送商機龐大：雖然線上訂餐的普及率正在快速增長，但是目前仍有許多人透過電話訂餐，這也意味著線上餐飲外送市場尚有相當市場潛力有待開發。

從需求端來看，平台外送服務成長的動能，主要來自宅經濟的普及以及消費者生活型態的改變，使得餐飲外送服務成了餐飲業的主流趨勢。一般而言，客戶使用線上餐飲外送服務，主要有 5 個原因：

(1) 方便性：客戶無需透過電話下訂單，電話有可能因溝通有誤，導致外送出錯，而線上訂餐除非自己輸入錯誤，否則不太可能有類似錯誤。

(2) 省時性：顧客不需要做飯或外出取餐，在等待食物到達的同時，顧客可以有效地利用時間。

(3) 訂購輕鬆性：透過儲值支付卡詳細訊息以及聯繫人詳細訊息，以及有關最喜歡的餐館和以前的訂單訊息，顧客享受輕鬆的訂購過程。可直接送貨上門也意味著客戶不用走出門。

(4) 多元選擇性：客戶可以做出明智的選擇並發現新的類型美食。線上餐飲配送公司彙總菜單並與各種餐廳合作，為客戶提供多重選擇。此外，客戶可以具體根據其他客戶的菜餚評論來做理性選擇。

(5) 千禧世代對行動裝置的熟稔度，習慣使用網路訂餐送餐

從供應端來看，餐飲外送產業之特性，因為低門檻，造成商家、消費者之多樣性。也因為餐飲外送服務的進入門檻不高，所以過去幾年吸引相當多的公司加入。要能在此產業勝出，尤其是在漸成主流的網路訂購及外送服務平台獲得一席之地，關鍵在於該平台公司能不能拿到創投資金，以及公司的行銷預算多寡。因為有了創投資金，平台公司才能擴大營業規模；有足夠的行銷預算，才能藉此吸引更多的商家及消費者到平台上。畢竟對這類平台公司來說，在商家及消費者兩端吸引到足夠的數目，彼此能各取所需，產生平台效應提供價值，才是公司能否營運下去的關鍵。

（二）國際外送平台對餐飲業拓展之商機與相關案例

在美國，Uber Eats 是成長最快的送餐服務，接近行業領頭羊 GrubHub。在

中國大陸，線上訂購餐飲已經非常普及，阿里巴巴支持的餓了麼（Ele.me）和騰訊支持的美團（Meituan）是中國大陸線上餐飲外送領域的領先企業。在歐洲，Delivery Hero、Just Eat 與 Takeaway.com 是領導者。

1. 美國 Grubhub

(1) 背景及公司介紹：Grubhub Inc.（以下簡稱 GRUB）成立於 2004 年，一開始鎖定的對象是大學生，在 2013 年與其最大的競爭對手 Seamless（成立於 1999 年）合併，之後陸續併入 LevelUp、Tapingo、AllMenus 與 MenuPages 等；透過併購，目前是美國最大的線上餐飲訂購外送平台，提供訂餐以及餐點外送服務。公司在 2014 進行首次公開募股（IPO），於紐約證券交易所上市。

GRUB 平台服務約 1,930 萬的活躍食客（Active Diners），與位於 2,200 多個美國城市及倫敦等超過 115,000 家餐廳媒合，將外送服務做了革新。公司營收持續成長，在 2018 年第一季達 2,330 萬美元，2019 年第一季即達 3,240 萬美元，成長 39%。

(2) 商業模式

• 價值鏈整合：一開始 GRUB 並沒有提供外送服務，只是用平台提供媒合。但 GRUB 為對抗競爭對手，包括 DoorDash、Postmates、Uber 等，在 2015 年，併購幾家外送公司，開始提供外送服務。

GRUB 是一個將雙邊市場做連結的平台，而為了成功經營，平台兩邊的使用者都要有一定的數量，才夠具吸引力。因此，GRUB 的主要策略即為積極拓展雙邊網絡（the Two-Sided Network），造成網絡效應。

• 擴張與併購：其主要藉由併購來拓展市場以及獲取新的服務，例如 2013 年與 Seamless 合併，獲得紐約市的市場，拓展它的雙面網絡與地理版圖，此併購也讓 GRUB 成為市占第一的霸主。2015 年併購 DiningIn.com，並買下 Restaurants on the Run 等會員名單。2016 年併購 KMLEE Investments Inc. 與 LABite.com Inc 等餐廳外送服務公司。2017 年用近 3 億美元收購 Yelp 旗下的網上訂餐平台 Eat24（當時位居美國市占第二位）。2018 年花 3 億 9,000 萬美元，收購 LevelUp（專門為全國及地區性餐廳設計手機平台，整合 POS 系統及忠誠會員計畫），也藉此蒐集食客資訊。同年，收購 Tapingo（校園食物訂購平台），將觸角延伸至美國校園內。目前拓展客源的方式，即為盡量與知名連鎖餐廳合作（如 KFC），再藉由它們蒐集食客。

．獲利模式：當食客從 GRUB 訂餐且成功收到餐點後，GRUB 會向餐廳收取佣金。佣金的費用根據訂單的費用抽成，約 13%~33% 左右。餐廳可以決定被抽成的費用，如果付的佣金越高，餐廳在 GRUB 的平台上就有較高的曝光率。而若餐廳要使用 GRUB 的外送服務，也需要付較高的佣金。

線上訂餐與外送的服務市場成長空間極大，但也因此吸引許多公司進入來爭奪此市場。位居龍頭的 GRUB 已經感受到 Uber Eats 的強大威脅，所以不敢掉以輕心，正積極布局中。例如與知名餐廳合作，打入二、三線城市，與社群媒體合作，例如 Facebook，進入大學校園，強化 POS 方面的服務，都是 GRUB 的成長動能。

2. 中國大陸餓了麼

(1) 背景及公司介紹：按餐飲服務市場的分布類型細分，2014 年中國大陸食客約 89% 在餐廳內用餐，8.5% 的餐飲服務銷售額來自外帶服務，外送服務為 2.4%，預估至 2019 年，餐廳內用餐為 86.5%，外送服務成長到 3.5%，顯示出中國大陸外食人口及宅經濟的成長趨勢（圖 5-9）。

餓了麼提供線上餐飲外送服務，該網站於 2009 年由上海交通大學校友創立，以 O2O 為其經營模式，剛開始經營學生市場，之後逐漸拓展到白領中產階層。2015 年已是中國大陸最大的訂餐網站。2018 年，被阿里巴巴集團收購，投資者包括阿里巴巴、螞蟻金融、中信產業基金、中國文化產業基金和紅杉資本等。從目前在中國大陸的食品外送 APP 安裝量來看，餓了麼 APP 在中國大陸食品外送市場處於領先地位，約占所有食品外送 APP 安裝的 44%，其次是美團，占 31%，二者合計囊括約四分之三的市場。

(2) 商業模式：餓了麼主要服務產品是線上外送、新零售和即時交付。在創立初期的獲利方式是將收取佣金與向餐廳收取服務費結合在一起。而餓了麼的整體經營模式，開發一套後台管理系統，可以幫餐廳接單、列印、收銀及管理客戶關係。此外，餓了麼還在上海和北京等大城市，組建自營的配送隊伍。截至 2018 年，餓了麼線上食品技術平台擁有 130 萬家餐廳，已覆蓋中國大陸 2,000 個城市。擁有超過 3 億用戶。

．強大技術平台：餓了麼有三個 IT 系統來營運其業務—— Napos、Hummingbird 和 Walle，其將技術分離，以確保三個不同業務順利運作。Napos 是餐館用來管理帳單和訂單以及減少處理時間和錯誤的一種雲端應用服務；Hummingbird 交付

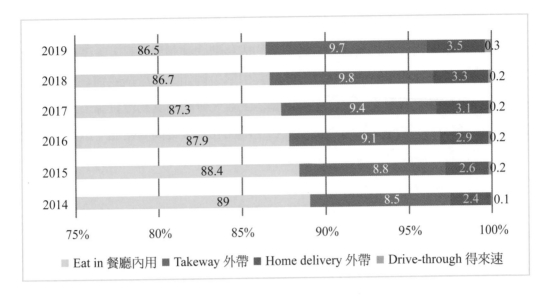

資料來源：Statista（2019），eServices Report 2019-Online Food Delivery；本研究整理。

圖5-9　中國大陸餐飲服務市場分布類型及成長

系統主要幫助物流團隊接收和分配訂單，以及與客戶溝通；它還間接允許餐館監控派送過程，並允許客戶透過餓了麼APP追蹤食品配送過程。客戶關係則由Walle軟體來管理，以確保最大程度的客戶滿意度。

餓了麼是中國大陸最大之餐飲互聯網技術平台，擁有自己的物流團隊和基礎設施，它專注於將自己的團隊規模增加到16,000人，並與第三方物流公司合作。例如2016年，餓了麼與中國大陸的主要出租車整合平台商滴滴出行（Didi）合作，利用滴滴出行的車輛做配送。惟因為汽車配送成本較高，最後，滴滴出行與餓了麼從各自擅長的乘客運輸和食物運送進行橫向布局，雙方資源互補，拓展至更廣泛的生活服務O2O平台。兩個平台的合作模式，係餓了麼線上訂餐的物流體系主要從事的是3公里半徑內的配送，滴滴出行的車輛運力加入，延長其現有的配送半徑，實現全城覆蓋，優化客戶的採購體驗，共同建立同城配送體系。

‧ 被併購納入大集團：2018年阿里巴巴全資收購餓了麼，正式將餓了麼納入阿里巴巴的新零售版圖後，將餓了麼作為將餐飲作為中國大陸生活服務切入點之策略的一環。並運用補貼和市場行銷，以期將市占提升至50%以上。

‧從追求量的成長到獲利率的成長：餓了麼從早期學生市場轉移到白領中產階層，不僅如此，更將其目標從用戶量的成長轉向利潤率成長。除了依靠佣金收入，開發了更具可持續性和競爭力的利潤引擎，例如餓了麼擴展到新鮮食品供應業務，以加強與餐館的現有合作夥伴關係，並充分利用其物流資源，以有效運用在非高峰餐飲訂購時間的閒置資源。它還增加利潤率更高的產品，例如產後護理餐、寵物餐、健康食品等。

3. 英國 Just Eat

(1) 背景及公司介紹：Just Eat 在 2000 年創立，該平台讓食客搜索當地可外帶的餐廳，並可選擇在餐廳取餐或外送。總部在英國倫敦，堪稱是最早的美食外送平台，以全球範圍，媒合外賣餐飲和顧客。它也是歐洲市場的領導者之一，目前超過 14 個國家，包含英國、荷蘭、比利時、法國、瑞士等地都有其蹤跡。主要產品為平台和行動應用服務。2017 年，訂單總數已達 1.72 億張、活躍客戶為 2,150 萬戶；目前餐廳數量達 87,000 家。

(2) 商業模式

‧數位策略：客戶可以透過 Amazon Echo、Facebook Messenger 或 Xbox 使用最新的安全技術（如指紋識別）以及 APPle 或 Android Pay 等易於使用的支付服務下訂單。在整個交付過程中，客戶可以實時追蹤訂單進度。

‧併購策略：Just Eat 近年來發展迅速，並於 2017 年進入英國富豪 100 強榜單，年營收成長 45%。2017 年 Just Eat 收購其在英國的競爭對手 Hungryhouse，從而為該集團提供更強大的市場地位。Just Eat 將進一步利用獲利增長來投資自己的外送服務，以獲得超越 Uber Eats 或 deliveroo 等競爭對手的優勢。此外，該公司仍在透過贊助和營銷提升其形象，在社群媒體活動中付出大量努力以吸引消費者目光。

（三）國際外送平台與業者分潤及推廣民眾使用外送服務方式

歸納國際線上餐飲外送市場，企業的獲利方式通常有三種獲利來源，包括收取佣金、線上付費服務以及其他營收項目，如頂層級別費用（top placement fees）等。佣金會根據市場的不同，費率可能在 10~30% 之間。相較於「餐廳外送」，在「平台外送」市場，企業通常提供較高價格的餐點，因此平台業者可收取較高的佣金。

1. **外送平台三方分潤模式**：從美國兩大外送公司資料，比較 GRUB 與 Uber Eats 對餐廳及顧客的收費方式（如表 5-8）：GRUB 的商家抽成比重，相較於 2011~2015 年皆落在 14~15% 左右（也就是商家基本上沒什麼在競價，最低抽佣為 13%），在 2017 年時達到 18% 的水準。此顯示美國外送市場並未出現中國式的補貼戰爭，而是幾家大型外送公司很有默契地將價格維持在一定程度。

表 5-8　平台與業者分潤比較表

項目	GRUB	Uber Eats
定價方式：針對食客	食客需要自付外送費用以及小費	有基本外送費用（也就是 booking fee）。在繁忙地區食客要付額外費用
定價方式：針對餐廳	13.05~33.05%（10% 基本佣金，3.05% 交易費用，0~20% 廣告競價抽佣）	約 13%（若加上廣告競價抽佣，總數在 30~35%）
給外送員／司機的佣金	1. 每餐 GRUB 會給 USD3~3.5 佣金，再加上每里程 USD0.5 補貼 2. 食客給的小費不會被 GRUB 抽成 3. 司機每小時可賺約 USD11.05~12	1. 外送員會得到取餐費（pickup fee），送餐費（drop off fee），以及里程數費用。Uber 會對這些費用抽成 25% 2. Uber 司機可以指外送餐點，也可以在載客的時候順便作外送 3. 司機每小時可賺約 USD10~15.57

資料來源：根據 Indeed.com 與 GRUB 官方網站資料。

2. **推廣民眾使用外送服務**

(1) 併購模式：餐飲外送市場流行的策略是收購，以集結力量並驅逐小型新進入者。著名的例子是 Just Eat，其收購 Hungryhouse、SkipTheDishes、Hellofood、Pizzabo、Menulog、Deliverex、Clicca e Mangia、Food2u 與 AlloResto 主導數個歐洲市場；或者 Grubhub 先與競爭對手 Seamless 合併，之後陸續併入 LevelUp、Tapingo、AllMenus 與 MenuPages 等。透過併購，這些公司取得壟斷地位，新的市場進入者只能是憑藉強大的市場位置和高額資金取得成功。

(2) 外送地域範圍拓銷模式：透過吸引更多餐廳店家與食客加入平台，形成雙邊網路效應，平台擁有者的營收才有辦法持續成長，贏者通吃。有些深耕一級

城市開始布局客戶，新進業者則或拓展網路從二、三級城市搶得先機，再拓點。但是也常因進入門檻低，競爭激烈導致利潤微薄，互挖客戶。

(3) 運用新服務模式拓展新客源

・Uber Eats 已經在營運虛擬餐廳，這是只存在於 Uber 的 APP 中的新餐廳品牌。它與超過 6,000 家夥伴餐廳合作，從其廚房直接送餐出去。

・deliveroo 開始研究加速外送流程的方法，其與製作外送廚房小屋（RooBoxes）[21] 合作，準備將食物送到外送選擇較少的區域。為支持此一觀念，deliveroo 還收購高質量的新創外送公司 -Maple。

・儘管健康食品已逐漸成為趨勢，市場產業領導者所採用的主要策略之一，還是要固本，例如像麥當勞或漢堡王等大型速食連鎖店外送，以維持其基本客源。

（四）國內外送平台發展之現況及外送平台在臺發展趨勢

如前所述，2018 年全台餐飲業銷售額為新台幣 5,536 億元，年增率 7.22%，營利事業家數近 14.2 萬家。宅經濟的興起，透過新服務，消費者可節省排隊候位的時間和服務費，外送也將是餐飲業在展店之外的下一個重要成長動能。

除了傳統的餐廳外送類型之外，以目前市場使用量估算，國內 20~50 歲的人口，僅不到 5% 的人使用網路訂餐外送；此外，餐飲業者中，也僅約 3% 投入此市場，整體市場仍有相當的成長潛力，因此除了傳統的餐廳自身外送之外，尚包括以電子商務形式經營、媒合餐廳及消費者的外送平台也紛紛搶進臺灣餐飲市場。

最早是 2012 年從德國進入臺灣的 foodpanda，本土創立的饕客送，2015 年的 foodomo，2016 年的 Uber Eats、有無快送（yoowoo）以及 2018 年 10 月正式在台營運的 deliveroo 等。從目前主要的外送平台來看，foodpanda 市占率逾 50% 最大，以精緻高檔等餐廳為主，Uber Eats 主打送餐服務速度快。

根據 Statistia 調查，截至 2018 年，臺灣餐飲外送服務使用情況，約有 12.3%

註21　其是一種移動小屋，每個小屋都包含一個廚房和 2 到 3 名員工，他們只做外送食物，不接受客戶直接訂購。

表 5-9　國內主要外送平台比較

外送平台名稱	運費	合作店家	揪團	利用 APP 顯示預計送達時間、追蹤送貨員位置	外送範圍
foodpanda	29 元＋	7000+	無	有	臺北、新北、桃園、新竹、臺中、高雄
foodomo	依里程計算	800+	有	有（依合作物流而定）	臺北、新北
Uber Eats	30 元起	6000+	無	有	臺北、新北、桃園、新竹、臺中、高雄
有無快送	依里程計算	3000+	有	有（依區域而定）	臺北、新北、桃園、新竹、臺中
deliveroo	免運費（但餐飲單價較高）	900	無	有	臺北市

資料來源：食力，本研究整理。

說　　明：合作店家數統計至 2019 年 9 月 19 日止。

的受訪者表示他們使用 foodpanda 服務，與 Uber Eats 不相上下。認知度方面，以 foodpanda 居首（70.6%），次為 Uber Eats（61.3%）。

　　臺灣餐飲外送發展成熟，從 foodpanda 進駐開始，許多餐飲、通路業者與消費者開始接受外送付費模式。但是，隨著市場越做越大，競爭也相對更加激烈，對於這些美食外送平台來說，不再只是拚服務品質、地域性、美食多樣性，想要突破重圍、業績再增長，調整經營模式、服務轉型可能是未來必須面對的課題。

第四節　結論與建議

▶▶ 一、餐飲業轉型契機與挑戰

　　我國餐飲業家數於 2018 年首度突破 14 萬家，在高度競爭的餐飲市場中，餐飲業者除了讓消費者感受舌尖上的美食滋味，企業內部經營管理、顧客體驗亦日益重要。從國際案例觀之，美國推出虛擬餐廳與快捷隨意餐服務，顛覆傳統餐飲經營模式；日本政府因應高齡少子化、勞動力短缺，餐飲市場積極研發智慧科技方案，以解決人力緊迫之課題。中國大陸在經濟發展、外食人口需求增加下，業者將外賣服務與互聯網整合，外送服務已成為常規用餐方式之一，而引入無人智慧餐廳，更為餐廳業者降低人事成本，並提升消費者服務體驗。

　　由此可見，面對快速變動的餐飲市場環境，為在市場占有一席之地，餐飲業者必須隨時保持求新、求變的精神，而對於欲進入市場或想要進行轉型的餐飲業者亦存有相當的發展機會，例如跨國企業採取合資戰略，積極布局海外市場或引進國際餐飲品牌至臺灣，擴大營運版圖。其次，藉由科技化應用提供新型態服務模式，亦是轉型的方式之一，包括導入平板點餐系統，縮短點餐與送餐時間，或是使用顧客關係管理系統，以有效掌握目標客群等，而未來餐飲科技化可借鏡國外業者投入無人之智慧餐廳，創造行銷噱頭，並可降低人力成本。或透過調整商業營運模式，從現有顧客需求作價值延伸，例如擴大增加外送服務，藉此搶攻市場占有率。

▶▶ 二、對企業的建議

　　綜觀目前餐飲業者面臨的市場環境，除了價格競爭外，還有消費模式隨著科技進步產生的改變、國外餐飲品牌不斷引進等威脅，使得消費者選擇更多樣化，造成餐飲業在發展上有重大的改變。茲列述下列建議供企業進行發展上的思考：

（一）厚植企業競爭力

　　優良的用餐環境將是餐飲業長久經營的決勝因素之一，而顧客於消費歷程中的良好印象至為關鍵。如何優化營運環境與其入店消費流程，提升消費體驗之流

暢度，應是餐飲業者在制訂營運策略時的主要考量之一。

　　業者在解決上述問題時，可以透過強化餐飲從業人員之專業知識與技術能力，並導入軟硬體科技化應用，以優化整體營運環境，如：合點壽司應用智慧平板點餐系統，提供消費者便利點餐服務，優化消費者服務流程體驗。

（二）掌握宅經濟與外送化

　　隨著餐飲外送服務市場的餅愈來愈大，競爭也相對地更加激烈，例如近期Google 也加入新戰局，宣布在 Google 搜尋、Google 地圖、Google 語音助理等三項服務中，加入線上訂餐的新功能，未來不必特地使用外送 APP，也能享有「Google Eats」般的外送服務。因此，對於這些美食外送平台來說，不再只是拚服務品質、地域性、美食多樣性；想要突破重圍、業績再增長，調整經營模式、服務轉型可能是未來必須面對的課題。建議未來跨出六都、擴及二、三線城市以及擴大中小型餐飲業者加入與外送平台合作，以共同掌握宅經濟新商機。還有，掌握非高峰時段的閒置資源，開發產後護理餐、寵物餐、健康食品等，也是一種選擇。建議中小型餐飲業可運用外送平台擴展市場，其可達到的效益，包括：

　　1. 精準配對：以往餐廳在做促銷時，常是用傳單或是媒體廣告，付出廣告費，但效果並不好。透過外送平台，可更精準地針對標靶客群提供行銷與服務，能夠讓餐廳在適當的時機與使用者搭上線。

　　2. 增加營收：能夠在餐廳無須提供食客任何折扣的情況下，幫他們增加外送的營收，疏散餐廳擁擠的人潮，也因此不需要僱用更多的服務人員。

　　3. 提高外送效率：外送平台讓餐廳能夠有效率地處理大量的外送訂單。

　　4. 擴大無外送餐廳的客群：部分外送平台業者甚至為沒有外送服務的餐廳，提供外送的服務。這使餐廳能夠專注在提供食客更美味的食物，無須管理繁雜外送服務庶務。

　　5. 數據分析：外送平台上所蒐集到的食客訂餐資料，能夠幫助餐廳在外送服務、菜單、價格上做出最佳決策。平台業者能協助食客將點餐資訊儲存下來，也可提升食客對其光顧餐廳的使用頻率。

附錄　餐飲業定義與行業範疇

　　根據行政院主計總處所頒訂之「中華民國行業標準分類」第 10 次修訂版，「餐飲業」定義為從事調理餐食或飲料供立即食用或飲用之行業，餐飲外帶外送、餐飲承包等亦歸入本類。餐飲業依其營運項目不同，範圍可細分如下：

表 5-10　行政院主計總處「行業標準分類」第 10 次修訂版本所定義之餐飲業

餐飲業小類別	定義	涵蓋範疇 (細類)
餐食業	從事調理餐食供立即食用之商店及攤販。	餐館、餐食攤販
外燴及團膳承包業	從事承包客戶於指定地點辦理運動會、會議及婚宴等類似活動之外燴餐飲服務；或專為學校、醫院、工廠、公司企業等團體提供餐飲服務之行業；承包飛機或火車等運輸工具上之餐飲服務亦歸入本類。	外燴及團膳承包業
飲料業	從事調理飲料供立即飲用之商店及攤販。	飲料店、飲料攤販

資料來源：行政院主計總處，2019，中華民國行業標準分類第 10 次修訂（105 年 1 月），擷取日期：2019 年 9 月。

06 物流業發展現況分析

商業發展研究院／陳世憲研究員

第一節　前言

　　物流業提供物品流通過程的支援服務，具有縮短上游製造者到下游使用者之配銷過程，進而減少產銷差距的中介功能，可以提升整體產業的營運效能，降低生產成本。因此，物流業為提升產業競爭能力不可或缺的角色。

　　隨著資訊科技的發展與行動裝置日益普及，改變了傳統的商業流通方式，電子商務也快速的發展。根據財政部統計資料庫的數據顯示，代表電子商務的無店面零售業 2018 年營業額為新台幣 1,109.38 億元，較 2017 年同期成長 8.80%，為零售業中成長最快的細項產業之一。而電子商務的發展使得物流業取代實體店面，成為接觸消費者的最後一環，物流服務品質決定了消費者對整個購物消費體驗的評價，也進一步提高了物流業的地位與重要性。

　　近 10 多年來，我國勞動成本逐步攀高，加上少子化使勞動人口成長減速，物流業也開始運用資訊化、自動化及網路應用等智慧化科技發展智慧物流，藉以提高作業效率、降低成本。不過隨著電子商務發展，對於物流業的需求不斷上升，且複雜度也越趨增加，如何運用巨量資料進行未來需求之預測，進而進行人力與車輛之預先調配部署，成為物流業發展的重要課題。因此，結合人工智慧（Artificial Intelligence, AI）的預測能力進一步優化物流流程，也成為物流業重要的發展趨勢。

　　緣此，將從物流業之家數、營業額與國內外之發展現況與趨勢進行分析，並針對物流業的未來發展提出相關建言。內容安排如下：前言說明之後，第二節為我國物流業之發展現況分析，透過統計數據呈現我國物流業之經營現況與問題，同時也彙整政府協助物流業發展之相關政策；第三節為國際物流業發展情勢與展望，了解主要國家之物流業發展現況，以及物流業創新企業之案例分析，提供我國物流業者經營創新之啟發與思考；第四節為結論與建議，將針對我國物流業該

如何因應趨勢變化提出建言。

第二節　我國物流業發展現況分析

　　我國對物流服務業範圍的界定尚無一致的標準，經濟部商業司於 2004 年 8 月召開專家座談「研商『流通』、『物流』、『運籌』及『運輸』等產業定義與範疇」會議，其會議結果以美國物流協會之「物流」定義為主，並將物流的部分歸納為三大部分，包括：運輸業（客運除外）、倉儲業（含加工）以及物流輔助業（包含報關、承攬）。因此，參考我國主計總處行業分類標準的 10 次修訂，將物流業歸納於 H 大類的運輸及倉儲業，並依照物流業特性歸納為三大部分，包括運輸業（客運除外）、倉儲業（含加工）以及物流輔助業（包含報關、承攬），向下展開後可細分為 H.49 陸上運輸業、H.50 水上運輸業、H.51 航空運輸業、H.52 運輸輔助業、H.53 倉儲業及 H.54 郵政及快遞業等 6 個中類，並扣除其中非物品之運送服務業別。以下將針對物流業及其三大部分來探討我國物流業發展現況。

▶▶▶ 一、物流業發展現況

（一）銷售額

　　根據財政部的統計，我國近 5 年物流業營利事業家數及銷售額統計（圖 6-1），銷售額有逐年增加趨勢；雖然受到中美貿易衝突、英國脫歐等諸多不確定因素影響，外銷動能減弱衝擊海洋運輸業之營運，但在電子商務的蓬勃發展，以及便利商店發展冷凍鮮食帶動冷鏈物流擴展，2018 年物流業的銷售額為新台幣 1.03 兆元，較 2017 年成長 4.53%。

（二）營利事業家數

　　而在營利事業家數方面，2018 年物流業整體家數為 14,531 家，較 2017 年增加 179 家，年增率為 1.25%。整體而言，從銷售額與營利事業家數來看，我國整體物流業仍具有成長潛力，在物流需求的帶動下，因有利可圖而持續吸引新的業者投入。

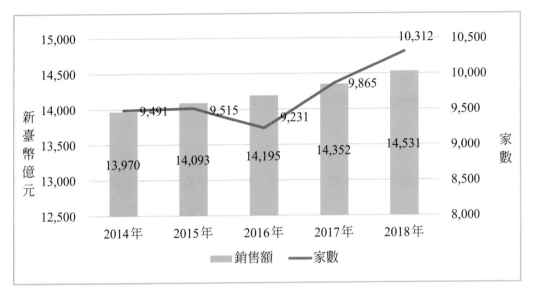

資料來源：整理自財政部財政統計資料庫與行政院主計總處薪資及生產力統計資料庫，資料擷取日期為2019 年 6 月 3 日。

說　　明：(1) 2014 至 2017 年採用「營利事業家數及銷售額第 7 次修訂」，2018 年則採用「營利事業家數及銷售額第 8 次修訂」。(2) 勞動人口與薪資資料係整理自行政院主計總處薪資及生產力統計資料庫。

圖 6-1　物流業銷售額與營利事業家數趨勢

（三）受僱人數與薪資

　　根據行政院主計總處薪資及生產力統計資料顯示，2018 年我國物流業的受僱人數為 265,441 人，較 2017 年增加 1%。從近五年的趨勢來看，整體物流業的受僱人數還在增加，不過成長速度已經放緩，年增率從 2015 年 3.21% 逐步下滑到 2018 年的 1%，顯示我國物流產業已進入成熟階段，整體就業人數趨於穩定。此外，若從男女性別的受僱人數來看，男女比例約為 2：1，其中女性受僱人數在 2014-2015 年間有超過 5% 的年增率，不過隨後逐年減少，雖然受僱人數還在增加，但 2018 年的年增率下滑至 0.52%，也是造成整體物流業受僱人數成長率減緩的主因。

　　在薪資方面，整體物流業的薪資表現從 2017 年平均的總月薪 54,783 元增加為 2018 年的 56,388 元，與 2014 年的 51,621 元相比，上升幅度約為 9.23%。在年增率方面，近五年整體物流業的平均總月薪都呈現正成長，以 2018 年的 2.93%

為最高，近五年平均年增率約為 1.85%。若從男女性員工的薪資來看，物流業男性員工的平均總月薪高於女性，2018 年物流業男性員工平均總月薪為 59,321 元，女性則為 51,072 元。不論男性或女性員工，平均總月薪都呈現逐年增加趨勢，近五年平均總月薪的平均年增率則是女性高於男性，其中男性為 1.79%，女性為 2.30%。

表 6-1　我國物流業家數、銷售額、受僱人數及每人每月總薪資統計

單位：家數、億元新台幣、人、%、元

項目	年度	2014 年	2015 年	2016 年	2017 年	2018 年
銷售額	總計（億元）	9,491	9,515	9,231	9,865	10,312
	年增率（%）	6.94	0.25	-2.98	6.87	4.52
家數	總計（家）	13,970	14,093	14,195	14,352	14,531
	年增率（%）	1.77	0.88	0.72	1.11	1.25
受僱員工人數	總計（人）	246,527	254,451	259,584	262,825	265,441
	年增率（%）	2.47	3.21	2.02	1.25	1.00
	男性（人）	163,561	166,476	167,829	168,929	171,060
	年增率（%）	0.87	1.78	0.81	0.66	1.26
	女性（人）	82,966	87,975	91,755	93,896	94,381
	年增率（%）	5.78	6.04	4.30	2.33	0.52
每人每月總薪資	總計（元）	51,621	52,881	53,841	54,783	56,388
	年增率（%）	0.29	2.44	1.82	1.75	2.93
	男性（元）	54,521	56,072	57,163	57,706	59,321
	年增率（%）	0.39	2.84	1.95	0.95	2.80
	女性（元）	45,903	46,843	47,764	49,525	51,072
	年增率（%）	0.67	2.05	1.96	3.69	3.12

資料來源：整理自財政部財政統計資料庫與行政院主計總處薪資及生產力統計資料庫，資料擷取日期為 2019 年 6 月 3 日。

說　　明：(1) 2014 至 2017 年採用「營利事業家數及銷售額第 7 次修訂」，2018 年則採用「營利事業家數及銷售額第 8 次修訂」。(2) 勞動人口與薪資資料係整理自行政院主計總處薪資及生產力統計資料庫。(3) 上述表格數據會產生部分計算偏誤係因四捨五入與資料長度取捨所致，但並不影響分析結果。

▶▶ 二、物流業之細業別發展現況

(一) 銷售額

在銷售額方面，運輸業 2018 年的銷售額為新台幣 6,183.77 億元，較 2017 年增加 3.61%；而物流輔助業的銷售額為新台幣 2,962.08 億元，較 2017 年增加 6.14%；倉儲及郵政快遞業銷售額為新台幣 1,165.89 億元，較 2017 年成長 5.37%。

綜觀過去五年物流業細業別之銷售額走勢，其中運輸業近五年銷售額之平均成長率為 5.23%；物流輔助業為 1.52%；倉儲及郵政快遞業則為 -1.74%。可以發現運輸業之銷售額不但是物流產業中占比最大，同時也是近五年來的成長主力。至於在物流輔助業方面，就銷售額來看為物流業中之次大細產業，其營運狀況與我國進出口貨物量、貿易景氣及港口貨櫃裝卸量高度相關，因此銷售額年增率之波動較大，2018 年受全球貿易活絡帶動我國出口創歷史新高，也提振物流輔助業的營運表現。

最後，在倉儲及郵政快遞業方面，為運輸業中占比最小之細產業，受市場需求轉變影響，導致普通倉儲業與郵政業之銷售額持續下滑，且近年來不受限於時間的超商取貨服務為消費者所青睞，也壓縮了快遞服務業的經營空間，使得倉儲及郵政快遞業成為物流產業中，唯一近五年銷售額平均成長率為負成長的細產業。

表 6-2　物流業細業別銷售額與年增率

單位：億元新台幣、%

業別	年度	2014 年	2015 年	2016 年	2017 年	2018 年
運輸業	銷售額（億元）	5,261.32	5,634.18	5,538.85	5,968.25	6,183.77
	年增率（%）	9.41	7.09	-1.69	7.75	3.61
	銷售額占比(%)	55.44	59.21	60	60.5	59.97
物流輔助業	銷售額（億元）	2,848.99	2,758.87	2,616.56	2,790.74	2,962.08
	年增率（%）	3.11	-3.16	-5.16	6.66	6.14
	銷售額占比(%)	30.02	29	28.34	28.29	28.73

業別 \ 年度		2014 年	2015 年	2016 年	2017 年	2018 年
倉儲及郵政快遞業	銷售額（億元）	1,380.66	1,121.83	1,075.94	1,106.49	1,165.89
	年增率（%）	5.95	-18.75	-4.09	2.84	5.37
	銷售額占比 (%)	14.55	11.79	11.66	11.22	11.31
物流業總計	銷售額（億元）	9,490.97	9,514.88	9,231.36	9,865.48	10,311.74
	年增率（%）	6.94	0.25	-2.98	6.87	4.52

資料來源：整理自財政部財政統計資料庫。資料擷取：2019 年 6 月 4 日。

說　　明：(1) 2014 至 2017 年採用「營利事業家數及銷售額第 7 次修訂」，2018 年則採用「營利事業家數及銷售額第 8 次修訂」。(2) 上述表格數據會產生部分計算偏誤係因四捨五入與資料長度取捨所致，但並不影響分析結果。

（二）營利事業家數

在物流業細產業之營利事業家數方面，運輸業 2018 年的營利事業家數為 7,677 家，較 2017 年增加 1.57%；而物流輔助業的營利事業家數為 5,102 家，較 2017 年增加 1.01%；倉儲及郵政快遞業的營利事業家數為 1,752 家，較 2017 年成長 0.52%。

再從營利事業家數占整體物流產業比重，以及近五年的成長趨勢來看，其中運輸業 2018 年的營利事業家數占整體物流產業 52.83% 為最高，且近五年來的營利事業家數平均年增率 1.43% 也是物流業的細項產業中最高的，主要是因為便利商店積極發展生鮮熟食業務，對於冷鏈物流需求增強，加上大陸電商進入臺灣市場，帶動線上購物蓬勃發展，進而使汽車貨運業的家數迅速成長所致。

而 2018 年物流輔助業的營利事業家數占整體物流產業比重 35.11% 為次高，不過其近五年的營利事業家數平均年增率僅 0.76%，為物流產業中最低的，主要是因為物流輔助業屬於完全開放的競爭市場，加上深受國際景氣與我國進出口起落之影響，業者以殺價方式相互競爭，經營越趨困難，導致近兩年持續有業者退出市場，導致物流輔助業的營利事業家數成長有限。而倉儲及郵政快遞業的營利事業家數為物流產業中占比最小的細產業，2018 年僅占 12.06%，如前面所述，在民眾習慣改變與新消費型態的興起下，倉儲及郵政快遞業的銷售額呈現負成長，也難以吸引新的業者投入，所以近五年的營利事業家數成長有限，平均年增

率為 1.04%。

表 6-3　物流業細業別營利事業家數與年增率

單位：億元新台幣、%

業別 \ 年度		2014 年	2015 年	2016 年	2017 年	2018 年
運輸業	家數（家）	7,246	7,336	7,422	7,558	7,677
	年增率（%）	1.34	1.24	1.17	1.83	1.57
	家數占比 (%)	51.87	52.05	52.29	52.66	52.83
物流輔助業	家數（家）	5,051	5,061	5,066	5,051	5,102
	年增率（%）	2.81	0.20	0.10	-0.30	1.01
	家數占比 (%)	36.16	35.91	35.69	35.19	35.11
倉儲及郵政快遞業	家數（家）	1,673	1,696	1,707	1,743	1,752
	年增率（%）	0.54	1.37	0.65	2.11	0.52
	家數占比 (%)	11.98	12.03	12.03	12.14	12.06
物流業總計	家數（家）	13,970	14,093	14,195	14,352	14,531
	年增率（%）	1.77	0.88	0.72	1.11	1.25

資料來源：整理自財政部財政統計資料庫。資料擷取：2019 年 6 月 4 日。

說　　明：(1) 2014 至 2017 年採用「營利事業家數及銷售額第 7 次修訂」，2018 年則採用「營利事業家數及銷售額第 8 次修訂」。(2) 上述表格數據會產生部分計算偏誤係因四捨五入與資料長度取捨所致，但並不影響分析結果。

▶▶ 三、物流業政策與趨勢

（一）國內發展政策

　　在全球化與數位資訊化的發展趨勢下，市場變動越來越快速，產業面臨的競爭也越來越激烈；如何讓供應鏈變得更為智慧化，同時將客戶需求、企業自身與供應鏈夥伴能力，乃至於競爭對手的策略納入考量，建立智慧化的供應鏈服務與管理，進而發展能夠快速反應市場需求的物流運籌系統，成為全球物流業創新轉

型與開拓市場的發展方向。面對「智慧物流」的全球趨勢，經濟部商業司為協助我國物流業朝此發展，也與時俱進推出許多政策措施，目前主要的政策方向包括「多通路物流」、「港區物流」、「冷鏈物流技術整合與應用」等。

1. **發展多通路物流**：希望協助國內電商業者導入智慧化與自動化物流技術的應用，建立高效率快速反應之物流服務體系，帶動國內電商物流轉型升級，以及推動跨境電商物流服務，支援商品於馬來西亞、新加坡等市場之流通。具體的推動作法有二：首先，整合國內外 15 家物流業者，共同推動跨境電商多通路之物流支援模式，透過集貨代運、海外寄倉等服務模式，支援臺灣商品在海外之新品試賣、網實通路整合銷售的物流需求，協助國內供應商或品牌商發展跨境電商業務。其次，推動跨境電商海外物流據點建置，透過與新加坡物流業者合作，建立海外發貨中心，提供物流服務，並擴增馬來西亞海外發貨中心之服務項目，發展電商貨物之到店自取、體驗行銷等應用，協助物流業者布局新加坡和馬來西亞。

2. **推動港區物流加值服務**：為了強化國際貨運承攬業及自由貿易港區物流業者上下游之整合力，降低貨物在臺灣轉運之成本，以及加快貨物流通速度，希望透過平台與技術之開發，促進國外貨物在臺灣中轉加值管理，提升國內外產業在臺灣進行貨物轉口轉運或加值管理之金額。具體推動作法除了擴增國際物流資訊平台功能與技術，提升物流業者效率之外，也透過推動多航程中轉、集併運及發貨，以及港區流通加工等物流加值服務模式，延伸產業價值鏈，同時發展供應鏈物流協同作業服務模式，期望能夠強化物流業者在供應鏈中運籌之角色。

3. **促進冷鏈物流技術整合與應用**：透過推動農產品、清真品之冷鏈物流服務，提升國內冷鏈服務價值，進而打造臺灣成為冷鏈物流創新服務基地，拓展東南亞市場。具體作法包括：(1) 擴增冷鏈物流運力整合服務平台功能，讓使用者共享地區車輛及倉儲資源，並發展儲運資源整合服務模式，降低冷鏈車輛與倉儲建置成本。(2) 整合清真供應鏈運作與資訊，協助企業建立清真商品物流服務管理能力，並且協助台商企業規劃與建置食材供應鏈，建立集運配管理與調度方案，拓展跨國農產品冷鏈服務。

（二）趨勢與案例

1. **冷鏈物流需求持續成長**：隨著運輸設備條件的提升，加上近年來新商業模式的帶動，物流產業的範疇從一般的貨物運輸，進而擴大範圍。其中隨著物聯網

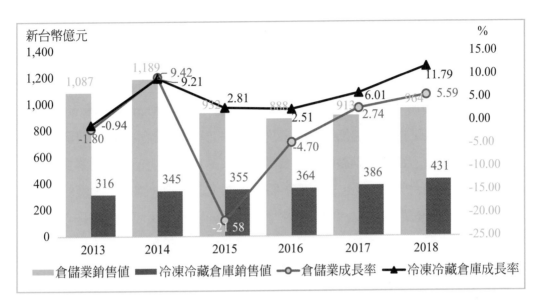

新台幣億元 / %

年	倉儲業銷售值	冷凍冷藏倉庫銷售值	倉儲業成長率	冷凍冷藏倉庫成長率

資料來源：整理自財政部財政統計資料庫，資料擷取日期為 2019 年 6 月 1 日。
說　　明：自 2013 年起，堆棧經營、農產倉儲經營及其他普通倉儲經營合併成「普通倉儲經營」。

圖 6-2　我國倉儲業及冷凍冷藏倉庫經營現況

時代來臨，冷鏈物流也走向智慧冷鏈，應用雲端資訊平臺，結合蓄冷保鮮、安全追蹤科技，即時動態反應商品效期，打造全程溯源保鮮資訊管控機制。冷鏈物流泛指冷藏冷凍類貨物在生產、貯藏、運輸、銷售各個環節中，始終處於規定的穩定低溫環境下，以保有商品的品質、減少損耗，適用範圍主要包含食品、農產品及生技、醫療等領域。

　　近年來隨著產業結構轉型，貼近一般消費者的生活服務業，如生鮮電商低溫配送、全溫層的配送服務，加速業者擴大冷鏈合作領域，並增加快遞市場連結性，冷凍冷藏等不同溫層之倉儲需求，加以政府、製造商及消費者，對食品生產源頭、運輸過程等，重視透過即時溫控以避免產品變質等議題之重視，也使冷鏈需求及發展朝細緻化而獲得加速成長機會。根據財政部統計資料庫資料顯示，我國冷凍冷藏倉庫經營之銷售值逐年成長，2018 年達新台幣 431 億元，較上年成長 11.79%，近 8 年來年均複合成長達 10.73%。

　　2. 便利超商看好商機布局冷鏈：冷鏈物流技術不僅有助於冷鏈商品的運輸及保存，亦可提供更詳細的消費者行為分析，瞭解不同區域銷售之主力商品及成

效，充分發揮智慧物流及運籌應用，使業者更貼近消費市場。除此之外，有鑑於冷凍食品可望成為下一波超商鮮食動能，各家超商展開相關布局，包括商品組合擴充、生產基地擴建、冷鏈配置、服務型冷凍商流運能提升。如全家超商看好微料理商機，在2018年11月即宣布整合旗下自有品牌FamiyMart Collection（FMC）覆熱即食產品線，推出「媽媽煮藝」系列產品，並與永豐餘生技共同研發5款少添加冷凍家常菜。為能帶動整體冷凍食品業績成長，服務上千家店的鮮食及商品配送，並提高全台整體 EC 包裹運能，將持續擴大北、中、南三鮮食廠的冷凍食品產線。目前全家最大的物流中心在桃園大溪，面積達 2 萬坪，其次是今年即將動工的台中大肚物流中心約 1.1 萬坪，而高雄岡山約 5 千坪位居第 3。可以觀察到的是，全家目前新建的物流中心，都已朝向多溫層建造，滿足冷凍、冷藏、常溫等多溫層產品的倉儲及配送需求。

不僅全家，7-Eleven 也攜手十家名廚、名店，並與星級餐飲品牌耗時一年開發全新「小家庭冷凍料理」系列，以 2~3 人份的小家庭冷凍料理，品項數達 15種，主攻早午晚餐全時段，並陸續擴增店鋪冷凍空間，將冷凍櫃從單門改為雙門，使冷凍品陳列項數可擴大 2 倍。此外，統一超商耗時 3 年籌備、斥資 5 億元的花蓮東部物流中心和鮮食廠，自 2018 年 11 月 29 日加入生產行列之後，未來亦有持續擴大東部鮮食產能之計畫，並進一步建置冷凍食品生產供應鏈，包括擴建冷凍食品產線、低溫物流、擴增店鋪冷凍空間。

除了微料理商機，「全溫層智能販賣機」也為目前趨勢。自 2018 年底，OK超商、統一超商到蛋糕品牌亞尼克，陸續推出自己的販賣機，並強調販售不同溫層之產品。此種智能販賣機不僅節省人力，在不增加人力及營運成本下，擴大經營效益，並串連多種非現金支付方式，透過遠端控制作業系統，掌握機台庫存、溫度、帳務等，不僅提供了國內便利商店發展飽和瓶頸的突破方向性，也帶來全溫層物流發展的可能性。不論是 OK 超商的「OK mini」及 7-Eleven 的「智能自販機門市」均提供 4 度、18 度和常溫商品在同一台販賣機內販售，包括鮮食、飲料、零食，乃至於文具用品等各種商品組合，且每個機台皆有顯示溫度，確保鮮度無虞，也因此在販賣機本身不同溫層的溫度控制、補貨過程的恒溫裝置等，也需仰賴全溫層供應鏈。

3.擴建物流中心爭取效率：物流業近年持續擴增物流倉儲空間，並且朝智能化進行規劃配置。為能擴大物流產能，選址多半聚集在海空聯運地，除了目前

的桃園為最大宗，也開始向中南部尋求土地以提高廠房面積，如具有雙港優勢的台中、高雄均為選項。除了物流業者之外，包括零售業者、金融業者也看好商機進行相關投資。如早先的國泰與永聯物流合作，規劃將投入新台幣 300 億元興建 35 萬坪物流倉儲設施打造「永聯物流共和國」，自 2014 年至今，在臺北瑞芳、桃園大園及台中烏日、楊梅等建置四個物流園區。富邦媒則斥資 41 億元在桃園大園興建物流中心以提高物流速度，並規劃進一步於中南部增加上萬坪物流中心。全家便利商店則在桃園大溪、高雄岡山設有物流中心，並規劃於台中及北部再設 2 座物流中心等，均顯見業者擴建物流中心爭取效率及倉儲大餅之布局趨勢。

4. 結合科技打造智慧物流：由資策會數位所技術研發團隊與物流業者合作，針對臺灣物流業供應鏈之核心問題，協助艾旺科技、昶捷物流及洪福通運完成物流產業分散式同步帳本，以及物流資訊透通及連結整合問題，建構臺灣第一個智慧物流區塊鏈平台，透過開源區塊鏈技術提升物流運輸產業的營運收入與服務效率。

主要利用區塊鏈技術之分散式同步帳本及不可竄改之特性，導入智能合約（Smart Contract），解決長期以來物流供應鏈最大的痛處－紙本表單簽收、資訊更改，造成後續對帳需花費大量人力，此亦為物流供應鏈效率無法提升之主因。物流區塊鏈平台收集到的資料是符合資料的完整性，不會有缺失值與遺漏值，物流業導入區塊鏈之智能合約達到無紙化作業；若能進一步透過該平台蒐集大數據並進行分析，更可將物流資訊轉為商業資訊、品牌資訊，以產生加值效益。

第三節　國際物流業發展情勢與展望

▶▶ 一、全球物流業發展現況

隨著資訊科技的迅速發展，傳統追求效率至上的生產模式也開始改變。透過人工智慧（Artificial Intelligence, AI）、大數據（Big Data）與物聯網（Internet of Things,IoT）等技術的運用，生產模式開始轉變成以消費者為核心。透過大數據的分析了解終端消費者的偏好與習性，進而預測其需求，搭配將虛擬網路與實體

工廠的整合，「多樣少量」的生產及銷售成為全新的商業模式。

在移動裝置的性能與普及程度不斷提升下，也帶動電子商務的蓬勃發展，同時也改變了消費者的消費品項之結構，多元化與個人化的產品需求顯著提升。而隨著電子商務的發展，物流業取代實體店面成為接觸消費者的最後一環，不同於傳統物流，電商物流具有不可預測性的特點，也具有配送頻率高、商品多元化且數量少樣等特性，同時消費者對於商品運送及時性的要求也比傳統物流來的更高。這些特點大幅增加物流業的配送難度，也成為各國物流產業面臨的重大挑戰。

此外，隨著時代的變遷與發展，人口往都市集中靠攏是全球趨勢，根據聯合國經濟社會事務部人口局 2018 年發布的報告指出，當前全球約有 55% 的人口居住於都市，到了 2050 年將會攀升至 68%。人口高度集中於都市帶來的擁擠對於物流產業也帶來高度的衝擊，包括交通擁塞，存在能否將物品準時送到的風險。再者，都市中的車流人潮眾多，配送物流車輛的停靠與貨品裝卸越來越不易。最後，在進行最後一哩配送時，物流業也常常遇到消費者不在現場的問題，聯繫與等待的時間往往導致後續商品配送的延遲。因此，隨著城市化的發展，交通擁塞、裝卸困難與最後一哩配送等城市物流的挑戰也是全球物流產業要面對的課題。

隨著經濟發展，將帶動消費者對於生鮮產品的需求提升。近年中國大陸與東南亞國家因經濟持續成長，新興中產階級崛起，願意付出更高的代價來換取更高品質的有機或生鮮食品，提高了對於生鮮冷鏈商品的需求，龐大的冷鏈物流商機吸引各國業者積極朝此發展。不過冷鏈物流與傳統常溫物流不同，從卸裝、包裝、倉儲到輸送，整個配送過程中都必須維持在穩定且特定的低溫下，不論在設備投資的規模或所需技術上，都有很高的進入門檻，也成為亞太地區物流業者目前積極發展的領域。

綜合前述，「電商物流」、「城市物流」與「冷鏈物流」成為當前全球物流產業發展的挑戰，各國主要物流產業主要的應對策略就是運用資訊化、自動化及網路應用等智慧化科技發展智慧物流，藉以提高作業效率、降低成本，同時利用巨量資料進行未來需求之預測，進而進行人力與車輛之預先調配部署成為物流業發展的重要課題。因此，結合人工智慧（AI）的預測能力進一步優化物流流程，也成為全球物流業重要的發展趨勢。

▶▶ 二、國外物流業發展案例

（一）FedEx 透過創新物流科技開拓商機

科技的快速進步為現有物流管理方式帶來變革，也替企業及消費者創造各種新商機。根據聯邦快遞委託進行的報告，近七成臺灣中小企業（65%）表示，創新科技能有效提高供應鏈及配銷管道的整體營運效率。聯邦快遞近幾年透過創新科技能為物流效率及客戶體驗創造新的可能性，包括客製化便捷且彈性的遞送選項、人工智慧（AI）的運用、QR Pay 等。

1. FedEx Delivery Manager R 提供客戶便捷且彈性的遞送選項：跨境電子商務高速成長，已徹底改變物流業版圖，消費者越來越重視客製化服務及運輸便利性的影響，物流業者不斷增加對數位化及技術變革的投資。聯邦快遞為因應這股市場趨勢，加強與零售企業合作，提供消費者以更便捷的方式領取及寄送包裹。包括在亞洲的臺灣及香港與超過五千家的 7-Eleven 門市到店自取包裹外，並在香港設立 70 個寄物櫃自助服務據點，提供取貨選擇。消費者可於包含臺灣在內的40 個市場透過 FedEx Delivery Manager R 管理取貨選項。

2. 透過人工智慧提升物流標準：聯邦快遞應用人工智慧於官網上，以 FedEx 虛擬助理提供 24 小時全天候即時線上諮詢服務，使客戶可透過無紙化方式與虛擬助理進行交流，並預計未來消費者可透過數位個人助理進行語音下單。應用於物流設備方面，聯邦快遞使用一組移動機器人於設施範圍內搬運貨物，分別命名為 Lucky、Dusty 和 Ned。透過機器人自動化來完成將貨物從卡車上卸下、運到傳送帶上、進行分揀等工作。此外，物流業者也預期在未來十年內將廣泛採用自動駕駛車，並更進一步發展自動駕駛大型貨車。

3. QR Pay 滿足客戶體驗並提升物流效率：根據聯邦快遞最近委託進行的研究報告顯示，73% 的亞太區中小企業已使用行動支付，其中 69% 表示將會在未來 12 個月內增加其使用，而三成尚未採納行動支付的中小企業也有意在未來開始使用，顯示行動支付逐步走向普及化，若能藉由創新科技將有助於擴張業務。因此，為能滿足客戶不斷變化的需求，聯邦快遞推出 QR Pay 行動支付，透過提供便利和快捷的支付方式，提升客戶體驗和物流效率，透過創新解決方案及服務，來滿足客戶不斷變化的需求。藉由推出 QR Pay 行動支付，目的在透過科技為客戶提供更大的彈性與便利性，進一步提升物流服務體驗。

（三）京東物流投入「冷鏈不斷鏈」與「無人機配送」

根據前瞻產業研究院所發布之《中國智慧物流行業市場需求預測與投資戰略規劃分析報告》統計資料顯示，2012 年中國大陸智慧物流市場規模約為人民幣 1,200 億元左右，並呈現逐年快速增長態勢。2015 年中國大陸智慧物流市場規模突破人民幣 2,000 億元；時至 2017 年，智慧物流市場規模增長至人民幣 3,380 億元，成長率達 21.1%；2018 年中國大陸智慧物流市場規模達到人民幣 4,070 億元，成長率 20.4%；預計 2020 年中國大陸智慧物流市場規模將超過人民幣 5,000 億元、2025 年中國大陸智慧物流市場規模或將突破兆元。

京東物流在冷鏈倉儲和冷鏈城配布局多年，從倉儲、分揀、運輸至終端的配送，京東物流建立了其完善、成熟、技術領先的生鮮全冷鏈物流體系，並針對批量寄送生鮮快遞的商家推出客製化專屬服務，包括倉儲、分揀、運輸、配送等環節的優先配載、配送，針對客戶所需之溫度也進行客製化溫控設備和器材加以保鮮，以保障生鮮配送時效和商品品質。整體而言，透過其生鮮冷鏈解決方案以充分保證生鮮商品的安全、鮮度和健康外，並實現生鮮商品極速送達服務。

1. 不同溫層之冷鏈全程智慧溫控體系：京東物流建立了包括極冷、冷凍、冷藏，以及控溫等四個溫層的冷倉，以滿足不同品類生鮮商品之儲存需求。此外，在專業冷鏈運輸車及冷鏈三輪車也配置包括冷藏、冷凍、恒溫等三個溫層，輔以冷鏈保溫箱、專業冷媒（如乾冰、冰板、冰包、冰袋）等材料，以確保全程冷鏈不斷鏈。

此外，配合利用物聯網技術、資訊技術及人工智慧與自動化設備打造的「智慧保溫箱」，除了保持溫度，並具備定位、即時溫度監測，以達到冷鏈資訊與實物的無縫對接。不僅能拉長蓄溫保冷時程，透過京東雲還可即時監測生鮮冷鏈包裹地理資訊，以及包裹內生鮮商品的溫度及其他品控相關資訊，為生鮮商品提供全方位、高品質物流保障。相關投入的目的，均在建設冷鏈全程智慧溫控體系，使生鮮商品在倉運配各環節的溫度變化、運輸速度、配送時效等進行全面監控。尤其是在溫度控制上，通過智慧溫控硬體設備，採集倉庫、冷藏車、保溫箱的溫濕度資訊，與生鮮產品要求的溫濕度進行比對，如出現異常可以及時預警，進行處理，提升了冷鏈全程管理能力，並能有效降低生鮮產品的損耗。

2. 陸續打造核心服務模式，並擴大對企業端進行服務：為滿足「小而散」的消費者需求，京東物流提出「冷鏈卡班」，透過集散分撥模式，進行點到點固定

班次運輸服務，以滿足商家多批次小批量不足整車的冷鏈運輸需求；初期針對北京、上海、廣州、成都、武漢等十個城市、百餘條路線進行營運。

此外，京東物流近年來投資數億元大規模建擴建倉儲招攬商家，並於 2019 年 6 月開始，對企業端開放冷鏈倉、冷鏈分揀中心，預計年底前將增至 48 個開放予企業端的冷鏈倉。除了開放基礎設施外，京東物流並開放第三方車輛商貨資源。預計未來冷鏈整車平台可以整合並串聯貨主、物流企業和貨車司機的資訊，貨主可自行選擇採用京東自營車輛或第三方車輛，只要具備冷鏈運輸設備及能力之物流企業，均可與京東自營車輛一同承運京東的商品。

3. 無人機物流提高運輸效率：無人機物流不僅提高運輸效率，也改善偏鄉居民購物之不便，而電子商務巨頭京東商城，向來以快遞物流為其優勢，為能解決「最後一哩」的配送問題，也針對偏遠農村投入無人機送貨市場。

由於農村之潛在購買力亦不容忽視，因此，京東商城考量偏遠農村訂單分散、配送困難，長程配送導致送貨成本高，因而提供無人機運送，使非一線城市的居民也能享受到同等的遞送服務。其首次無人機送貨任務於 2017 年 6 月完成，無人機具自動避障、智能航線規劃功能，並改進自動裝卸貨起降平台、飛行平台安全性和穩定性。截至目前，京東無人機已在陝西、江蘇、海南、青海、廣東、福建、廣西等 7 省，進行常態化物流配送，以智慧物流有效解決許多農村、道路不便地區最後一哩的配送問題。此外，中國民用航空西北地區管理局亦於 2018 年向京東集團頒發「民用無人駕駛航空器經營許可證」，明確將「物流配送（限試點企業）」業務納進企業經營項目，表示京東能在陝西省使用無人機開展物流配送，成為首個從事該項目的集團企業。

2019 年，京東再與日本樂天株式會社（Rakuten）策略合作，主要以京東無人科技為代表的智慧物流為合作核心，由專營「互聯網＋物流」的京東 X 事業部，將向日本樂天提供無人機及配送機器人等設備，為其在日本當地的營運提供支持以及培訓，結合雙方各自優勢，擴大無人配送解決方案的範圍，並為後續更大規模的智慧物流合作打下基礎。

（三）日本 AIPHONE 與 Fulltime System 聯手開發物流新系統解決最後一哩路問題

當消費者開始追逐以「便利」為導向的服務，不論超商取貨或自取櫃取貨，

均是電商業者將物流服務當作勝出的關鍵策略；最後一哩的競爭迫使物流業加速走向創新、科技化、自動化，許多電商業者也紛紛嘗試使用無人機、機器人，或自助取貨箱等方式來解決。為因應物流人員的不足針對二次配送等課題，雖近年設法利用自助取貨箱因應，惟仍有包裹未領取或較大型、沉重包裹難以自行搬運等問題；為解決相關問題，業者之間不只是競爭，還有更多合作，故開始有業者善用自身優勢攜手合作研發物流新系統。

如日本對講機大廠愛峰株式會社（AIPHONE）、日立、專營大樓電梯等設備的日立子公司、公寓用宅配置物箱大廠 Fulltime System 進行合作，由 Fulltime System 負責寄物箱和住戶用手機 APP 之研發，AIPHONE 則是開發住戶對講機新功能，日立及其子公司負責電梯和送貨機器人控制系統等。該系統主要針對公寓大樓進行設計，由宅配業者將包裹放入寄物箱中，再由保管櫃進行短暫保管，同時經由住戶的手機或對講機傳達「包裹抵達」相關資訊。住戶藉由對講機告知系統可進行配送與否，送貨機器人在可配送時取出包裹，並利用合作的電梯運送至收貨人家門口，並以對講機呼叫住戶開門取貨，目的在利用科技將包裹送達家門口。

（四）優衣褲（Uniqlo）導入智慧倉儲降低倉儲成本並提升交貨效率

隨著快時尚旋風的興起，消費大眾對於穿衣的需求除了便宜、舒適，在平價之外更要求要跟上流行，因此服飾業透過生產時程的縮短、服裝設計的強化，以及生產銷售的垂直整合，進額提供價位合理且樣式時髦流行的「快時尚」服飾，而優衣褲（Uniqlo）更是其中的佼佼者。但是「快時尚」商業模式為造成服飾款式繁多，而且每 3~6 個月須要針對超過 1,000 種產品進行更換，需要可觀的倉儲人事成本，也成為優衣褲（Uniqlo）的一大難題。

優衣褲（Uniqlo）為縮短庫存管理和生產週期，於是與物流公司 Daifuku（大福株式会社）進行合作，使用 Daifuku 全自動物流系統進行 Uniqlo 東京倉庫的改造。當服飾運至倉庫，會被裝在集裝箱中送上輸送帶，由系統自動讀取衣服上的電子標籤，以確認商品之庫存、種類，進一步利用這些資訊進行服飾包裝、分類、品管，不僅可減少 90% 的人力，24 小時持續不間斷地運作也帶來不少效益；不僅降低倉儲成本，甚至進一步提升交貨效率。在實驗成功之後，優衣褲（Uniqlo）已經決定陸續投入 1,000 億日元，將這套倉儲系統推往全球市場。

第四節　結論與建議

▶ 一、物流業轉型契機與挑戰

受到美中貿易戰的影響，全球供應鏈正在解構並重組，許多以中國為生產基地的企業開始進行區域性轉移，在產業回流與轉單效應下，大幅提升臺灣國際物流中轉的需求性。此外，隨著電子商務市場的不斷擴大，對於物流業的需求不斷上升，且複雜度也越趨增加，時效性更是網購業者爭取消費者的重要策略，因此許多物流業者推出的 24 小時、8 小時，甚至是 6 小時的寄送服務，而其背後的運作與經營模式都是需要大量的人力進行輪班或夜間作業才能落實。物流業屬於勞力密集產業，人事成本原本就高，在近年許多勞動法規調整後，更進一步提高了物流業的用人成本。

過去依靠低廉人力所建構的傳統物流體系，在勞動新制上路之後勢必出現重大的變化。如何運用資訊化、自動化及網路應用等智慧化科技，發展智慧物流，藉以提高作業效率、降低成本，同時結合人工智慧（AI）的預測能力進一步優化物流流程，也成為政府與物流業的重要課題。經濟部商業司以電商物流、冷鏈物流及港區物流為主軸，結合大數據、物聯網、雲端等新興資通訊科技的智慧化服務與科技化管理，期望能夠建立電商物流整合與跨國供需調度模式，進而帶動物流服務業升級與轉型。

▶ 二、對企業與政府政策的建議

面對數位時代的來臨，需要快速反應的電商物流以及跨境電商市場規模迅速成長，對於物流產業的效率要求也越來越高。然而傳統物流體系仰賴大量人力，在高齡少子化與勞動法規的調整下，勞動成本越墊越高，導入科技創新應用已經成為物流產業不可逆轉的趨勢；像是無人機或無人車物流配送就是各國物流產業積極發展的項目，近來融合 AI 人工智慧針對需求進行預測以優化物流流程也是重要發展方向。在前述物流產業發展趨勢下，有以下二點可供企業營運之參考。

（一）無人配送設備試驗場域的資源投入

面對不斷上升的勞動成本，我國物流產業也積極的導入自動化、科技化的設備，以期節省人力並提高效率。惟相關的導入應用層面多在倉儲、分揀貨物等領域，在最後一哩路的物流配送上的應用則有待進一步的發展。目前經濟部擬具的「無人載具科技創新實驗條例」已於 2018 年 12 月公布施行，其主要目的是為了因應無人載具科技興起之國際發展趨勢，鼓勵國內產業投入無人載具創新應用，並建構友善創新發展的法規環境。不過相較歐美國家、日本與國大陸無人載具物流配送的發展進程，我國業者的投入情況是相對落後的，除了政府在法規方面進行調適外，物流業者也應該投入更多的資源，增加試驗場域，方可使相關無人配送設備及早商業化，以解物流產業勞動成本增加之問題。

（二）跨域人才的培養

過往傳統物流在各種人才需求上，諸如倉儲管理、供應鏈管理、經營管理等方面，都是以單項專業為主，因此物流作業要快速與精準必須仰賴各個環節的完美分工；一旦其中某一環節出現狀況，將會拖累整個物流體系的效率。全球物流產業的發展趨勢是朝向運用智慧化科技的方向發展，其內涵就是透過數位科技應用帶動產業升級轉型，以重塑產業競爭力，而產業進行數位轉型的基石便是具備跨領域數位技能的新型態專業人才，因此如何培育跨域數位人才將是影響物流產業競爭力的關鍵。目前物流產業重點發展的領域包括智慧物流、城市物流與冷鏈物流，如果能依據不同的商業物流型態，配合跨領域的人才運用，產業的經營與應變能力將更具彈性，方能有效因應科技應用的快速變遷與消費者需求，而這也是需要政府與企業共同投入與努力的。

附錄　物流業定義與行業範疇

根據行政院主計總處「行業標準分類」第 10 次修訂版本所定義之物流業，各細類定義及範疇如下表所示：

物流業小類別	定義	涵蓋範疇（細類）
陸上運輸業	從事鐵路、大眾捷運、汽車等客貨運輸之行業；管道運輸亦歸入本類。	鐵路運輸業、汽車貨運業、其他陸上運輸業
水上運輸業	從事海洋、內河及湖泊等船舶客貨運輸之行業；觀光客船之經營亦歸入本類。	海洋水運業、其他海洋水運
航空運輸業	從事航空運輸服務之行業，如民用航空客貨運輸、附駕駛商務專機租賃等運輸服務。	-
運輸輔助業	從事報關、船務代理、貨運承攬、運輸輔助之行業；停車場之經營亦歸入本類。	報關業、船務代理業、貨運承攬業、陸上運輸輔助業、水上運輸輔助業、航空運輸輔助業、其他運輸輔助業
倉儲業	從事提供倉儲設備及低溫裝置，經營普通倉儲及冷凍冷藏倉儲之行業；以倉儲服務為主並結合簡單處理如揀取、分類、分裝、包裝等亦歸入本類。	普通倉儲業、冷凍冷藏倉儲業
郵政及快遞業	從事文件或物品等收取及遞送服務之行業。	郵政業、快遞業

資料來源：行政院主計總處，2016，《中華民國行業標準分類第 10 次修訂（105 年 1 月）》。擷取日期：2019 年 06 月。

3

Special Topic

專題

商業服務業未來發展
趨勢、相關商業服務
業政策與環境

新經濟全球化布局的商業貿易

中華經濟研究院／吳明澤研究員

第一節　前言

　　商業服務業貿易比重近年來逐漸提升，數位科技發展更為商業服務業創造相當大的商機，尤其是近年來新保護貿易主義崛起，在世界貿易組織（World Trade Organization, WTO）杜哈回合談判受阻後，世界各國紛紛尋求雙邊或多邊自由貿易協定，而我國卻受困於國際政治現實難以參與其中，數位科技之於服務貿易的應用與發展，有可能突破國際經貿環境限制，使我國得以擺脫困境拓展服務貿易市場。WTO 在 2018 年的世界貿易報告即指出，數位科技將會使全球服務貿易在 2030 年上升至 25%，顯示數位科技對於服務貿易之促進作用。

　　新經濟全球化布局下的商業服務業貿易，首先說明服務貿易的概念，服務貿易與商品貿易如何區分。其次，將分析全球與我國目前商業服務貿易之現況與特色，有助於業者建構對全球服務貿易的初步概念，也可瞭解我國在世界服務貿易之相對地位。

　　再者，說明國際經貿現況對我國服務貿易之可能影響，主要是世界最大的兩個服務貿易國——美國與中國大陸貿易衝突之衝擊，與其對服務貿易限制的變化，另一方面是我國積極推動新南向政策對我國服務業貿易之商機與挑戰。

　　最後，在數位科技快速發展下，如何突破我國目前服務貿易的困境與拓展我國服務貿易市場與國際能見度？然而，數位科技也可能造成許多爭議，有賴政府透過國際對話合作，共同降低數位科技服務貿易帶來的可能風險。

第二節　商業服務業貿易之概念

　　一般而言，傳統討論的貿易，多指有形的商品貿易。然而隨著國際貿易範疇

逐漸擴大，商業服務業的貿易也持續增加。與商品相較，商業服務業因為不可觸摸與無法保存的特性，使其與商品貿易的型態截然不同。根據 WTO 依照貿易供給者與消費者是否必須作跨國移動為基準，將服務業貿易區分為四個不同型態，如表 7-1 所示。

表 7-1　服務貿易模式之分類

生產者 ＼ 消費者	不移動	移動
不移動	模式 I	模式 II
移動	模式 III	不適用

資料來源：劉碧珍、陳添枝與翁永和（2018）。國際貿易：理論與政策。臺北市：雙葉。

　　根據表 7-1，模式 I（mode 1）是指服務的供給者與消費者均無需跨國移動，由服務供給者透過資通訊設備向其他國家或地區消費者提供服務，稱之為跨境服務（cross-border supply）。如跨國電子商務平台、遠距教學、遠距醫療服務等）。模式 II（mode 2）則是消費者必須移動，但服務供給者則不需移動的貿易型態，稱之為境外消費（consumption abroad），如出國觀光或留學在當地之消費等。模式 III（mode 3）為服務供給者移動，但消費者不移動的模式，即一國利用商業組織提供當地國消費的服務，稱之為商業據點呈現（commercial presence），如我國餐廳到國外開設餐廳或銀行到國外開立分行等。[22] 最後，供給者與消費者都移動模式非常少，因此第四格不適用。WTO 將模式 IV（mode 4）稱之為自然人移動（movement of natural persons）帶來之貿易，即服務提供者以自然人移動的方式在消費者所在國提供服務，如藝人跨國表演、醫生到國外實地為病人看病

註 22　一般而言，在貨品貿易之範疇內，設立商業據點屬於外人直接投資範圍，例如一工廠赴越南投資設立工廠，生產產品供應當地，若依此定義，模式 3 應屬於「服務投資」，而非「服務提供」。然而，服務的投資生產與服務消費間界線難以劃分，實際上生產服務之時，服務之消費也正在進行，若遇嚴格劃分服務投資與服務提供，將使服務貿易之界線不清，因此在WTO 之 GATS 下特此將服務投資涵蓋在服務提供模式之內。

或是手術等。

依據 WTO（2002）推估服務提供模式占全球貿易之比率，分別為跨境服務（mode 1）模式約占總貿易額高於 25%；境外消費（mode 2）占比為 15%；商業據點呈現（mode 3）小於 60%；自然人移動（mode 4）約占 1%。由上述占比可知，商業據點呈現仍為全球提供主要服務模式。

雖然服務貿易與商品貿易的概念截然不同，但兩者卻密不可分，兩者具有相當程度互補性，缺一不可；商品貿易的成長將帶動服務貿易，同時服務貿易亦有降低商品貿易成本而促進商品貿易之效果。例如隨著商品貿易量增加，對國際物流服務之需求也會增加；而隨著服務業（如餐廳）對外投資（mode 3），也會帶動食材等原物料的國際貿易。另外，隨著資通訊設備技術突破，通訊成本大幅下降，跨國網路購物平台的普及，亦將帶動跨國商品交易。

第三節　商業服務業貿易現況

▶▶ 一、全球商業服務貿易現況分析

由於全球服務貿易中，商業服務貿易所占比重非常高，達 98.7%，非商業服務貿易（包括政府所提供的服務與其他服務）比重僅 1.3%，因此不再細分商業服務業與服務業之貿易差別，而使用整體服務業之貿易資料進行分析。

（一）商品與服務貿易比重變化

根據世界貿易組織（WTO）統計（請見表 7-2），全球貿易總額由 2005 年的 26.65 兆美元上升至 2018 年的 50.79 兆美元，其中商品貿易額由 21.38 兆美元增加至 39.34 兆美元，占全球貿易總額比重由 80.23% 逐步下降至 2018 年的 77.46%。反之，服務貿易之總額則由 2005 年的 5.27 兆美元上升至 2018 年的 11.45 兆美元，比重由 19.77% 持續上升至 22.54%，顯示服務貿易在全球貿易的地位逐漸上升。然而即便如此，目前服務貿易占世界貿易總額比重僅約兩成多，顯示仍有非常大的進步空間，而值得注意的是，自 2016 年後服務貿易比重有略為下降的情況。

表 7-2 全球商品與服務貿易金額與比重

單位：兆美元、%

	商品貿易	服務貿易	貿易總額	商品貿易比重	服務貿易比重
2005	21.38	5.27	26.65	80.23	19.77
2006	24.59	5.92	30.51	80.59	19.41
2007	28.37	7.03	35.41	80.13	19.87
2008	32.76	7.94	40.70	80.49	19.51
2009	25.36	7.09	32.45	78.15	21.85
2010	30.83	7.76	38.59	79.90	20.10
2011	36.86	8.70	45.56	80.91	19.09
2012	37.25	9.00	46.25	80.55	19.45
2013	38.00	9.57	47.57	79.89	20.11
2014	38.12	10.32	48.44	78.69	21.31
2015	33.32	9.84	43.16	77.20	22.80
2016	32.32	9.94	42.25	76.48	23.52
2017	35.78	10.65	46.42	77.07	22.93
2018	39.34	11.45	50.79	77.46	22.54

資料來源：整理自世界貿易組織（World Trade Organization, WTO），網址：http://stat.wto.org/Home/WSDBHome.aspx，資料擷取日期為 2019 年 7 月。

（二）服務貿易國家排名與占世界比重

以 2018 年全球服務貿易排名來看，排名第一名的是美國，其服務貿易額占世界比重為 11.16%，然其比重自 2016 年後似有逐漸下降的趨勢；而中國大陸服務貿易成長速度非常快，占世界服務貿易比重由 2005 年的 2.19% 快速上升至 2018 年的 10.66%，與美國之差距僅 0.5%，排名世界第二名。其後依序是德國（6.95%）、日本（3.7%）與荷蘭（3.62%）。可以發現大多數國家服務貿易占世界比重變化不大，只有中國大陸其比重成長了近四倍，上升速度驚人。我國服務貿易占世界比重亦由 2005 年的 1.15% 上升到 2018 年的 1.44%，排名第 21 名（請見表 7-3）。

表 7-3　2018 年各國服務貿易排名與比重

單位：%

排名	國家／年度	2005 年	2010 年	2015 年	2016 年	2017 年	2018 年
1	美國	8.84	10.93	11.74	11.76	11.41	11.16
2	中國大陸	2.19	8.67	10.68	10.29	10.35	10.66
3	德國	5.64	7.26	6.83	7.06	7.00	6.95
4	日本	3.60	4.57	3.74	3.82	3.77	3.70
5	荷蘭	2.65	3.60	3.46	3.42	3.56	3.62
6	法國	3.35	3.94	3.63	3.71	3.61	3.55
7	英國	3.52	3.81	3.84	3.80	3.56	3.49
8	香港	1.85	2.57	2.89	2.93	2.85	2.74
9	韓國	1.75	2.78	2.72	2.63	2.72	2.68
10	非洲	4.78	3.24	2.80	2.56	2.60	2.66
11	義大利	2.52	2.98	2.47	2.54	2.56	2.55
12	印度	0.95	2.10	2.18	2.18	2.34	2.40
13	比利時	1.89	2.55	2.30	2.37	2.31	2.30
14	新加坡	1.42	2.24	2.23	2.24	2.27	2.27
15	加拿大	1.21	2.50	2.37	2.34	2.28	2.21
16	墨西哥	1.28	1.69	1.95	1.96	1.95	1.95
17	西班牙	1.69	1.98	1.80	1.89	1.91	1.91
18	俄羅斯	1.17	2.00	1.56	1.42	1.59	1.68
19	瑞士	0.99	1.39	1.74	1.87	1.71	1.61
20	阿拉伯聯合大公國	0.60	1.18	1.64	1.66	1.56	1.46
21	中華民國	1.15	1.53	1.43	1.43	1.45	1.44
22	愛爾蘭	0.82	0.98	1.18	1.38	1.31	1.37
23	泰國	0.74	1.17	1.21	1.23	1.25	1.26
24	波蘭	0.60	1.05	1.10	1.15	1.22	1.26
25	澳大利亞	4.65	1.36	1.19	1.20	1.28	1.25
26	馬來西亞	0.79	1.12	1.04	1.03	1.06	1.08
27	沙烏地阿拉伯	0.76	1.15	1.11	0.97	0.98	1.06

排名	國家／年度	2005 年	2010 年	2015 年	2016 年	2017 年	2018 年
28	巴西	0.99	1.26	1.10	1.01	1.03	1.04
29	越南	0.21	0.45	0.82	0.90	0.98	1.03
30	奧地利	1.77	1.04	0.96	1.00	1.00	1.01

資料來源：整理自世界貿易組織（World Trade Organization, WTO），網址：http://stat.wto.org/Home/WSDBHome.aspx，資料擷取日期為 2019 年 7 月。

以 2018 年的服務貿易概況來看，美國仍是世界第一大服務貿易出口國，出口金額達 8,284 億美元，占世界服務出口總額比重為 14.17%，但成長率相對已較低，僅為 3.85%。其次依序是英國（比重 6.44%，成長率 5.5%）、德國（比重 5.67%、成長率 7.70%）、法國（比重 4.99%、成長率 5.94%）與中國大陸（比重 4.57%、成長率 16.99%），而我國 2018 年服務貿易出口總額為 503 億美元，占世界比重為 0.86%，成長率為 11.58%。而在服務貿易進口部分，美國亦為世界第一大服務貿易進口國，金額為 5,592 億美元，占世界比重為 9.98%，成長率為 3.09%。其次依序是中國大陸（比重 9.37%，成長率 12.29%）、德國（比重 6.27%、成長率 6.18%）、法國（比重 4.58%、成長率 4.66%）與英國（比重 4.20%，成長率 10.50%），而我國服務貿易進口金額為 568 億美元，略高於服務出口，占世界比重為 1.01%，成長率為 6.25%）（請見表 7-4）。

表 7-4　2018 年服務貿易出口與進口排名

單位：百億美元、%

2018 年服務貿易（出口）				2018 年服務貿易（進口）			
排名	國名	金額	占世界比重	成長率	排名	國名	金額	占世界比重	成長率
1	美國	82.84	14.17	3.85	1	美國	55.92	9.98	3.09
2	英國	37.62	6.44	5.50	2	中國大陸	52.50	9.37	12.29
3	德國	33.12	5.67	7.70	3	德國	35.15	6.27	6.18
4	法國	29.15	4.99	5.94	4	法國	25.68	4.58	4.66
5	中國大陸	26.68	4.57	16.99	5	英國	23.53	4.20	10.50

	2018 年服務貿易（出口）				2018 年服務貿易（進口）		
6	荷蘭	24.25	4.15	11.40	6	荷蘭	22.89	4.08	10.91
7	愛爾蘭	20.57	3.52	14.32	7	愛爾蘭	21.81	3.89	8.69
8	印度	20.51	3.51	10.69	8	日本	20.00	3.57	3.74
9	日本	19.20	3.28	3.02	9	新加坡	18.70	3.34	3.02
10	新加坡	18.40	3.15	6.61	10	印度	17.66	3.15	14.22
11	西班牙	14.92	2.55	7.74	11	比利時	12.89	2.30	11.85
12	瑞士	12.43	2.13	2.01	12	義大利	12.50	2.23	8.29
13	比利時	12.34	2.11	3.06	13	韓國	12.43	2.22	1.88
14	義大利	12.16	2.08	9.13	14	加拿大	11.29	2.01	4.63
15	香港	11.40	1.95	9.31	15	瑞士	10.34	1.85	-0.06
16	盧森堡	11.31	1.94	10.12	16	俄羅斯	9.47	1.69	6.57
17	韓國	9.66	1.65	10.40	17	沙烏地阿拉伯	8.65	1.54	10.03
18	加拿大	9.29	1.59	5.55	18	盧森堡	8.63	1.54	9.99
19	泰國	8.41	1.44	11.34	19	西班牙	8.54	1.52	12.44
20	奧地利	7.41	1.27	11.16	20	香港	8.15	1.45	4.91
21	瑞典	7.31	1.25	-0.79	21	阿拉伯聯合大公國	7.23	1.29	0.68
22	阿拉伯聯合大公國	7.18	1.23	1.88	22	澳大利亞	7.19	1.28	6.08
23	丹麥	6.96	1.19	4.13	23	瑞典	6.89	1.23	1.56
24	波蘭	6.92	1.18	18.57	24	丹麥	6.86	1.22	10.57
25	澳大利亞	6.92	1.18	6.58	25	巴西	6.80	1.21	-0.52
26	俄羅斯	6.49	1.11	12.35	26	奧地利	6.16	1.10	11.55
27	中華民國	5.03	0.86	11.58	27	中華民國	5.68	1.01	6.25
28	以色列	4.99	0.85	11.70	28	泰國	5.53	0.99	18.45
29	土耳其	4.88	0.83	10.81	29	挪威	5.18	0.93	3.56
30	澳門	4.36	0.75	12.22	30	馬來西亞	4.46	0.80	5.12
	全球總額	584.51	100.00	7.66		全球總額	560.36	100.00	7.41

資料來源：整理自世界貿易組織（World Trade Organization, WTO），網址：http://stat.wto.org/Home/WSDBHome.aspx，資料擷取日期為 2019 年 7 月。

　　由此可知，服務貿易較蓬勃發展的國家多屬已開發國家，而中國大陸經濟快速崛起，對服務之需求大幅提升，也使其服務貿易進口大幅成長，進口幾乎為出口的兩倍，且無論在出口或是進口，成長速度均非常快。

▶▶ 二、我國商業服務貿易現況

（一）我國商品與服務貿易金額與比重

　　2005 年時我國貿易總額為 4,316.40 億美元，其中服務貿易為 505.94 億美元，占 11.72%。而到了 2018 年時我國貿易總額為 7,293.24 億美元，服務貿易為 1,070.82 億美元，比重上升至 14.68%，可見我國服務貿易比重正持續增加中（請見表 7-5）。

表 7-5　我國服務貿易占整體貿易比重變化

單位：億美元、%

年度	商品貿易	服務貿易	貿易總額	服務貿易比重
2005	3,810.46	505.94	4,316.40	11.72
2006	4,267.15	514.99	4,782.14	10.77
2007	4,659.29	568.49	5,227.78	10.87
2008	4,960.77	582.10	5,542.87	10.50
2009	3,780.46	501.08	4,281.54	11.70
2010	5,258.37	643.74	5,902.11	10.91
2011	5,896.95	725.38	6,622.33	10.95
2012	5,837.33	874.73	6,712.06	13.03
2013	5,894.38	881.24	6,775.62	13.01
2014	6,019.42	943.98	6,963.40	13.56
2015	5,225.63	926.55	6,152.18	15.06
2016	5,108.89	930.59	6,039.48	15.41
2017	5,765.15	985.22	6,750.37	14.60
2018	6,222.42	1,070.82	7,293.24	14.68

資料來源：整理自世界貿易組織（World Trade Organization, WTO），網址：http://stat.wto.org/Home/WSDBHome.aspx，資料擷取日期為 2019 年 7 月。

（二）我國服務貿易仍處於逆差的情況

我國在商品貿易部分大多是出口大於進口，即屬於順差之情況，但在服務貿易上則大多屬於逆差，即我國對國外的服務需求大於國外對我國的服務需求，然服務貿易逆差的情況已逐漸改善。2005 年我國服務貿易出口額為 181.37 億美元，進口額為 324.57 億美元，逆差為 143.20 億美元，占整體服務貿易額比重為 28.3%，而 2018 年時我國服務貿易出口額成長至 502.90 億美元，進口額亦成長到 567.92 億美元，逆差縮小至 65.02 億美元，占整體服務貿易額比重只剩 6.07%（請見表 7-6）。

表 7-6　我國服務貿易出口、進口與順（逆）差

單位：億美元、%

年度	服務出口	服務進口	服務貿易總額	服務貿易順（逆）差	貿易逆差占服務貿易總額比重
2005	181.37	324.57	505.94	143.20	28.30
2006	187.80	327.19	514.99	139.39	27.07
2007	220.31	348.18	568.49	127.87	22.49
2008	233.40	348.70	582.10	115.30	19.81
2009	205.04	296.04	501.08	91.00	18.16
2010	266.63	377.11	643.74	110.48	17.16
2011	306.43	418.95	725.38	112.52	15.51
2012	345.46	529.27	874.73	183.81	21.01
2013	364.61	516.63	881.24	152.02	17.25
2014	414.91	529.07	943.98	114.16	12.09
2015	409.86	516.69	926.55	106.83	11.53
2016	413.60	516.99	930.59	103.39	11.11
2017	450.71	534.51	985.22	83.80	8.51
2018	502.90	567.92	1,070.82	65.02	6.07

資料來源：整理自世界貿易組織（World Trade Organization, WTO），網址：http://stat.wto.org/Home/WSDBHome.aspx，資料擷取日期為 2019 年 7 月。

（三）我國商業服務業出口之結構

我國商業服務業出口中，其他商業服務業（other commercial service）所占的比重最高，達到了 41.69%，其次是旅遊出口，占比為 27.50%，第三則是運輸，占比為 21.95%，最後是與商品有關的服務，比重為 8.86%。在其他商業服務業中，其他工商服務業（other business service）比重占整體商業服務業的 21.36%、通訊、電腦與資訊服務占了 7.54%，金融服務為 6.19%，使用知識產權費用為 3.09% 等（請見圖 7-1）。

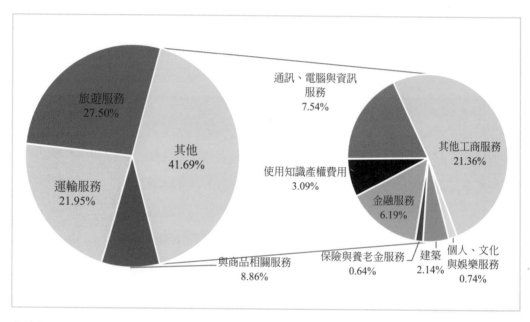

資料來源：整理自世界貿易組織（World Trade Organization, WTO,），網址：http://stat.wto.org/Home/WSDBHome.aspx，資料擷取日期為 2019 年 7 月。

圖 7-1　我國商業服務業出口結構

（四）我國商業服務業進口之結構

而在我國的服務進口部分，占比最高的亦為其他商業服務業，比重為 37.04%，其次為旅遊服務 34.46%、運輸服務 21.99% 及與商品相關服務 6.51%。在其他商業服務業中，其他商業服務占了 19.58%、其次是使用知識產權費用的 6.43%、通訊、電腦與資訊服務的 3.28%、金融服務 2.95% 等（請見圖 7-2）。

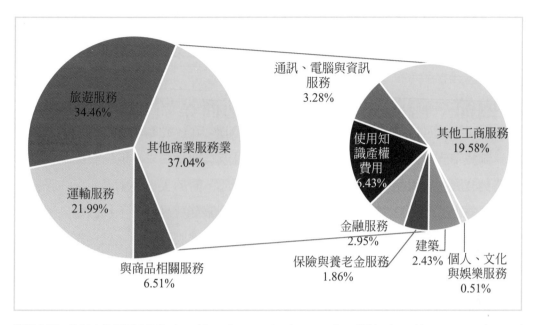

資料來源：整理自世界貿易組織（World Trade Organization, WTO），網址：http://stat.wto.org/Home/WSDBHome.aspx，資料擷取日期為 2019 年 7 月。

圖 7-2　我國商業服務業進口結構

　　由前述分析可以發現，雖然近年我國服務貿易已有成長，但相對其他國家，我國在全球服務貿易領域的排名不僅落後於美、日、德等先進國家，亦較香港、新加坡、韓國等為低，故仍有非常大的進步空間。其次，我國服務貿易表現不若商品貿易亮眼，雖然逆差金額逐漸下降，但我國服務貿易仍處於逆差情況，表示我國服務貿易競爭力仍有加強空間。

　　如前所述，由於中國大陸與美國是我國前兩大貿易夥伴，也是服務貿易規模最大的兩個市場，我國應積極拓展美國與中國大陸的服務貿易出口，尤其是中國大陸除了服務貿易進口市場龐大外，其成長速度亦非常快，且目前積極開放服務業市場進入[23]，我國若能取得中國大陸服務貿易的市場，對於我國發展服務貿

註 23　中國大陸對於外人投資可進入的產業別係由《外商投資產業指導目錄》所規範，該《目錄》由中華人民共和國國家發展和改革委員會等單位編制，歷經 8 次修訂，目前最新版本為 2019 年版，《目錄》網址如 http://www.ndrc.gov.cn/zcfb/zcfbl/201906/t20190628_940276.html。

易，改善服貿逆差應有極大幫助。

第四節　國際經貿現況對我國商業貿易之影響

　　雖然中國大陸服務貿易市場規模龐大，且成長速度驚人，但由於美中貿易衝突情勢發展，與反全球化或新貿易保護主義崛起，對於美、中兩國未來的服務貿易發展蒙上了一層陰影，對我國拓展美、中兩國服務貿易恐有不利影響。另外，我國積極推動新南向政策已有相當成效，是未來拓展服務貿易之另一思考方向。在此將討論美中貿易衝突、全球服務貿易限制與新南向政策對我國服務貿易之商機與挑戰。

▶▶▶ 一、美中貿易衝突對世界商業貿易之影響

　　儘管國際貿易理論不斷強調，只要是在自願的情況下，進行自由貿易，對貿易雙方均會有利可圖。然而，事實上至今並沒有一個國家施行完全自由貿易。為推動世界自由貿易而努力的世界貿易組織，在 2001 年以來的杜哈回合談判一直無法達成共識，使得 WTO 之成員國紛紛轉向雙邊／區域貿易協定。隨著貿易形態的逐漸演變，區域貿易協定涵蓋範圍越深越廣，從原本僅有關稅自由化轉向包括涉及商品及服務貿易相關之議題，如原產地規則、食品安全檢驗與動植物防疫檢疫措施（Sanitary and Phytosanitary Measures, SPS 措施）、技術性貿易障礙（Technical Barriers to Trade, TBT）措施、貿易救濟措施，以及服務業承諾和規範等，另還包括投資、競爭、政府採購、環境、勞工及電子商務等議題。[24] 然而，近年來反全球化的運動亦愈來愈普遍。2008 年由美國為主引發的全球金融

海嘯與隨後爆發的歐債危機，亦因全球化發展，而將其影響擴散到世界各國，造成全球經濟不景氣。2014年我國發生了太陽花學運、2016年美國非典型候選人川普（Donald Trump）意外當選美國總統、英國公投結果決定脫離歐盟等，反全球化的情況似乎有愈來愈嚴重的情況。

美國總統川普在2018年3月宣布將對中國大陸出口至美國的500億商品加徵關稅，中國大陸馬上予以反擊，亦宣布對美國進口商品加徵關稅，美中貿易戰正式點燃。

由於服務貿易與商品貿易特性不同，因此服務貿易的障礙既非關稅，也不是配額，大部分是以政府管制的形式出現。造成服務貿易障礙的管制包括市場進入管制、歧視性的經營條件、外人投資限制與自然人移動限制。因此雖然美中貿易戰以互課關稅的形式開始，但隨著貿易戰的升溫，其戰場已由關稅戰延伸到科技戰，未來甚至可能延伸到金融領域的戰爭，而無論如何均將對全球服務貿易造成衝擊。

如前所述，服務貿易與商品貿易相輔相成，因此一旦美中貿易衝突造成全球商品貿易下降，勢必使相關服務貿易受到影響。另外，美中貿易衝突戰場已由關稅延伸至科技戰，川普政府要求美國企業斷絕對中國大陸華為、中興等高科技企業的支援與交易，對於知識產權費用與資訊服務等之貿易勢必造成影響。最後，美國與中國大陸為全球最大的兩個服務貿易國家，也是最大的兩個服務貿易市場，兩者服務貿易進口比重占了全世界兩成左右，僅2018年中國大陸服務貿易逆差即達2,500多億美元，若美中貿易衝突持續加溫，對全球之服務貿易勢必造成嚴重衝擊。

▶▶ 二、全球服務貿易限制之概況

由於服務貿易之障礙並非傳統的關稅或配額等措施，因此為了衡量各國對於服務貿易之限制程度，經濟合作暨發展組織（Organization for Economic Cooperation and Development, OECD）於2014年5月開始發布全球主要國家服務業貿易限制指數（Services Trade Restrictiveness Index, STRI），該指數介在0~1之間，若數值愈接近1表示該國在該服務產業之貿易限制程度愈高。

整體而言，非OECD的國家其貿易限制指數多大於OECD國家，而其中印

度、印尼、俄羅斯與中國大陸服務業限制指數相對較高。就行業別來看，航空運輸、法律服務與會計服務等貿易限制較大，而配銷、錄音、物流貨運等貿易限制指數較低。

就 OECD 統計之所有國家的貿易限制指數平均來看，2014 年至 2018 年的 STRI 指數多在 0.261~0.262 之間，2018 年的 STRI 指數由前一年的 0.262 降至 0.261，但各國之限制指數可能上升也可能下降。

以美國與中國大陸 2014 至 2018 年 STRI 的變化來看，可以發現美國對於服務業之限制程度較中國大陸為低，而且自 2014 至 2017 年間，兩國平均的服務貿易限制指數均略有下降，但 2018 年時兩國的平均貿易限制指數卻同時上升，美國是在電信業部分限制指數略有上升，而中國大陸則只有物流貨物處理、海運、商業銀行、保險四個業別限制指數下降，其他均上升，顯示美中貿易衝突確實使兩國服務貿易限制情況變得較為嚴重。

表 7-7　美國與中國大陸 2014-2018 服務貿易限制指數之變化

業別／年度	美國					中國大陸				
	2014	2015	2016	2017	2018	2014	2015	2016	2017	2018
物流貨物處理	0.248	0.248	0.248	0.248	0.248	0.451	0.451	0.451	0.451	0.412
物流倉儲和倉庫	0.220	0.220	0.220	0.220	0.220	0.349	0.349	0.349	0.349	0.361
物流貨運	0.222	0.222	0.222	0.222	0.222	0.328	0.328	0.328	0.328	0.340
物流海關經紀	0.237	0.237	0.237	0.237	0.237	0.324	0.324	0.324	0.324	0.336
會計	0.169	0.169	0.169	0.169	0.169	0.745	0.745	0.745	0.745	0.754
建築	0.204	0.204	0.204	0.204	0.204	0.250	0.250	0.219	0.219	0.233
工程	0.221	0.221	0.221	0.221	0.221	0.271	0.271	0.241	0.241	0.254
法律	0.219	0.219	0.206	0.206	0.206	0.524	0.524	0.524	0.524	0.532
電影	0.167	0.167	0.167	0.155	0.155	0.595	0.595	0.595	0.605	0.615

	美國					中國大陸				
廣播	0.266	0.266	0.266	0.266	0.266	0.701	0.701	0.701	0.701	0.707
錄音	0.178	0.178	0.178	0.178	0.178	0.485	0.485	0.485	0.485	0.498
電信	0.124	0.124	0.124	0.124	0.172	0.456	0.446	0.436	0.436	0.682
航空運輸	0.534	0.534	0.534	0.534	0.534	0.474	0.474	0.474	0.474	0.479
海洋運輸	0.369	0.369	0.369	0.369	0.369	0.418	0.418	0.418	0.418	0.358
公路貨運	0.188	0.188	0.188	0.188	0.188	0.291	0.291	0.270	0.270	0.273
鐵路貨運	0.164	0.164	0.164	0.164	0.164	0.386	0.316	0.287	0.287	0.298
快遞	0.378	0.378	0.378	0.378	0.378	0.877	0.877	0.877	0.877	0.881
配銷	0.163	0.163	0.163	0.163	0.163	0.357	0.282	0.257	0.257	0.265
商業銀行	0.206	0.206	0.206	0.206	0.206	0.411	0.411	0.411	0.411	0.409
保險	0.288	0.288	0.288	0.288	0.288	0.468	0.455	0.455	0.455	0.444
電腦	0.187	0.187	0.187	0.203	0.203	0.323	0.323	0.323	0.323	0.342
營造	0.251	0.251	0.251	0.251	0.251	0.342	0.342	0.328	0.328	0.341
平均	0.237	0.237	0.236	0.236	0.238	0.447	0.439	0.432	0.432	0.446

資料來源：經濟合作暨發展組織（OECD），網址：https://stats.oecd.org，資料擷取：2019 年 7 月。

因此，如果全球最大的兩個服務貿易國家相互對對方進行管制，勢必將對全球服務貿易規模造成重大衝擊，而美、中兩國為我國前兩大貿易夥伴，勢必波及我國。

▶▶ 三、新南向政策對我國服務貿易之影響

美中貿易衝突愈演愈烈下，在中國大陸投資與經營之台商面臨極大困難，許多台商已陸續回臺投資或移往東南亞國家。雖然貿易戰首當其衝的是製造業，

但在經濟逐漸下行、勞動成本上升的情況下，服務業在中國大陸經營亦愈來愈辛苦。因此，將東南亞與印度等新南向國家視為服務貿易拓展的另一目標，亦不失為重要思考方向。

雖然目前為止，新南向政策的目標國家之服務貿易規模並非名列前茅，但部分國家如印度、新加坡等國表現亦不差，排名分別為 12、14 名；另外泰國、馬來西亞與越南排名亦在 30 名之內，且如印度、越南與泰國等服務貿易成長速度相對較快，因此若好好把握，對於我國拓展服務貿易亦將有極大幫助。

另外，雖然從絕對金額與投資比率觀察，我國在東南亞國家服務業投資之重要性低於製造業，但在東協國家已有重要之投資案與新投資模式，如營建業在越南有許多大型投資開發案；麗嬰房以獨資直營方式進入印尼市場；台商在菲律賓拓展電子商務與智慧手機應用服務平台、併購 7-11 便利商店；我國餐飲、茶飲、甜品等業者亦以連鎖加盟或獨家授權方式進入東協市場，展店速度與業績均表現出色。

我國 2016 年起開始推動新南向政策，秉持「長期深耕、多元開展、雙向互惠」的核心精神，從「經貿合作」、「人才交流」、「資源共享」和「區域鏈結」四大工作面向來著手推動。新南向目標國家除東協十國外，更將南亞 6 國及紐澳納入，並改變過去以工廠在東南亞及南亞國家成立生產基地為代工廠的政策作法，擴大與目標國家在包括人才、資金、技術、文化與教育等的互動交流，創造互利共贏的新合作模式。新南向政策內容十分豐富，本文僅摘取與商業服務貿易有關部分討論。

在新南向政策中，第一大工作面向即為經貿合作，擴大與夥伴國產業供應鏈整合、內需市場連結等合作，如產業價值鏈整合是針對當地需求，輔導電子收費——ETC、智慧醫療、智慧校園等物聯網系統輸出。在內需市場連結部分，則是善用跨境電商搭配實體通路，拓銷優質平價消費商品，推動教育、健康、醫療、餐飲等新興服務產業輸出，並形塑臺灣產業品牌形象。這些經貿合作將可帶動我國相關服務業（如跨境電商、物流、批發零售與餐飲等）在新南向國家拓展市場。

第二大工作面向為人才交流，我國雖然與東南亞國家互動多年，但在人才方面交流較為不足。事實上，我國擁有大量的外籍移工與新住民，許多新住民亦已有第二代甚至第三代，該些人才均是我國拓展新南向國家服務市場的重要資產，

若能善加利用不僅能為我國服務貿易創造動能，也可使我國與新南向國家互動更加順暢。

第三大工作面向為資源共享。我國過去對東南亞國家的投資多在利用地主國廉價勞動與土地等資源，以降低生產成本、提高產品價格競爭力，但此種製造業思維已無法在商業服務業領域中為企業所利用，且此種投資方式將引發地主國反感，因而歷史上發生多次的排華事件。為避免重蹈覆轍，我國應運用文化、醫療、科技等軟實力，與新南向國家進行雙邊及多邊合作，以提昇我國與新南向國家生活品質為目標，建立與夥伴國良好的經貿合作關係，自然有助於我國服務貿易之拓展。最後是區域鏈結的工作面向。我國在東南亞國家深耕已久，然因國際現實因素，以致要和其他國家洽簽自由貿易協議存在非常大的困難。然而即便如此，我國仍應持續推動擴大與夥伴國的多邊與雙邊制度化合作、加強協商及對話，並善用民間團體、僑民網絡及第三國力量，成為我國與夥伴國官方溝通之橋梁，設法簽訂各項經濟合作協議，如投資保障協議、租稅協定等，強加我國與新南向國家之區域鏈結。

雖然新南向政策是我國商業服務業拓展海外市場之重要方向，然而由於我國商業服務業普遍規模太小而資源有限，因此如何集中資源使其獲得最大效益，是商業服務業海外投資成敗的重要關鍵。如前所述，目前東南亞國家中服務貿易規模較大的國家包括新加坡、泰國、馬來西亞與越南，另外澳大利亞和南亞國家中的印度服務貿易規模亦在世界30名內，是我國商業服務業可以考量的開拓方向。

根據經濟部商業司委託財團法人商業發展研究院進行之研究，針對新南向國家市場與消費行為之分析，建議我國商業服務業進入新南向國家拓展市場時，可依循新加坡、馬來西亞、越南、印尼、泰國與菲律賓等順序，原因是新加坡、馬來西亞不論是對臺灣流行文化、對外資進入態度、外人投資保障及國內市場開放程度，均優於其他國家。越南與印尼則因有較高的人口紅利，且我國台商也多選擇兩地投資，故以此四國優先推薦。泰國則因有許多日韓知名品牌進駐與其本身品牌發展較久且消費者偏好國內品牌，菲律賓則因過去為美國殖民地，美系品牌耕耘較久，當地消費者對美系品牌忠誠度高，對我國品牌較不具利基點。而印度與澳大利亞則宜列為第二波拓展市場順序的國家。

第五節　利用新經濟協助我國商業服務業全球布局

1990 年代，美國經濟景氣一片繁榮，高成長率與低通膨率同時存在的非傳統景氣循環現象出現，經濟學家即提出「新經濟」概念，認為經濟全球化與資訊技術進步，保持了上述美國高成長率與低通膨率並存情況。然而，2000 年後網路泡沫破滅，「新經濟」名詞亦消失在人們的眼界。然而近年來許多與網路有關的創新經濟與思維模式，對傳統經濟與產業造成相當大衝擊，受影響者從原本不在乎它，到對它大加批判，再到接受它，最後在它的模式下進行發展，例如互聯網金融、共享經濟、區塊鏈技術等。但不可諱言這些「新」內容已深深影響人們的經濟行為。

雖然「新經濟」概念至今仍未有明確定義，但可確定的是新經濟是建立在網路資通訊技術創新發展、移動通訊速度與品質持續提升，加上大數據、雲端運算、物聯網（Internet of Things, IoT）與人工智慧（Artificial Intelligence, AI）等先進科技的發展與成熟，帶動人類生產與消費模式發生巨大改變，不僅大幅度降低交易成本、提高生產與消費效率，更創造出多元美好的服務，徹底改革人類的生活模式。

此外，AI 技術與周邊應用逐漸成熟，使得冰冷的機械也有了學習與思考的能力，雖然 AI 的技術尚無法完全取代人類的工作，但確實也大幅提升機械的效率與可靠性。將 AI 與物聯網、大數據等科技完美結合，可以建構智慧的物聯網體系（AI Internet of Things, AIoT），在未來可能將會全面改變人們的生活。

雖然目前 AIoT 仍在初步階段，尚不成熟，但亦已有許多成功應用。例如，智慧音箱可以透過語音人機互動介面幫助民眾瞭解相關生活資訊；AI 辨識系統可以有效辨識人的臉孔特徵，大幅提升刑案偵查的效率；智慧醫療可以協助醫護人員更準確掌握病患狀況而施以更有效醫療；甚至在財務領域中也出現理財機器人，利用大數據、財金相關理論與專家經驗配合投資人風險特性，判斷適合的投資標的與時機。

另外，上述新經濟科技的出現，也大幅度改變商業服務業原本的經營模式，甚至造成許多傳統商業業種衰退，被新興產業取代。例如，傳統音樂或影像販賣

店已漸被線上影音平台取代，網路媒體興起也使報紙、平面雜誌與書店等經營困難，Uber 等共享平台亦使傳統計程車、飯店與旅社等受到相當大的威脅。

然而，因應時代的進步與市場的競爭，產業本身就會產生優勝劣汰的自我選擇，新業種業態取代了傳統的業種業態，亦表示它一定較傳統業種業態具有效率且獲得消費者認可。因此，既然新經濟的大浪潮不可逆轉，商業服務業必須順應趨勢，把握新經濟之潮流，結合本身優勢，創造發展的新契機。

▶▶ 二、數位科技對服務貿易模式之衝擊與改變

隨著科技進步，資訊傳輸速度正在快速提升，但單位成本卻持續下降，使人類在資訊傳遞上達到空前無比的效率。而數位科技的發展，根據 WTO 2018 年的世界貿易報告，運用於網際網路上的數位技術會逐漸改變全球價值鏈，進而模糊貨品與服務貿易界線，預期未來將改變世界貿易的結構。因此，報告預測到 2030 年，服務貿易占全球貿易的比重可能從 21% 成長到 25%。另外，OECD 2018 年的研究報告亦指出雙邊國家（跨境）之數位連結程度增強，將可帶來雙邊服務貿易之出口增加。

在傳統貿易環境中，企業如果要將貿易活動拓展到跨國貿易或全球貿易層級，可能面臨諸多經營困難，例如：基於距離遙遠而難以建立商業往來的互信基礎；進入其他市場必須負擔的固定成本過高；無法開拓取得新客戶來源；對於跨境傳遞實體商品或服務的相關程序存有困惑。受到這些障礙限制，以至於傳統貿易環境下僅大型跨國公司才有能力參與全球供應鏈活動。然而，隨著數位科技快速發展，跨境服務提供成本降低，明顯有助於全球服務貿易的成長。

數位科技進步加上網路普及，服務貿易的提供方式可以由傳統赴當地投資轉向以網路等數位平台為基礎，進行跨境方式提供服務。再如批發或零售業者過去要拓展海外市場，可能需要到當地進行投資或是尋找代理商或經銷商，但現在可以直接在電子商務平台進行廣告、宣傳與行銷。

過去醫院跨境提供醫療諮詢或健檢服務，可能必須在當地國投資醫療院所，未來只需在當地醫療院所做好相關檢查後，將報告以網際網路方式傳回，醫生即可進行判讀。甚至未來在 5G 網速環境下，醫生甚至可以在國內以數位科技遠端遙控醫療檢查設備直接進行檢查。教師赴國外授課，亦無需跨境進行，直接以網

路視訊即可進行雙向互動，達到跨境授課的境界。因為資訊傳遞成本下降，也消除過去服務提供者要進行跨境移動才能提供服務的障礙，自然可以提高服務貿易之規模。

此外，傳統小企業要全球化發展，可能必須在世界各地尋找合作夥伴，並且維繫良好的信任關係，故交易成本非常高。在區塊鏈加密技術出現後，去中心化分散帳本無法被修改的特性，可支持小企業與世界各地的合作夥伴建立信任關係，以幫助小企業進行交易。3D 列印技術可望推進加速數位化與在地化的供應鏈轉變，進而通過降低跨境進入障礙來幫助製造業發展；物聯網（Internet of Things, IoT）運用感測器和應用程式串接實體物件，改善消費者生活品質、企業營運效率和提供銷售數位產品與服務的機會。

由於數位科技之持續創新，原有貿易規範將使創新貿易模式難以適應，因此各國均努力推動全球交易數位化之國際法律規範，除包容數位科技創新之貿易發展外，也對其可能造成風險進行控管。例如美國 2015 年在亞太經濟合作會議（Asia-Pacific Economic Cooperation, APEC）部長級會議中提出「促進數位貿易之包容性成長」，獲得許多國家支持，WTO 亦早在 2011 年開始提出電子商務在開發中國家或低度開發國家的發展與微中小型企業對電子商務之使用，又在 2013 年增加了關於消費者保護、祕密資料與隱私權等議題。

▶▶▶ 三、善用數位科技提升我國服務貿易能量

如前所述，我國在服務貿易領域中雖然成長率尚稱亮眼，但整體規模相較於先進國家與四小龍等國仍較小，且在美中貿易衝突與貿易保護主義盛行，而我國因國際政治現實亦難與其他國家簽訂自由貿易協定的情況下，善用數位科技以突破我國困境，拓展新南向國家甚至是全世界市場，是我國值得思考的一個方向。

以電子商務為例，其具有普遍性、全球可及性、全球性標準、豐富性、互動性、資訊密集性、個人化與社交科技發展等重要特性，大幅降低交易過程中的交易成本，而其全球可及性允許商業交易跨越文化與國家疆域，使服務提供者與接受者可以直接在線上互動，直接進行廣告與行銷，可以提高我國批發與零售的業務量，將我國所生產優質商品銷售到世界各國，並可同時刺激物流需求。另外，

區塊鏈技術成熟後，跨國間的支付將會變得更為簡便，而去中心化與分散帳本之特性，可提高使用者相互信任，亦可大幅度提升跨國支付的可靠性與安全性。目前各國均積極投入區塊鏈基礎建設與研發投資，我國亦不應在此新科技上缺席。

當然，數位科技的發展離不開人類的需求，因此我國在進行數位科技研發投資時，應更強化對世界消費者的瞭解，尤其是新南向國家需求之掌握，運用各種不同數位科技、商品與服務之結合，建構適合我國發展服務貿易生態系統。

最後，數位科技未來恐將顛覆傳統的服務貿易模式，也可能造成諸多爭議，例如個人隱私、個人與公眾安全、失業與可能被部分科技公司壟斷的問題，都需要解決。因此，政府除應大力營造有利於服務貿易的數位科技環境外，亦有責任透過國際對話合作，以維護數位跨國服務貿易之安全性。

第六節　結論與建議

服務貿易與傳統商品貿易截然不同，因此貿易之模式與其面對的貿易障礙亦不同，雖然整體貿易規模仍持續擴大，但自 2016 年後服務貿易之比重似乎略降。服務貿易規模最大者為美國與中國大陸，兩國即占了全球五分之一以上，且中國大陸近年成長非常快速，有超越美國之勢。然而，中國大陸在服務貿易領域中仍以進口為主，2018 年逆差規模達 2000 多億美元，是除美國外最大的服務貿易需求市場。以我國而言，2018 年服務貿易排名第 21 名，規模尚小，且仍屬於服務貿易逆差國，表示我國服務貿易出口競爭力尚有改進空間。

近年來隨著新保護貿易主義抬頭與美中貿易衝突升溫，全球服務貿易蒙上一層陰影，美、中兩大服務貿易國之服務貿易限制指數均略有提升，顯示兩國服務貿易之障礙略有提高，更加深了對未來服務貿易之擔憂。因此，為拓展並分散我國服務貿易市場，新南向國家是我國另一個選擇的市場。

另外，隨著數位科技進步，網路速度與品質大幅提升，但單位成本卻大幅降低，加上大數據、雲端運算、區塊鏈、IoT 甚至 AIoT 技術的成熟，預期未來將創造新的服務業種與業態，並改變傳統服務貿易模式，使服務貿易比重再次提升。

我國雖然在國際政經現實上，不易與其他國家簽訂經濟合作協定，但我國

一直以來為資訊大國，科技實力雄厚，應大力推動數位服務貿易，利用新南向政策，提高我國服務貿易世界競爭力。同時，政府亦應持續與各國積極對話，在 WTO 或 APEC 相關組織上，提出數位貿易之建言與相關風險提醒，以保障我國服務貿易提供者之權益。

新經濟商業數位化到智慧化的發展

商業發展研究院／戴凡真副所長

第一節　前言

　　資訊革命和網路發展已逾 20 年，帶來了數位化的時代。這期間累積的大量數據，搭配高速運算及傳輸技術發展，下一個革命，「大量應用 AI 的智慧商業時代」即將誕生。本文首先論述網路和數據所帶來的最大改變，以及所創造最大價值的服務業，從網路時代所誕生的成功案例裡，剖析商業競爭的市場法則及正在進行的巨大變化，同時探討未來智慧商業的科技應用發展方向。對於下一個新經濟革命，提出了「大量客製化服務」為商業服務業的智慧化發展方向，並且以 Amazon、阿里巴巴的策略演變來闡釋「環繞消費者」的網路企業如何進行服務創新，同時以 PC Home 的國際化努力以及 17 Media 的產品演進，來說明我國網路產業如何突破市場規模的限制持續成長。

　　對於四大服務業以及不同的服務類型（包括大型實體消費場域、街邊店小型店、電商和網路服務），本文提出我國個別產業如何因應市場變化，包括了融合性的服務、活絡平台業者帶動小型店家合作創新、以及變形蟲服務業等的政府政策及企業策略建議。文末總結網路時代我國產業的表現和所發生過的問題，面對 AI 和 5G 的智慧商業時代，臺灣所應具備的正確理解並提出結論及建議。

第二節　商業服務業數位化到智慧化的演進

▶▶ 一、數位化對領先企業的影響

　　AI 和 5G 大舉攻占了今年商業科技的媒體版面，前者是數據和運算，後者是傳輸和連結（connectivity），二者使科技進展出現加乘效果，也讓自此以後的

產業結構、企業生態乃至社會生活出現自網路革命之後，另一次的大規模改變，也就是 2016 年世界經濟論壇（WEF）所聚焦討論的「第四次產業革命」（The Fourth Industrial Revolution）。

回顧前一次的產業革命，主要源自於內容服務資訊等等的數位化，緊接著是網際網路和個人運算裝置（PC、智慧手機）的發展，數位化搭配個人隨身的網路和運算能力，帶來的是資訊社會、網路服務產業（internet industry）以及網路原生世代（Generation Z）。要怎麼看待過去的 20 年網路帶來的產業革命呢？許多人著重在科技和技術層面，卻忽略了貨真價實的商業革命已經悄悄地改變了產業面貌，網路和數據至今沒有改變生產方式，現在的工廠和生產線的型態和工業革命以來大致相同，但是自從數位化和網路開始之後，各種革命性的新商業模式，平台經濟、訂閱經濟、隨處經濟、共享經濟等等，已經完全改變了產業結構和消費方式；換言之，數位化和網路帶來的主要產業革命不是製造，而是商業和服務（消費）方式。

在 1998 年，全球市值前十大企業是微軟、GE、Exxon、Shell、Merck、Pfizer、Intel、可口可樂、Walmart、IBM，這個名單到了 2018 年變成 Apple、Alphabet（Google 母公司）、微軟、Amazon、騰訊、Berkshire Hathaway、阿里巴巴、Facebook、JPMorgan Chase、嬌生，新十大企業裡有七家是網路企業，而且都是服務業，只有嬌生有工廠，名單的變遷反映的是數位化和網路帶來的巨大價值在於商業和服務，如果只是以技術的角度來看待網路革命就失去了它的精髓，更沒辦法看清楚未來的發展。

再過 20 年，這份名單又會變成什麼呢？答案要從數位化的下一步——智慧化——找起。

▶▶ 二、網路、數據、AIoT 帶來的智慧商業

過去 20 年的數位化累積了驚人的數據，而拜網路革命之賜，每天全球數十億人在用的網路服務，包括社交、通訊、購物、訂餐、叫車等等，無時無刻不把「生活」數位化，每分每秒累積成更多數據。IDC 的全球資料趨勢白皮書《Data Age 2025》裡預測，到 2025 年全球資料總量 175ZB 裡有超過一半來自「端點」（endpoints，終端和人互動的裝置介面），無時、無刻、無處不留下的數位足跡

無異金礦，如何把這些數據轉化成商機，從而銷售更多服務和商品，是商業智慧化下的企業成長動能所在。

　　智慧商業科技應用探索的商機主要有二個方向：自動化商業服務和沉浸擬真的體驗服務；前者的應用以 AI 和無人化自動服務為主要範疇，我國從去年開始，許多電商和服務業開始導入自動客服（Chatbot），Gartner 預估在 2020 年，四分之一的企業會使用 Chatbot，Facebook 公布數據更指出，每月在 Messenger 活躍的聊天機器人已經超過 10 萬個，線上機器人的即時客服已經從判斷客服的需求種類給予制式的回覆，進展到能夠對談判別語意並且提供主動（proactive）的服務詢問；不只客服，在行銷上的應用更是發展重點。Chatbot 能夠透過通訊平台 FB、Line 等私訊，直接得到對服務或產品有興趣的名單，接著透過使用者回覆自動對潛在客戶歸類篩選，再針對性地做行銷內容的設計和投放執行，一切自動化完成。

　　除了電商和服務業的線上自動客服／行銷，實體零售的自動化服務主要是「無人商店」的試驗風潮。雖然今年以來不僅中國大陸退燒，臺灣的 7-11 和全家等無人店試驗計畫也宣布暫緩，主要考量各種感知技術在店頭的應用成熟度還不足，無法提供流暢的購物體驗，甚至還造成無效率（更長的客戶摸索時間、更多的店員工作）；純粹的無人商店雖然尚未成熟，自動化的商業服務卻是不可逆的趨勢，許多單項的自動化服務已經留存於商店中的日常運作，包括自助結帳、自動通知、折價券的店內 LBS（Location Based Service）發送、各家實體零售業者的支付及會員系統（skm Pay、Watsons Pay、PX Pay 等等），實體零售在智慧化的路上，是以建立和消費者的互動管道（App+ 支付＋會員）來蒐集數據。

　　另外一個智慧化的應用方向不是理性的效率提升自動化，而是感性的體驗升級，沉浸擬真的體驗包括 AR（擴增實境）、VR（虛擬實境）和未來 5G 在娛樂內容、教育、醫療、交通的應用，CB Insights 預估到 2020 年，全球零售展示的 AR／VR 應用將有 59 億美元的市場，未來十年全球媒體產業通過 5G 實現的新服務有 765 億美元的市場；AR／VR 的商業服務應用要創造擬真的體驗需要即時的數據運算及傳輸能力，完全「虛擬」的 VR 著重在遊戲內容娛樂產業，擴增實境 AR 的「虛實結合」在電商零售、物流、餐飲等的服務業應用範圍更加寬廣，結合網路的即時資訊和實體的環境體驗，提供更加貼近消費習慣的服務。消費者習慣在消費服務的同時，上網尋找能夠促進決策或是提升體驗的資訊，例如購買商

品時上網找評價、用餐時上網了解用餐地點或是食材來源，AR 的應用是自動化並流暢化（streamline）這樣的資訊提供過程，並且加入了畫面和互動介面提高消費者的理解，從而增進服務深度。

總結來說，商業智慧化的進程由累積消費數據並應用來提供自動化服務及更好的體驗，將來要往大量客製化（massive customization）的服務發展。也就是說，不僅消費和服務是 AI 自動完成，並且在其中提供無處不在的擬真體驗，而且這一切的自動化服務是各個不同、根據需要量身打造的；能夠先做到大量（規模化的自動服務和擬真體驗），再做到客製化（每個人量身訂做的服務），是未來 20 年比拚的重點，能做到的企業就是下個世代的強者。

第三節　新經濟下的商業智慧化

▶▶ 一、以「了解人」為中心的智慧商業

商業智慧化的服務是高度自動化且無處不在，消費數據和 AI 的應用將進一步統合消費需求，實現「不受時空及資訊限制的自動化消費服務」，就是在需要的時候提供最適合的產品及服務，甚至是消費者不知道自己適合什麼、需要什麼的時候；晚宴場合若不知道該穿什麼，服裝、配飾、交通場地的服務會自動出現讓消費者選擇，下不了決定時會自動推薦（自動決定哪些產品和服務最好）。健檢出現紅字、不知道如何由生活裡改善健康時，飲食、運動、餐廳、食品、藥品採買的服務會自動出現，並且量身打造改進健康的生活計畫（內嵌消費決策）。零售服務將跨域結合其他服務業，融合成環繞消費者生活的「融合服務業」，透過 AI 和自動客製化服務來共同解決消費者的某些需要，提供完整解決方案，這樣才是有競爭力的智慧商業。

也就是說，不再是銷售產品，而是了解需求（確認消費者要解決的問題是什麼）。根據各種生活和消費數據先正確理解消費需求，然後整合所需的產品和服務一起提供。誰會這麼聰明達成這個目標？自網路革命興起的網路企業無不致力於此，用力包圍消費生活的各層面，蒐集數據建立對消費者全方位的了解，FB 不僅蒐集消費者的社交生活和閱聽喜好，還希望透過電商（Facebook Sell）

進一步將社群連結到消費決策。Amazon 除了線上零售，還極力發展音樂媒體（Prime Video）、各種實體零售（Amazon Books、Amazon Go、Amazon Select、Wholefoods），網路企業深知網路數據能做到追蹤記錄每一個消費者的生活足跡，從而發展出針對每一個消費者客製化的服務。現在大家習以為常的客製化內容（每個人看見不同的廣告、新聞、產品推薦）只是開端，未來必將進展到客製化商品及解決方案，從數據的掌握到需求的理解，是網路時代的市場精髓，也是商業「智慧化」的核心。

▶▶ 二、智慧化帶來的商業革命

「不受時空及資訊限制的自動化消費服務」所帶來的影響將是破壞性（disruptive）的，因為「掌握需求」會轉換成定價力；能夠做到大量客製化服務的零售餐飲或交通運輸企業，所掌握的市場話語權無可比擬，量身打造的服務無可比價也不會被比價，透徹掌握消費者每個需要的企業所進行的購買推薦和顧客終身價值都不是現存的概念可以類比。舉例來說，購買一件普通的衣服消費者會比較材質價格，如果是一件全依喜好、身材和審美觀裁製的衣服，結合了產品（衣服）、服務（客製化）以及解決方案（在需要的場合前送達），這樣的服務無法比價也不能被比價。同樣的，一份根據健康狀況專門設計的餐點，一次根據生活型態專門設計的假期，因著量身打造的高附加價值，都成為獨一無二的商品而無法比價，這是資訊和數據的力量，讓大量客製化的服務成為可能，客製化的服務帶來對個別消費者非常高的附加價值，「完全適合的解決方案」讓人無法說不，所以能夠全面性掌握消費者生活需要的新商業，所擁有的通路力量是無與倫比的。這種力量帶來新的市場競爭法則，要同時比廣（大量規模）和深（客製化）；最重要的是包圍消費者，不再想著「我要賣什麼」，而是「我有多了解我的顧客需要什麼」。

▶▶ 三、為什麼所有商業服務業都要成為「資訊服務業」

了解人、了解消費是未來服務業競爭力的來源，大量客製化的服務業帶來的服務成本下降，更將打破傳統服務業別的分界。批發、零售、物流、餐飲以往大

家認為是四大商業服務業，將來可能合併為環繞消費者的融合服務業，這樣的變革已經是現在進行式，例如跨境電商國際平台的發展，已經將批發、國際貿易、零售和物流合為一體，由平台來提供從中間通路到終端通路的所有服務；網路零售平台致力投資於物流建設以求提高消費體驗，PC Home、momo、Amazon、京東等無不如此，菜鳥物流更已經不附屬於阿里巴巴，獨立提供第四方物流服務。結合零售、物流、餐飲的訂餐外送平台在世界各地大行其道，改變了餐飲業的經營方式。也就是說，網路和科技給現在人類生活帶來的，是以即時資訊協作來顛覆傳統服務業提供服務的方式，不再受時空限制，更有效的分配服務資源。AI和 5G 的發展將更加快融合的速度，在更智慧的數據運用和更快的傳輸速度下，即時數據將更大幅提升服務的價值，能夠運用這種價值作跨域服務提供，就成為未來服務業的核心競爭力。

四大服務業中，可以粗略分為面對終端消費者（零售和餐飲）以及主要提供企業服務（批發和物流）的二組產業，這二組是組內融合最明顯迅速的，且各有不同的數據附加價值應用方向：面對企業服務的物流和批發業，商業智慧化的發展方向著重在各服務環節的無縫接軌、全程追蹤，也就是進一步朝自動化和「無人化」邁進。提升規模和效率在企業（to B）服務上已經發展許久，智慧化進展破壞現有市場秩序和規則的可能性較小，大者恆大甚至更大的情況會持續。

在終端消費市場的零售和餐飲，市場創造者和破壞者則會大幅的出現；餐飲、零售和電商的結合已經是現在進行式，彼此之間的界線除了更模糊外，智慧數據的應用將環繞在掌握每一個消費者的生活需要，並提供大量客製化服務。即時資訊的提供（AR 和 AI）著重在以增進互動來提升消費體驗，換句話說，面對終端市場的服務商最重要的商業智慧化應用，是包圍環繞消費者。這樣的發展將讓更多掌握消費數據的新企業出現，例如 2019 年 8 月份我國金管會剛剛發照純網銀，三家業者就全部是掌握消費者數據的新企業：包括將來銀行（中華電信）、連線銀行（LINE）和樂天國際（Rakuten）。像這樣不在原來產業裡，而是因為掌握網路科技和數據跨域而來的市場創造（或破壞）者，從 20 年前的零售（電商平台，例如 PC Home）和娛樂（串流媒體、自媒體）服務開始，蔓延到旅遊（Online Travel Agent, OTA）、物流（第四方物流例如 Ninja Van）、交通服務（共享平台，例如 Uber）、餐飲（外送平台，例如 food panda）等，一直到現在的金融服務，這樣的蔓延現象，告訴我們為什麼是服務業受網路和數據的改變

最深，正因為服務的本質是提供看不見摸不著的附加價值，而且服務的附加價值能夠從數據和資訊提供裡得到最大的增長，所以網路革命帶來的網路企業都是服務業，現在開始發生的智慧商業將繼續加強這樣的發展；服務業，無論是洗衣、乘車、用餐、購物、付款，資訊和數據（以及從數據而來的掌握需求）都將成為服務不可或缺的一環。

第四節　新經濟智慧商業的發展經典案例

▶▶ 一、全球含金量最高的廣告流量

Amazon 2018 第三季財報廣告業務盈利增長 123%，達 25 億美元，根據 eMarketer 的調查，Amazon 廣告有 7% 的市占，雖然與 Google 的 37% 和 Facebook 的 20% 相比仍相去甚遠，但 Amazon 廣告業務的增長速度比這兩大巨頭要快得多，在 2018 年的第三季，同比增長了 250%。Amazon 財務長 Brian Olsavsky 認為廣告是驅動銷售成長的關鍵；因為握有大量銷售數據，Amazon 的

表 8-1　Amazon 五大業務

單位：百萬美金

	Three Months Ended June 30,	
	2017	2018
Net Sales:		
Online stores (1)	$23,754	$27,165
Physical stores (2)	—	4,312
Third-party seller services (3)	6,991	9,702
Subscription services (4)	2,165	3,408
AWS	4,100	6,105
Other (5)	945	2,194
Consolidated	$37,955	$52,886

資料來源：2018 年 Amazon 年中財報。

廣告性質更為銷售和產品導向，Jumpshot 的調查顯示 2018 年超過一半的產品搜尋始於 Amazon 而非 Google。換言之，在 Google 上搜尋的是資訊，在 FB 上搜尋的是話題，在 Amazon 上搜尋的是產品，不難看出品牌商的廣告預算為何大規模的轉移。

上表是 2018 的 Amazon 年中財報，公司五大業務：線上商店（Amazon 自營）、實體商店（併購了 WholeFoods）、第三方銷售服務（Amazon 賣家服務費）、訂閱服務（Amazon Prime），以及雲端服務 AWS，廣告則在 Other 項。

線上商店與實體商店這兩個業務如今不是利潤來源，比較像流量來源，Bezos 多次宣告其策略在零售不求賺錢，但求規模，真正的利潤來自於產品銷售之外的服務：第三方賣家服務、訂閱服務 Prime 以及廣告。換句話說，和傳統零售不同，買賣產品並不帶來利潤，而是帶來規模（讓營運有規模經濟）以及流量（就是消費數據），數據衍伸而來的服務和附加價值才是利潤來源；根據 Merkle 2018 年數位行銷報告，品牌商在 Amazon Sponsored Brands 廣告的投入比去年同期增長了 87%，隨著購買行為越來越集中在 Amazon，第三方賣家想要產品被發現，廣告關鍵詞的支出成為必須，Amazon 第三方服務費的抽傭是銷售額 15% 到 17%，廣告則要另外 20%。

先求規模流量，再由累積的數據去賺錢，這樣的商業邏輯屢屢出現在網路時代的企業競爭裡，Uber 如此，Netflex 也如此。因為這樣的邏輯，其「本業」（Amazon 的零售、Uber 的乘車、Netflex 的影音）不是真正的利潤，數據產生的服務才是，呼應本文上節所言「服務業都要成為資訊服務業」。

▶▶ 二、從數據貿易到新零售，再到普惠金融與智慧製造

根據財報阿里巴巴連年成長，八九成收入來自其「核心電商業務」，分為四個部分：大陸國內電商零售（淘寶、天貓、聚划算、閑魚、村淘）、大陸國內電商批發（阿里巴巴網）、國際電商零售（跨境電商：天貓國際、全球速賣通、Lazada）、國際電商批發（阿里巴巴網）；這只是阿里巴巴上市的部分，所謂「泛阿里集團」也就是未上市以及經由投資實質控制的業務，遠比國內外的批發（也就是貿易）和零售範圍大得多，包括了螞蟻金服集團（支付寶、餘額寶等微小金融服務）、菜鳥網路（統一資料倉儲和物流的服務）、阿里雲（雲服務）、阿里

健康（醫藥、科技、醫藥電商）、阿里巴巴文化娛樂集團、阿里通信，以及許多的新零售實踐包括蘇寧、銀泰、大潤發、盒馬等等。

和 Amazon、Uber 等的網路思維（本業不賺錢以累積的數據做服務賺錢）不同，阿里巴巴大多數的營收和營利皆來自其批發和零售的本業，這是因為阿里巴巴在發展過程中掌握了最大的市場規模：全球的國際貿易市場（現在的 B 2 B 貿易平台全球幾乎只剩下阿里巴巴網）以及中國大陸的內需消費市場，阿里巴巴的競爭思維非常規模導向，其發展的金融、物流、科技、娛樂乃至新零售的想法都在用戶規模的成長和導流，並不是獲利（所以也還沒有一個獲利的），這些服務有助於阿里巴巴全面掌握消費用戶，持續由金流、娛樂、健康、實體零售等導流回其網路批發零售之本業，營收獲利之所在。這是為何阿里能幾乎隨著中國大陸網際網路的普及速率同步增長，其年活躍買家從 2011 年的 0.98 億增長到最新（2019 年 3 月財報）的 6.54 億，全中國大陸幾乎一半人口一年內至少買過一次天貓、淘寶的東西，40% 的人每個月都得來天貓、淘寶逛一次街，「持續增長流量規模就帶來獲利」適合高速成長的市場。

馬雲在 2016 年 10 月的雲棲大會首次提出：新零售、新金融、新製造、新技術、新能源（指的是數據不是指再生能源），「五新」宣示的是阿里巴巴的科技策略：智慧化、個性化和定製化的 C2B 新製造，基於數據的信用體系產生真正的普惠金融、新金融，以及用新技術（指網路和 AI 發展）和新能源（數據）所串起新製造、新零售和新金融的願景。

對於向來重視製造業的臺灣而言，五新裡最有參考價值的是網路科技公司（新技術和新能源，這也是馬雲自詡阿里巴巴將扮演的角色）將串聯並改變製造業和服務業之間的關係，因為新製造是「服務製造業」，是製造業和服務業的完美結合，競爭力不在於製造本身，而是在於製造背後的創造力以及傳遞體驗服務的能力。網路時代的新製造是依照個性化需求來製造產品，「工業時代所考驗的，是生產一樣東西的能力；而數據時代所考驗的，是生產不一樣東西的能力。」所謂服務製造業帶來的意涵不只是新的製造方式，而是製造思維的改變，甚至是服務重於製造，運用數據的能力甚或重於製造能力，所以馬雲也講「not made in China, but made in Internet」，這將改變百年以來未曾改變的生產線模式，我們在談工業物聯網的同時，不能遺漏服務製造所帶來的生產結構變化。

▶▶ 三、差異化服務的變形蟲

　　我國向來重製造輕服務，缺少高端服務業的競爭力。在過去 20 年的數位化和網路發展浪潮裡，並未完全掌握到市場契機，在資訊搜尋（蕃薯藤、網擎等）和社群溝通（奇摩、揪科等）缺乏戰功，有一說是因為內需市場不夠大，但是這不能解釋我們仍然有網路零售和網路娛樂內容平台的蓬勃發展。本文認為只重技術而不看重市場應用及商業運作才是我們在資訊搜尋和社群溝通的領域慘遭滑鐵盧的原因。而網路零售及娛樂則相反，因為將消費市場商業放第一，才有我國業者蓬勃發展的局面。

　　我國的網路零售和娛樂內容平台發展至今，為尋求成長已經不限於原來的本業和本國市場，朝向融合服務和國際市場發展。以臺灣成立最久最大的電商零售平台 PCHome 來說，除了零售平台的露天（C 2 C）、PCHome 24 小時購物（B 2 C）和商店街（B 2 B 2 C）外，在通訊（Skype）、金流服務（支付連、Pi 錢包）都有布局，對於國際市場的作法，從以前的跨境電商（2010 年開始 PCHome 全球購，由 PCHome 臺灣服務全球華人市場）演進到「平台出海」在 2015 年設立了 PCHome Thai，2017 年設立 Ruten Japan，這是理解到每個國家的內需市場不同，影響到電商競爭方式迥異。在地化服務是關鍵，臺灣電商的比較優勢在每個市場都不同；例如在泰國，PCHome 就以「連結東南亞和東北亞的專業跨境電商平台」為號召，以海外產品和海外市場作為差異化服務，並且因為泰國的社群電商興盛（交易量已經超越傳統電商平台），從 2019 年開始針對社群平台上的賣家和品牌提供支付（PPay）和交易後台的服務，我國的電商正在發展每個國際市場不同的競爭策略。

　　17 Media 創立於 2015 年，透過直播 APP 讓全世界的用戶即時直播、觀看並參與互動，全球已超過 5,000 萬個註冊，簽約直播主達 1.5 萬。目前在臺灣、香港、日本、新加坡、馬來西亞、韓國及印尼設有辦公室。17 直播除了本業的網紅經紀，直播節目流量和廣告外，一直在嘗試如何讓直播的流量帶來更大收益（也就是流量變現），除了傳統的招募培訓拍賣直播主外，以前嘗試過自己推電商平台，也做過社交和區塊鏈（社交挖礦），最近重回直播購物的領域，做了舉手購物 HandsUp，主要針對網紅直播主的賣家提供交易後台系統服務，不是自己做零售，而是幫助直播主來銷售產品變現流量。一連串不斷的嘗試，所謂變形蟲

策略，是許多網路公司面對持續演進和變化的新商業市場的方法，服務業不是工廠，不是固定的產品和產線，一切的服務皆可變，擁有非常大的彈性。怎麼樣認清自己的核心資產並環繞發展出與時俱進的創新服務，是網路時代商業服務業的競爭策略重心。

第五節　新經濟智慧商業的機會與挑戰

▶▶ 一、四大產業（批發、零售、餐飲、物流）如何智慧化提升

上節論述四大服務業中，針對企業服務的批發和物流，以及針對消費市場的零售和餐飲，應有不同發展重心；批發和物流持續應用科技尋求更大的規模效率，智慧商業在我國這二個產業的應用著重於如何因應少子化及高齡化帶來的勞動力短缺，以 AIoT 來進一步自動化企業服務；在這個方向，日本以人工智慧、物聯網應對老齡化的作法可以參考。

日本經產省一直宣示加大投資於新技術人工智慧、機器人和物聯網等應用，以應對老齡化帶來的勞動力短缺問題。經產省認為應用 AIoT 的重點在：（1）智慧型機器人；（2）模式識別；（3）智慧控制；（4）自動規劃；（5）知識工程，其應用重心在如何以 AI 和機器人輔助人類工作，提升人類勞動力的效率。「智慧化」的重點在替代人類勞動力做重複性或危險性的工作，所以有（5）知識工程，目的在讓人類勞動力能夠和 AI 及機器人協作。

面對消費市場的零售和餐飲，則將在新經濟商業裡經歷深刻的市場變革，智慧商業首先帶來零售和餐飲的融合，例如 2017 年於波隆那開幕的「FICO Eataly World」，Eataly 食品零售帝國跨足餐廳、烘焙坊、零售業、烹飪學校，Eataly World 則將零售、餐飲、娛樂結合成一個主題樂園，涵蓋農場、果園、食品工廠、商店市集、餐廳、教育、活動會場等區域；這樣的零售、餐飲、娛樂的融合，會在購物中心、樂園及 outlet park，以及市集展會等做服務的設計演化，如高雄 MLD 台鋁許多的市集和娛樂活動是場域內零售和餐飲的重要流量來源，這樣大型的零售場域，在 AI 自動化服務以及 AR 的發展下，以客製化服務增進場域內的體驗，在場域內實踐服務的無縫接軌，包括室內定位導航、擴充實境的互

動及資訊提供；增進地理（路線安排）和時間（排隊）的效率，將會融合更多的娛樂服務，並且結合電商和網路，增進和非現場流量的互動，以及增進現場人流的消費。

在電商和網路服務，對於消費數據的掌握是競爭力的基礎。繼續在這個基礎上大量應用 AI 朝智慧服務邁進，固然是理所當然，但是如何屏棄服務類別甚至是「虛實」的傳統分野觀念，能夠真正以消費者為中心思考，在食衣住行育樂全方位的包圍消費行為和消費者，才是下個階段的競爭力，也將是智慧化對電商和網路業的最大策略意涵，這點將在下節變形蟲服務業討論。

最後，對於各地中小型的實體零售業和商圈，傳統上被認為是大型購物中心和電商發展的「受害者」，也被認為沒有規模和資源來進行科技應用和智慧化的投資，商業智慧化浪潮裡也有「數位落差」，傳統街邊店和商圈就是被落掉的那一群，是以有很多聲音呼籲政府要想辦法「拯救」這些被時代遺忘的小店家，盡力拉提這些街邊店進入數位時代固然是弭平落差該做的事，做的方法卻不應該違背商業邏輯。街邊店小零售的網路時代怎麼智慧化和維持競爭力，還要回到人的消費行為來找答案，在下節持續討論。

▶▶二、「人的消費和注意力」在新經濟裡的機會和挑戰

談到購物、用餐、娛樂、社交，人性喜變，更多選擇、更多樣的體驗帶來更高的消費動機。許多人認為網路時代大家都不出門，電商平台上什麼都買得到，外送平台什麼都送到家。雖然如此，大型購物中心卻在臺灣和電商購物一樣呈現二位數的成長；許多消費者出了門到了購物中心一樣還是抱怨：每家長得差不多、牌子千篇一律；這顯明了消費是種千人千面的行為，網路也許吸引大部分的注意力，電商替代了一部分的零售消費，但是沒有改變人性；街邊店的數位化、智慧化，首先應考慮它們滿足哪些和電商零售、購物中心不同的消費需求。

以前的商業地產慣講 Location、Location、Location，網路的興起某種程度改變了 Location 的價值；有了電商平台，只需要開倉庫不需要開黃金店面。有了點評和外送平台，餐廳可以居深巷而廣人知，這是因為網路和數據讓服務提供超越了時空限制，是服務供給面的改變。但是在服務消費的需求面，地理位置仍然具有不被替代的價值，就在每天工作家居附近的「便利性」以及出門娛樂社交體驗

的「獨特性」裡。各地的街邊店和商圈要進入數位時代，不是轉去做電商，而是如何用電商和網路，發揚這個便利性和獨特性在 Location 上的消費價值。

如果只是占著地理位置的就近之便，提供方便即時消費的服務，在臺灣已經全是連鎖便利商店的天下。其他街邊店的零售和餐飲服務，需要藉由網路和科技來結合人的獨特性服務以及地點的便利性，才能勝出；許多巷口的早餐店已經開始用 FB 的社團或是 LINE 生活圈，來跟社區消費者做溝通，可以預訂並瞭解每天的菜單變化，來不及到店還能外送。經由網路科技提供的即時互動，讓早餐店的「巷口」便利性，因著預訂及人的獨特性服務，勝過連鎖便利商店而能夠繼續生存；同樣的邏輯可應用在洗衣、修車、開鎖等的生活服務業。如果能夠以網路的即時性和互動性來串連社區消費，不但便利民生而且活絡社區經濟，政策投入應該著重於協助各地社區商家，使其熟悉如何應用現有的網路工具，建立與周邊消費者的溝通管道，以及鼓勵社區經濟的平台及商業模式。

網路和數據是商業基礎建設的一部分，商業數位落差應該著力彌補的，是臺灣如何能活絡強勁的網路服務平台能量，協助各地小商家習慣使用網路科技來做生意，如同 25 年前剛開始的網路零售平台，從 C2C 和 B2B2C 開始，教育並推廣各種品牌商和賣家如何使用網路一樣，現在要從零售擴展到餐飲、生活服務等其他服務業；甚至是跨域合作，利用網路平台結合各地小商家來發展創新服務。例如 2019 年中國大陸的電商平台京東，和沙縣小吃合作在鄭州試驗「鯨鯊計畫」，利用沙縣小吃遍布各社區的門店和京東共同投資冷鏈智能櫃的最後一哩，京東欲藉這個計畫發展社區生鮮團購的業務，並且還能發展 to B 的生鮮採購；在每個沙縣小吃的門店裡設置冷鏈智能櫃，解決深入社區最後一哩的電力、櫃體和人力問題，社區消費者能夠在方便的時候到店取生鮮冷藏貨品，小吃店則多了來店人流，能夠增加順道購買的餐點銷售。小吃店本身並不需要做數據和網路的投資，只要和網路平台合作就能夠帶來額外的流量，是所謂活絡臺灣本身強大的網路平台（像京東）來協助各地小商家（像沙縣小吃）的模式。

▶▶ 三、「Hybrid」變形蟲服務業的興起

電商和網路服務產業方興未艾，其濫觴便是利用網路來改變提供服務的方式，從而出現許多網路原生的新玩家。這些新玩家經過這二十幾年的成長成果斐

然，本文第二節談到全球市值前十大公司，網路公司占十之有七，網路公司都是服務業都沒有工廠，而且服務創新是它們共同的競爭力根本，本節想要探討這些網路原生的公司如何持續創新。

網路原生的公司是以數據和網路作為它們當初成為新玩家、顛覆現有服務市場（像 Amazon、Uber、Netflix）或是創造全新市場（像 FB、Google）的基礎。現在累積最多消費數據的企業就屬這些公司，檢視它們發展新服務新市場的軌跡，不難看出持續的服務創新來自於運用手上數據掌握消費者的生活，然後環繞數據來發展現在沒有的服務。這些成功的網路公司沒有一家會以服務類別來侷限自己，Amazon 不認為自己只是一家「零售」商，否則不會做雲端服務 AWS、影音服務 Prime；FB 雖然是社群之王，但是不會只靠流量，所以推出在粉專頁開商店的電商服務，還想發行 Libra 臉書幣，明顯的衝著交易和支付來；Google 更不會認為它只做搜尋服務，除了做硬體做手機，還做導航、做雲端、做遊戲、做 AI，更收購了 YouTube 發展內容訂閱。

面對消費市場的服務，在這個大量數據發展 AI 的時代，是沒有種類分別的變形蟲，必須充分發揮服務產品的彈性，技術做不出來不是服務的瓶頸，「不知道要提供什麼樣對的服務」才是問題，而這個「不知道」在掌握消費數據的網路公司裡，問題相對小得多，而且會越來越小，因為每發展一種新服務就多一種數據、多一分掌握，會用數據來包圍、了解消費者的企業和不會用數據的企業，中間差距越來越大，這已經是 AI 帶來的智慧化商業不可逆的趨勢。

能夠以服務來吸引消費者使用、累積數據，並且利用這些數據發展新服務從而吸引更多消費者、掌握更多數據，在過程中不斷推陳出新，是變形蟲服務業，能夠讓自己經過不斷變形而擴大規模並且包圍消費者，這樣的變形蟲服務業將會是下個世代的大贏家，市值排行的常勝軍。

第六節　總結與展望

Internet 20 幾年了，這 20 年的網路成長帶來了數位化，一切生活、社會、思想創作、商業行為都上了網路。資料量大爆炸，再加上運算速度的持續發展，今天終於來到了 AI 和 5G 的時代，大量的自動化數據運算和高速的即時傳輸，

自此之後，一切的服務提供都將朝向大量客製化發展，和 AI 以及各種機器人共同生活和工作，AI 可能比朋友更了解我們，我們都必須準備好迎接這樣的時代來臨。

回首望去，臺灣在全球網路產業高速發展的浪潮裡，有許多令人驕傲的表現：臺灣許多技術都是全球領先群，我們的電商平台、搜尋技術、內容入口、社群溝通等許多創新服務，都是全球數一數二的早出現；然而早出現並不代表就是贏家，由於技術領先而能夠早推出服務，後面卻因為市場化和商業化的問題，以致於無法普及應用，或是無法持續創新而被追趕過去，這樣的血淚故事，一直到現在還在網路產業裡不斷上演。

過去 40 年成功的製造業和代工廠經驗限制了我國對商業服務的正確理解，輕商業輕市場而重工廠，帶來的是普遍性對於終端消費市場的無理解能力。所以我們的產業一直有市場化和商業化的鴻溝，這個鴻溝造成了臺灣擁有先進網路技術卻沒有強大的網路市場力量。歸結原因，我們有太多的生產者思維，但卻太少了解消費者。這樣的思維不改，以前網路時代發生的問題，在以後的智慧商業時代只會更嚴重，因為智慧商業的競爭力都環繞在了解掌握消費者上面；沒有這樣的理解和思維，如何侈言累積數據、應用 AI 來包圍消費者發展新服務？

臺灣沒有足夠的市場規模支撐，但是這並沒有妨礙我們發展全球規模的代工廠和半導體產業，更何況網路和智慧商業的服務規模，所要克服的障礙和問題，比起製造資源的實體限制（水、電、土地等等），要來得有彈性許多。關鍵在於我們講了這麼久的產業轉型是不是真的轉型，有沒有先轉了腦袋？本文一開始就討論全球十大市值公司，希望能夠彰顯網路和數據的最大價值在服務業，服務業的本質是有人使用就賺錢，越多人使用就越賺錢，競爭力的核心在有消費者使用，不是技術。過去 20 年我們用製造的觀念去看待網路的發展，認為技術為王，錯失了網路帶來的新商機，這樣的情況不宜再發生。技術重要，市場應用更重要，隨著應用和市場擴張發展相應的商業模式，所謂「變形蟲服務業」，更是存活的關鍵，讓我們拋開技術本位和生產者思維，專心在市場和消費需要上，這是商業智慧化裡臺灣最重要的課題。

「新」經濟——創新商業零售模式

醒吾科大副校長、前商研院創模所所長／鍾志明教授

第一節　前言

由於支付工具的進步，商業服務業的經營型態或商業模式將有很大的改變，其中無人商店就是眾所矚目的創新型態之一。因此，將先從無人商店的興衰回顧，並從中探究未來可能的創新商業模式。

美國最大電商亞馬遜（Aamzon）在 2018 年 1 月正式推出拿了就走、無需結帳以行動支付的商店 Amazon GO 後，如 TechOrange 的報導，結合人工智慧、機器學習、電腦視覺等技術，加上密集的攝影鏡頭，創造消費者滿意的購物體驗，並成為全球各大實體店面效仿的典範。以中國大陸為例，當淘寶首家無人便利商店於 2017 年開業後，便掀起了大陸無人商店的投資狂潮，包括京東、蘇寧在內，數以百計的實體零售商和網路創業企業紛紛加入。由於中國大陸人工成本高漲，許多人認為無人便利商店是必然趨勢，誰若能搶先占領市場，誰就能取得商機。根據《電商頭條》的報導，2017 年底，全中國「無人零售貨架」已累積至 2.5 萬個，而無人便利商店則累計開設 200 家以上，總共吸引超過 40 億人民幣投資，其盛況更勝共享單車。

但無人商店的前景真的能如預期般發展嗎？《電商頭條》的報導也指出，無人商店代表的「繽果盒子」，在 2018 年數度傳出裁員、高層管理人員離職等消息。而曾被視為黑馬的無人便利商店「鄰家便利」，在關閉了 160 餘家店之後宣布破產，月虧 500 萬人民幣（約新台幣 2,200 萬元）。

在臺灣，統一超商（以下簡稱 7-11）為了因應少子化而產生的人力缺口，並掌握未來可能的創新營運模式，在 2018 年開設了 2 家 24 小時無人商店 X-Store，並預計 2021 年擴張至 3,000 家。但經過一年的營運，7-11 可能暫時擱置無人商店的展店計畫。為能確實了解消費者對自助結帳的接受度，7-11 在 X-store 隔出一區人工結帳櫃檯，以便進行自動結帳與人工結帳的對比。結果發現，在嚐鮮期

過後，自助結帳櫃台逐漸變得乏人問津，7-11 總經理黃瑞典指出，根據實驗的結果，臺灣人的消費者還是想要有溫度的服務、有店員可以詢問的門市。

無人便利商店計畫暫緩的原因已有許多相關的分析，歸納後主要可以分為三點：

1. **成本因素**：目前開設的無人便利商店，並不是真的完全不需要員工，此類商店依舊需要由員工進行理貨與補貨，實際上只是減少了收銀員，並無法真正做到「無人」的程度，實際可以節省的成本或時間並不多。但建置無人便利商店，必須新增科技設備如攝影鏡頭、感測器等，還必須建置擁有人工智慧和大數據的 POS 系統與 ERP 系統，所增加的成本相當高昂。所以，除非當某個零售店面結帳時間很長的時候，若能透過某自助結帳的方式大幅縮短結帳時間，才能提高成本效益。

2. **人情味因素**：許多人認為，少了服務人員的問候與笑容，無人商店就少了人情味的溫度，因此難以創造顧客的黏著度與忠誠度，所以在 7-11 的實驗中，顧客在科技的嚐鮮期過後，仍然偏好人員服務。

3. **消費者習慣改變**：以消費習慣而言，如 TechOrange 指出，消費者越來越習慣與偏好網購，以中國大陸為例，包括淘寶、京東、蘇寧易購、天貓、大眾點評等網站，2018 年全年的網購規模接近人民幣 10 兆。在網購普遍介入生鮮產品之下，能夠提供人員服務、提升購物體驗的實體店都受到衝擊，更何況是無人便利商店。

上述三種理由都有道理，但也可能都沒有指出問題的根本或全貌。引用全家便利商店集團潘進丁會長在《O 型全通路時代 26 個獲利模式》書中的一段話：「創新並非改變空間、規模、商品結構或導入人工智慧而已，回到企業經營的本質，設定目標顧客，找出符合其生活消費型態，並與主流經營型態區隔的新商業模式，才是流通業的最大考驗。」無人商店的真正問題是因為我們只從科技的發展與應用思考，而非從目標顧客的需求角度思考。

如數位時代的報導：「無人便利店受挫，就表示智慧零售是個空談嗎？當然不是。無人結帳科技本身不是問題，也不是有沒有人味的問題。核心問題是將無人結帳科技用在哪裡的問題。」7-11 總經理黃瑞典也指出，無人商店不受消費者青睞，並不代表科技無用，例如使用「一店雙區」的方式，有機會成為大夜班的強效解方。在夜間營運績效不佳的門店導入自動結帳櫃檯區，反而能在深夜時

段改由消費者自助結帳、照常營業。 另外，如果去掉商店的概念，而回到傳統所謂的自助服務概念，傳統的自動販賣機台加上了 AI，將可更有效的滿足偏鄉地區或是特定時段的消費者需求。這種自動販賣機更應該稱為智慧販賣機，採用在成立 X-store 時開發的數據串聯及自動監測等技術，由總公司直接控管，系統能追蹤每件物品的有效日期，只要擺放的食物到期，就會即時鎖住倉道，不讓消費者購買到該項產品。當天機台的營運數字也會自動匯入系統，自然生成財務報表，省下許多作業人力。這些機台透過大數據的分析，可以在特定地點或時段舖設，並依據消費者的習性配置商品，例如學校的下課 10 分鐘或上、下學時段湧入人潮，單獨一、兩個櫃台都無法快速處理顧客需求，換成擺放多台自動販賣機更有效率也更省力，產品內容只需對應該場域的主力消費客層彈性調整。如何從目標顧客的需求角度出發，結合科技與人情味，將是未來新零售商業模式的關鍵成功因素。

第二節　回到以顧客需求為本位的新經濟

雖然網路購物的產業規模不斷增加，但是就像無人商店的案例，回到消費者需求的基本層面，體驗與互動仍然是商業模式中相當重要的兩大因素。在經濟新潮社出版《體驗經濟時代（十週年修訂版）：人們正在追尋更多意義，更多感受》書中對體驗的描述相當深刻，當一家公司以服務為舞台、以商品為道具，讓消費者完全投入的時候，「體驗」就出現了。商品是有形的，服務是無形的，而體驗是令人難忘的。當消費者購買體驗時，他是在花時間享受企業所提供的一連串身歷其境的體驗服務。而且，體驗還不是最終的經濟產物。當企業為某人客製化體驗，滿足他的需求時，你勢必會「改變」他。當你把體驗客製化時，體驗會自動變成「轉型」，也就是幫助顧客「自我實現」，這是經濟價值的最後一個階段，這時，顧客就是企業的產品，也是企業最佳的銷售人員。

而在體驗中，人際互動仍然扮演了相當重要的一個角色。商業發展研究院指出，近年來餐飲業開創各種創新服務模式，如從前台的排隊、帶位、點餐與結帳，到後台的清帳／對帳、會計報表與人員管理，皆能透過一台平板電腦完成，透過人工智慧技術改善餐飲經營與服務的效率，雖然人工智慧技術的應用可引

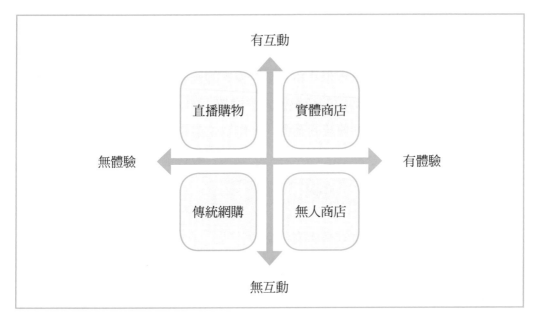

資料來源：本研究。

圖 9-1　我國商業服務業出口結構

導餐飲業展開新的發展領域，但是餐飲業仍是重視味覺並搭配「聽、嗅、觸、視」等其他感官的體驗，才能創造顧客美好的經驗。美國國家餐廳協會（National Restaurant Association）的行銷經理 Anna Tauzin 曾說：「料理與殷勤服務是餐飲的重點，科技則是無形地貫穿其間。」也有人說，隨著宅經濟的興起，人際互動似乎已經不再重要。但實際上，從社群媒體的興盛，每次動漫展或是電競活動的人潮，都可以證明人際互動仍然是人類生活中的重心，只是互動的途徑、形式隨科技改變而不同。

因此，當 5G 與 AIoT 不斷進步，未來的商業模式更應該依據「人際互動」與「服務體驗」兩大主軸進行設計。如圖 9-1 所示，此二主軸可以分成四種主要的商業零售模式，企業可以依據本身資源選擇其中一種模式或是複合模式。而隨著網路與手機的盛行，過去幾年的商業模式光環都集中在左下角的傳統網購當中。例如由阿里巴巴創造的光棍節，營業額自 2009 年約人民幣 0.52 億，在短短十年間成長至 2018 年的人民幣 2,135 億。許多商業服務業也因網路而起了變化，例如中國大陸最大的餐飲業者可能不是傳統的連鎖餐飲，而是餐飲外送平台「餓了嗎」。透過大數據與雲端計算服務的快速成長，科技業者快速進入許多傳統的

服務業，並成為其中的領先者。

但在科技的嘗鮮期過後，消費者仍然將回到需求被解決的商業模式中，服務體驗與人際互動也逐步成為未來「新」經濟模式的核心元素，但與傳統體驗經濟時代的模式有所不同，新經濟的商業模式中增加了如 AIoT 等科技的元素。下面將介紹三種裝上科技翅膀的傳統商業模式，作為企業在選擇商業模式的參考。

▶▶▶ 一、O 型全通路模式：360° 新零售

根據文化部委託臺灣獨立書店文化協會執行的「全國實體書店營運調查案」報告，1980 年以前創辦的書店僅剩一成五，顯示早年創辦的書店已經歷一波倒閉潮，讓許多人不禁發出「實體書店還有未來」的疑問。另外，許多人兒時的夢想記憶──「玩具反斗城」，也在 2017 年申請破產保護，把全美超過 800 家、國際超過 1,700 家門店賣掉或關掉。當這種獨角獸級的全球玩具零售商也無法生存時，更讓人產生傳統企業無法在電商時代生存的想法。

但是在 2016 年，阿里巴巴集團前董事長馬雲在當年阿里巴巴集團大會上提出了「新零售」理論，根據新零售理論，線上銷售將會與線下零售結合，同時會結合現代物流、大數據、雲計算等技術。馬雲認為，未來可能會有 60~80% 的零售屬於新零售，可以說傳統的電商將會無法生存。此一理論已獲得中國大陸及全球零售業的併購風潮支持，中國大陸過去 3 年網上零售額的成長速度已連續下滑，由於過去幾年上網（包括行動上網）的普及化，純網路購物族群的成長似乎也已經遇到瓶頸，所以全球電商的龍頭紛紛進行實體商店的購併或合作，尋求未來成長的突破。

根據數位時代的報導，阿里巴巴入股了 3C 連鎖通路蘇寧、併購連鎖百貨商場銀泰商業，還有連鎖超市業者三江購物和聯華超市。更重要的是，阿里巴巴在 2017 年 11 月宣布以 28.8 億美元入股高鑫零售，取得大潤發集團 36.16% 股份。緊接著只花了一個多月時間，2018 年 1 月，阿里巴巴集團旗下天貓超市已經完成雙邊系統與物流串接，將多達百萬件天貓超市商品在中國華東一帶，共 167 家大潤發上架。

除了阿里巴巴以外，SmartM 解讀也指出，騰訊於 2017 年底入股中國永輝超市之後，騰訊與永輝超市將對中國家樂福進行潛在投資，且家樂福與騰訊已完成

戰略合作協定。另外一家電商巨頭京東商城也沒有缺席，但他們選擇走不一樣的策略。京東商城很少採用入股或購併的策略，而是選擇與沃爾瑪、屈臣氏、曲美家居等現有實體零售業者，在全中國超過 50 萬家店鋪合作，計劃串聯起一個無界零售的「城邦」。

新零售的浪潮不僅在中國大陸延燒，全球電商巨頭 Amazon 在 2017 年以 137 億美元併購「全食超市（Whole Foods Market, NASDAQ:WFMI）」，讓所有大型連鎖超市包括 Wal-Mart、Costco、Kroger 等股價應聲下跌。雖然 Amazon 在服飾、影音、出版等領域可以打敗實體零售業，但旗下的 Amazon Fresh 生鮮卻無法取得同樣亮麗的成績，主要原因應在於生鮮的配送困難度過高，品質不易管控。在併購全食超市以後，Amazon 得以在全食超市的數百家實體店面進行新零售模式的突破。

全食超市是由時年 25 歲的 John Mackey 在 1978 年從美國德州奧斯汀大學城的一家店面起家，到今天已發展成為全美最大的天然食品和有機食品零售商。即使沃爾瑪超級購物中心等折扣連鎖店的崛起，市場競爭空前激烈，但全食超市兩位數的銷售增長率遠遠超過了競爭對手。由於全食超市的商品價格實在高昂，因此得到一個外號：「高額支票」。

由此可以看出，全食超市的會員多半是高所得者。為了能擴大消費族群，包括吸引 Amazon 本身的會員，全食超市在被併購後，也導入了 Amazon 的 EDLP（每日最低價格）策略；而全食超市原有的高所得會員也可以被吸引加入付費的 Amazon Prime 會員，充分發揮併購的綜效。另外，針對全食超市旗下的小型有機超市「全食 365」，Amazon 也考慮導入無人商店 Amazon GO 的模式，加速線上與線下的整合。除了全食超市以外，Amazon 也與百貨通路 KOHL'S 及美國大型電器量販店 Best Buy 合作，實體展示網路商城的產品或設立退貨中心等，皆可看出 Amazon 在新零售方面的企圖心。

在《2018 商業服務業年鑑》的「AIoT 在商業服務業發展及應用」專題中曾經提及，商業服務業是一個以消費者（Customer-Centric）為核心產業，消費者的急遽變化影響商業服務的發展，消費族群主要有三大變化：

1. **全天候消費**：全球知名電商平台的 12 大消費群中，最大的消費族群是高達 2,200 萬人的夜淘族，他們半夜爬起來，在 0 點 ~5 點之間下單。

2. **全通路消費**：現在的消費者，在上班路上、旅行路上、車上、船上、床上

甚至馬桶上購物，媒體和店家界線已模糊，社交和購物也可能指同一件事。

3. **個性化消費**：所買的 iPad 要刻上自己所愛的名言佳句、手作的個人蛋糕賣到缺貨，自己的消費、自己作主。

企業可以選擇上述任一種消費型態的族群作為目標客群，但是在新零售的時代，消費行為及企業的競爭卻都指向一個重要的方向，就是將圖一的四個構面全部包含的「O 型全通路」時代，也就是從左下角的傳統網購（或電商）模式向另外三個象限發展。

「O 型全通路」此一名詞是全家便利商店集團潘進丁會長所創：「對於顧客來說，他根本不在意購物管道是從線上（電商），還是線下（實體商鋪），吸引他的是更好的消費體驗，無論這個體驗是來自線上，或是線下。對於零售流通產業的經營者來說，當顧客的消費決策從「線上 vs 線下」一刀切的線性思考，變成「線上 ⇆ 線下」的 O 型循環，線上購物和實體通路的疆界已然消失，唯有能 360 度無縫包圍消費者的「全通路」才有贏面。

但是「線上 ⇆ 線下」的整合並非想像中的容易，過去也沒有成功的經驗或模式，所以不同的零售集團採用了不同的方式，目前全球較為成功的模式多為線上電商併購線下的實體通路；如數位時代在 2017 年阿里巴巴入股大潤發後的一篇文章所言：「實體零售或許傳統，卻一點都不簡單。經營實體連鎖通路有近 30 年經驗的業界高層直言，電商再厲害，要想在線下做出具有規模的連鎖通路，幾乎是不可能的事情，因為光是找人、找地就很困難，況且從零開始也緩不濟急。」雖然併購都少不了磨合期，特別是過去未曾有過的模式，但透過併購能夠快速縮短從線上到線下的距離，可以將原本必須要用來找地、找人、訓練人的時間和資源，轉換於整合線上與線下，創造虛實互補的加乘效果，也就是創造潘會長所說的消費體驗。將過去在新零售的各項試驗結果，在這些既有的實體連鎖通路上快速複製與驗證。如果將阿里巴巴旗下被稱為新零售原生物種的盒馬鮮生營運模式，放進中國 446 家大潤發和歐尚賣場，可能會產生什麼效果？所以本節將提出盒馬鮮生的創新服務案例，提供國內商業服務業發展與參考。

案例一：盒馬鮮生

（一）營運模式介紹

盒馬鮮生是作為阿里巴巴開展新零售的一大實驗案例，對於阿里巴巴來說，這是線上線下購物結合的最佳例子。盒馬鮮生於 2015 年創立，2016 年第一家店開設於上海金橋，到了 2019 年，已開設 20 城 150 家門市。

作為新零售的起點，盒馬鮮生使用了許多新的科技，包括刷臉支付功能，在消費者掃描完商品條碼後，就可以直接刷臉結帳，錢就會直接從支付寶帳戶扣款。不過，這些功能目前只限於同時綁定手機門號、再經過中國大陸身分認證的支付寶帳戶。不僅於此，盒馬鮮生用技術及數據為消費者提供無縫及更高效率的購物體驗，在盒馬鮮生店內所有的互動都是使用手機進行，消費者只需要下載盒馬鮮生的 APP；當然，消費者也必須開通線上的支付功能。店內所有商品都有條碼，只需使用 APP 掃描商品條碼，就可以得到產品的詳細資訊，APP 也會推薦類似的相關產品。盒馬鮮生最吸引消費者的就是海鮮產品，在中國大陸，消費者習慣親手挑選海鮮，這也是線上電商無法滿足的消費體驗，而在盒馬鮮生的賣場就能實際滿足。同時，消費者可以不用等到回家後再享受海鮮美食，盒馬鮮生的廚師會提供現場烹調的服務。透過 APP，盒馬鮮生會推送各種促銷折扣資訊，透過會員消費數據的分析，更有效的提升行銷精準度。

作為新零售範例，盒馬鮮生也提供線上點單送貨，每一個實體門市都是配送中心，配送周圍三公里以內的點單，所以天花板上裝有機械軌道運作半自動撿貨櫃，店中顧客可以看到網上顧客的訂單下訂後，店員就成為揀貨人員，揀貨後放入機械軌道的送貨籃打包物流，下單後 30 分鐘內即可送達，預計未來要往全機器人模式開發。2018 年時其店內附屬餐廳已經嘗試使用半機器人送餐。

（二）新零售模式擴展

根據阿里足跡報導，阿里巴巴將新零售模式輸出到市場，協助傳統商家企業轉型升級，中國大陸的新華都超市就是一例。該報導指出，自 2017 年 12 月底開始，在福建省內的 31 家新華都超市全面接入手機淘寶「淘鮮達」頻道，應用「盒馬鮮生」新零售模式（下稱「盒馬模式」），一舉將這家傳統超市改造成為一間實現線上線下一體的新零售超市。改造的成果包括線上訂單的成長，例如華

林店的線上訂單佔比已達到 35%。而通過線上服務，可以將服務範圍從原來的周邊 1 公里，擴展至周邊 3 公里範圍，華林店整體線下實體賣場的客流量提升近 20%。而運用「淘鮮達」的數據分析，華林店持續改變商品品類的組合，更滿足消費者需求，由於營運策略精準度的提升，毛利率也提升約 10%。

除了新華都超市以外，在 2018 年 6 月，阿里巴巴將併購後的大潤發也借鏡盒馬模式，將遍布中國一、二、三、四線城市的 100 間大潤發門店升級改造。改造後的門店，不僅增加銷售來自盒馬的「日日鮮」食品，也為門店周邊 3 公里範圍的用戶提供 1 小時內送達服務，實現線上線下的整合，提升經營效益。

（三）成功因素分析

1. **選擇「生鮮」市場作為起點**：阿里巴巴選擇線上電商最為頭痛的生鮮市場，作為新零售的起點，是相當正確的選擇。生鮮市場的最大問題在於商品品質的不穩定，所以容易引發交易的糾紛，最佳的解決方案是讓顧客可以親自挑選生鮮，滿足視覺與味覺的體驗。生鮮市場的另一大問題，就是在於物流，不只是正向物流的冷鏈，更困難的是如何退貨的問題，而物流的問題恰恰可以運用線下實體商店進行補充。

2. **精準的目標市場選擇**：盒馬鮮生的目標消費者是新生代 80、90 後消費群體，他們是網際網路的原住民，消費能力與消費意願均超越了上一代，更關注品質，對價格的敏感度不高。

3. **強化體驗價值的創造**：除了線上與線下的雙向引流體驗外，由於線上線下高度融合，顧客可以隨時隨地便利購買，全天候便利消費。更特別的是實體商場的營造，盒馬鮮生的實體賣場是一個「超市 + 餐飲 + 菜市場 + 物流」的一種模式，所以「吃」是一個非常重要的氛圍，盒馬鮮生更把這個氛圍塑造為有趣的氛圍。所以，現場有展示架上方的物流軌道，有刷臉的結帳方式，甚至有機器人的送餐，對於目標顧客而言，完全掌握他們的體驗需求。而且針對消費者的退貨服務體驗，盒馬鮮生認為，絕大部分消費者都是善良的，作為新零售的標竿，重點是滿足消費者的需求，把顧客體驗做到第一位。在盒馬鮮生，只要產品在保鮮期內，消費者對產品不滿意可無條件退貨。跟傳統超市相比，消費者無需親自前往門店，只需要點擊手機退款，費用就可以退還到支付寶帳戶，配送員可上門取貨，滿足消費者的需求。同時，盒馬鮮生也運用了許多線下活動的行銷方式，例

如舉辦親子 DIY 活動等，可以比傳統線上電商創造更多元的顧客體驗價值。

（四）未來面臨問題

根據每日經濟新聞報導，位於蘇州昆山吾悅廣場的盒馬鮮生門市將於 2019 年 5 月 31 日關閉。自 2016 年 1 月第一家店開業，盒馬鮮生在中國大陸共有 150 家門市，這是第一次有門市關閉的消息。而在盒馬鮮生的 2019 聯商網大會上，CEO 侯毅發表了題目為「2019 年，填坑之戰」的演講，和觀眾分享了三年來他對盒馬鮮生在新零售模式發展的思考，並提出了五點盒馬鮮生需要思考的問題（文中稱這些問題為坑）：1. 是否應該推出全包裝食品？許多年輕群體可能願意為這個包裝付出額外的成本；2. 大海鮮（帝王蟹、波士頓龍蝦、麵包蟹等）可以持續成為主力商品？老百姓需要的是長期習慣消費的活海鮮；3. 一定要「餐飲跟超市聯動」？雖然餐飲已經成為新零售的標準配備，但是也需要評估坪效是不是最符合效益？4. 能否覆蓋線上所產生的物流成本？5. 拷貝不走樣無法通吃：生鮮是高度區域化的產品，生鮮是跟當地人民的消費習慣密切相關的，盒馬上海、盒馬北京、盒馬成都如果是一樣的話就要出大問題。

侯毅強調，「今天的新零售絕對不是一個版本，今天的盒馬鮮生絕對不是一種商品就夠了，而是要因地制宜回到零售業的基本理論，即定位理論。針對不同的商圈，不同的城市，你要去做符合當地消費者收入水準，消費習慣所需要的動線配置。」此番見解與本文想要探討的「新」經濟理念不謀而合，在科技發展的路上，仍然必須回歸最基本的消費者需求。

▶▶ 二、邊緣運算型模式：連鎖不複製

拓墣產業研究院指出，人工智慧與 5G 被譽為未來關鍵性技術，在這浪潮之下，邊緣運算（Edge computing）跟著受到重視。除了雲端服務的三巨頭包括亞馬遜的 AWS、微軟與 Google，另外還有許多伺服器、網路設備或晶片大廠皆紛紛投入。微軟在微軟開發者大會 Build 2018 中，CEO 納德拉點出了「智慧雲端（Intelligent Cloud）」與「智慧邊緣（Intelligent Edge）」的未來發展布局。AWS 則是在 2016 年就積極布局 Lambda @ Edge，讓原本只能在 AWS 上執行的 Lambda 函式庫，在邊緣節點無伺服器的情況下就能跑機器學習、Lisp 模型，進

行簡單訓練推理。而 Google 之前先是推動 Brillo 物聯網平台，2019 年的開發者大會正式推出 Android Things 1.0，將物聯網開發工具與 Android 生態系統綁在一起，並且與 AI 結合，配合既有的各項工具，來強化整體開發的便利性。根據拓墣產業研究院預估，2018 年至 2022 年全球邊緣運算相關市場規模的年複合成長率（CAGR）將超過 30%。

邊緣運算為什麼這麼受重視，依據維基百科的定義，邊緣運算（Edge computing），是一種分散式運算的架構，將應用程式、數據資料與服務的運算，由網路中心節點，移往網路邏輯上的邊緣節點來處理。邊緣運算將原本完全由中心節點處理大型服務加以分解，切割成更小與更容易管理的部分，分散到邊緣節點去處理。邊緣節點更接近於用戶終端裝置，可以加快資料的處理與傳送速度，減少延遲。在這種架構下，資料的分析與知識的產生，更接近於數據資料的來源，因此更適合處理大數據，架構圖如圖 9-2 所示。

商業服務業的商業模式受到人工智慧與 5G 的衝擊而產生了變化，但許多模式多著重在服務流程或營運流程的效率改善，卻往往忽略了科技是要服務人。連鎖是服務產業中相當重要的一種業態，包括連鎖餐廳或連鎖超市、便利商店等，因為透過連鎖，可以解決服務中的異質性特質，利用標準作業程序（SOP）進行複製，並強化規模的效益，進而解決需庫存與需求波動的困擾。隨著 AIoT 與 5G

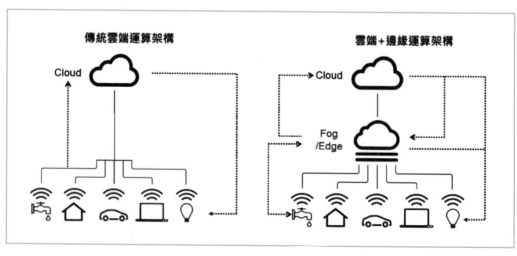

資料來源：拓墣產業研究院。

圖 9-2　邊緣運算架構與傳統雲端架構的差異

的進步，此種複製的效率會大為提高，連鎖總部對各門市的操控性更強，甚至透過總部的大數據與 AI，大幅削減門市店長的決策權，將決策權集中於總部。也就是說，傳統的單一門店或是管理較為鬆散的連鎖體系，就像是單機運算模式；而在 AIoT 與 5G 以後的連鎖體系，就像是雲端運算的模式。可是如同邊緣運算的興起，新一代的連鎖體系更可能採用邊緣運算模式，各門店將成為一台小型的邊緣伺服器，可以對地方需求差異進行更快速的反應，並將數據與複雜的決策送回總部，作為總部策略規劃的依據。也因為各門店的決策權力提高了，所以就產生了差異化，這就是我們所謂的「連鎖不複製」模式。

在商業周刊第 1652 期的一篇專訪中，訪問了漢堡品牌「Shake Shack」創辦人 Danny Meyer。依據維基百科的資訊，Shake Shack（NYSE：SHAK）是一家位於美國紐約市的連鎖快速慢食餐館，起初於 2001 年在麥迪遜廣場販售熱狗，並於 2004 年開始成為食品車，其知名度隨之穩定提高，最後搬到了麥迪遜廣場公園的一個攤位，菜單也從最早紐約風格的熱狗擴展到了漢堡、薯條、奶昔、啤酒、紅葡萄酒，2014 年開始公開募股上市，如今全球有 235 家店，跨足 15 國，常被拿來跟麥當勞相提並論，成麥當勞強勁對手。餐點比麥當勞貴 2 倍的 Shake Shack，營收卻年年成長，去年達 4 億 5,000 萬美元（約合新台幣 139 億元），年營收成長率 28%。它的市值超過新台幣 800 億元，平均每家店市值是麥當勞的 2.5 倍。究竟他們的魅力在哪？

一般速食業強調的是效率和標準化流程，但 Shake Shack 則是「快休閒」（Fast Casual）的代表，強調體驗，被稱作是「漢堡界的星巴克」。每家店的空間並非單一複製，而是依據在地文化各有特色。在日本京都門市，就與京都老鋪茶屋「伊藤久右衛門」合作，並找來當地設計師設計日式店面。而當它來到中國上海，進駐的是在新大地當中，充滿斑駁感的紅磚老牆屋，巧妙結合東西方的文化元素。所有的努力都是為了要做到連鎖不複製，因為 Danny Meyer 認為：「餐飲行業越來越競爭，相較於過去，現在消費者正追求更高端的自我認同感，和真實的體驗感。」和盒馬鮮生 CEO 侯毅的演說相同，回到基本，仍需要依據當地的需求，做出適當的回應。而「連鎖不複製」模式的另外一個成功案例，就是接下來介紹的「唐吉訶德連鎖賣場」。

案例二：唐吉訶德連鎖賣場

（一）營運模式介紹

唐吉訶德的前身為創辦人安田隆夫於 1978 年開設的小規模店鋪「泥棒市場」，店址位於東京都杉並區上荻四丁目（西荻窪）。1980 年 9 月 5 日，「株式會社 Just」（株式会社ジャスト）成立。唐吉訶德首間分店設於東京都府中市，1989 年 3 月開業，當時為總店。1995 年 9 月，株式會社 Just 改名為「株式會社唐吉訶德」。2013 年 12 月，株式會社唐吉訶德改名為「株式會社唐吉訶德控股」（2019 年 2 月 1 日起更名為泛太平洋國際控股），唐吉訶德分割準備會社改名為「株式會社唐吉訶德」。2017 年，唐吉訶德與 FamilyMart UNY 控股達成合作，獲得 UNY40% 股份，雙方以 MEGA Don Quijote UNY 品牌聯合運營店鋪。全家母公司在改善綜合超市業務中可獲得唐吉訶德的協助，而唐吉訶德存在自有品牌開發能力較弱及生鮮產品品類較少的問題，恰恰是全家以及母公司的強項。2018 年 10 月 13 日，全家便利商店母公司 FamilyMart UNY 發布公告，將以 2119 億日元（約新台幣 585 億）獲得連鎖賣場唐吉訶德（Don Quijote Holdings Co）約 20.17% 的股份，估計能成為後者最大股東。FamilyMart UNY 控股出售旗下主營綜合百貨業務子公司 UNY 的股權，將其變為唐吉訶德控股的全資子公司，也讓唐吉訶德成為日本第四大零售商。

唐吉訶德被稱為「驚安的殿堂」，「驚安」意為「驚人的便宜」，所以唐吉軻德是以「價格」為賣點的大型折扣綜合超市，目前共有 400 多家門市，空間較小但商品種類齊全，主要的營運特色除了低價以外，包括從地板到天花板的陳列方式、24 小時營業等。創始人安田隆夫認為唐吉訶德的概念在於「便利（Convenient）、折扣（Discount）、娛樂（Amusement）」，簡稱為 CVD+A，而與其他大型量販店最大的不同之處，在於「娛樂」的體驗價值。如全家集團潘會長所說，隨著大榮與西友等大型量販集團先後被併購，可見消費者要的不只是便宜，還要有個性與品味，所以唐吉訶德的精髓模式就是在於連鎖不複製的「個店化經營」。各店店長和採購可以自主發揮，舉凡商品陳列方式、進貨品項（60% 由總部統一採購、40% 的亮點 SPOT 商品由各店自行採購）、促銷價格以及海報，都由各店自行決定與執行。店內 7 個商品群，分別由 7 位採購負責人負責採購與訂價。賣場中還設有一個專屬於店長的自由空間，可以由店長視競爭店

狀況調整價格。

（二）市場擴張

在《O 型全通路時代 26 個獲利模式》書中提及，唐吉訶德除了在日本開店，先後也進軍夏威夷、新加坡、泰國等，目前全球店數超過 350 家。創辦人安田隆夫三年前退休後移居到新加坡，發現日本產品在那裡賣得太貴，促使該公司版圖擴張到新加坡。目前唐吉訶德有多種店型，包括 Pure 原始店型、MEGA 綜合大賣場、New MEGA 都會小型店，預估到 2020 年店數要開展至 500 家。而開展的方式包括了合作與併購，如前述與全家便利商店的合作，另外也有興趣向沃爾瑪買下其意圖出售的西友超市。

（三）關鍵成功因素

唐吉訶德的營收和獲利成長已連續 30 年不墜，關鍵的成功原因歸納有三項：

1. 創造娛樂性的體驗價值：在經濟日報的一篇報導中，該公司財務長高橋光夫表示：「唐吉訶德成功的最主要因素歸功於其「娛樂」顧客的能力」。消費者對其他日本商店有效率但易於預測的購物體驗已感到厭倦，唐吉訶德賣的許多產品都和其他零售商不同，而日本人正好偏愛大量不同種類的季節性、限定版或實驗性產品。

2. 低價但不失毛利率的組合：為能讓顧客覺得有吸引力，有時推出的亮點商品價格可以低到 100 日圓，但這些商品可以說是臺灣所謂的「帶路雞」，真正的獲利來源是高毛利的商品，包括自有品牌的商品。此外，有些亮點商品雖然價格極低，但由於是採用現金切貨，所以有時毛利相對反而較高。因此，唐吉訶德的價格雖然能達到「驚安」的程度，但其實毛利並沒有想像中低，才能持續獲利30 年。

3. 組織與文化的支持：要創造連鎖不複製並非想像中的容易，因為一旦將決策權放到門市後，如何在亂中創造出秩序，必須有強而有力的支持系統。而唐吉訶德採用了矩陣式的組織，透過 6 個營業本部與 58 個地方分所嚴密銜接，並透過科技將所有商品的進銷存全部串連，這也是邊緣計算模式與單機運算模式不同之處，總部仍然扮演了重要的串聯角色與大方向的掌控。另外，唐吉訶德的敘薪制度也偏向個人能力主義掛帥，透過績效目標的設定與即時的獎懲，就能讓個

店的營運活絡起來。

（四）未來面臨問題

唐吉訶德過去曾被視為日本連鎖業的叛逆分子，其以消費者為中心的個店化經營顛覆了連鎖複製的聖經規則。他們的成功代表了連鎖業態在追求規模成長的同時，仍然必須注重消費者需求的差異。但過去的成功在未來是否也會面臨其他的挑戰？首先，當規模擴大到某些臨界門檻後，唐吉訶德的亂中有序是否可能被破壞？畢竟要找到這麼多的個店經營人才，困難度將逐漸提高。幸而科技的進步，透過大數據的分析，相信能大幅度擴張唐吉訶德對此秩序的掌控力。

另外，由於資訊的普及速度驚人，許多低價商品在網路上都能被比價，透過低價策略可能養出更刁的消費客群，在競爭激烈的零售環境中，是否仍能維持高毛利，將是下一個必須注意的問題。

最後，當其他大型賣場也在強化新零售模式建立時，如何透過線上電商與線下實體賣場的體驗連結，創造「線上⇆線下」的 O 型循環，提升習慣使用線上服務之年輕消費族群的忠誠度，也是唐吉訶德未來必須克服的問題。

▶▶ 三、KOL（或網紅）型 SPA 模式

除了新零售模式盛行以外，傳統的網路電商也將因為人工智慧與 5G 的盛行而產生改變。由於頻寬速度越來越快，消費者對於影音的接受度將可能逐漸高於圖文的使用，所以「直播電商」模式將越來越重要。當各電商平台龍頭如 Facebook、Google、YouTube、Instagram 等，以及許多新興的直播平台如 17 直播、Uplive、浪 Live 等，都提供了各種直播電商功能及背後大數據分析的 AI 工具。這些平台可比喻成軍火供應商，於是網紅、KOL（Key opinion leader，關鍵意見領袖）等小型電商，可以利用它們所供應的軍火，經營傳統無法經營的直播電商。直播電商是一種將電商加上傳統銷售的模式，透過銷售人員與消費者的互動，如果可以加上 AI、大數據等工具協助，可以讓行銷更為精準，也能增加人情的溫度。

目前直播電商可以分為兩種類型，一種是由品牌商自行開直播的模式，但此種模式對於知名度不高的新品牌較為困難，必須使用大量的抽獎優惠等活動吸引

消費者觀看。另一種類型則是由品牌商委託網紅或是 KOL 進行直播，優點是可以借助網紅的廣大粉絲，進行快速推廣，但其缺點主要是成本過高或網紅形象與品牌形象不一致的問題，後者會造成觸及率高但轉換率低的高成本現象。而網紅和 KOL 在直播電商中的發展相當不同，如 YouFind 部落格所言，「網紅」是指在某個領域小有名氣或因一些事件突然爆紅的人，例如「洪荒之力」，短短一個晚上，就能將一句新聞回應演變成全國的熱門話題，讓中國游泳女將傅園慧搖身一變成為了網紅。不過，這種網紅的熱度往往只能維持一段短時間，而且關注網紅的消費大眾可能沒有共通的特質，因此在進行直播電商時，就不容易觸及到品牌商需要的目標顧客。KOL 就不同了，KOL 在中國大陸俗稱為「大號」，可能包括明星及某範疇的名人。KOL 的受眾通常有特定的年齡層、性別或興趣，例如育兒、美容、潮流裝搭、烹飪斗，都各有相對應的一群 KOL，而且通常一個 KOL 只會專注一個範疇。因此，品牌在投放廣告資源時，必須分清楚 KOL 和網紅的差異。

　　而隨著雲端服務越來越強大、相對使用成本越來越低廉，過去由品牌商委託 KOL 直播的模式也開始產生變化。透過雲端服務，擁有大群粉絲關注的特定 KOL 可以創造快時尚服飾業的 SPA（Specialty Retailer of Private Label APParel）模式。參考智庫百科，SPA 模式是一種企業全程參與商品（設計）企劃、生產、物流、銷售等產業環節的一體化商業模式，是「全程參與」而不是「全部擁有」，能有效地將顧客和生產聯繫起來，以滿足消費者需求為首要目標，通過革新的供給方式以及供應鏈的整合和管理，實現對市場的快速反應。SPA 模式中，最接近消費者的零售商扮演供應鏈的發起角色。當 KOL 的信任及對目標顧客需求的了解可以轉化為商品的採購、設計甚至生產、供應時，KOL 就可能透過直播電商創造出其自有的品牌。以下將介紹臺灣的一個 KOL 案例。

三　案例三：阿榮嚴選

（一）營運模式介紹

　　陳昭榮是臺灣一位知名的藝人，在接受 ETtoday 新聞專訪時表示，2009 年部落格流行時，他的好友葉全真（也是知名藝人）在網路上貼了一則面膜的分享文，沒想到按讚人數高達 100 多萬，讓他萌生開電商的念頭。但在經營兩年以

後，雖他發現每年營收雖然高達新台幣 6,000 萬元，但賺到的錢都用在支付傳輸費用，等於幫電信公司打工。因此，在 2011 年到 2015 年，陳昭榮轉做代購和直銷健康食品、保養品，而這 5 年的經驗種下了直播電商的種子。陳昭榮表示：「因為每次直銷上課，所面對的是 700 名群眾，而這些群眾延伸出去可達 10,000人，這就是直播的概念。」當 2016 年臉書直播崛起後，解決傳輸費的支出問題，因此陳昭榮希望透過直播經營電商。

陳昭榮在進行市場評估以後，決定選擇電商較弱的肉品與水產切入（與盒馬鮮生相同），首先找到宜蘭福國水產合作，提出「直播賣海鮮」的概念。一開始並不被對方看好，幾經多次溝通，最後決定主打「挪威鯖魚」，並與福國一起去挪威談定鯖魚生意，第一次就訂購了 8,000 噸，以「阿榮嚴選」頻道進行直播，一炮打響名號。根據陳昭榮表示，目前臺灣每年吃進口鯖魚 28,000 噸，其中挪威鯖魚不到 10,000 噸，阿榮嚴選就掌握了 53% 的市場，而這個直播電商事業，就是從鯖魚市場為核心，再延伸到美福肉品、蝦、水果和生活用品等，相信在電商市場能跟大業者一較高下。

（二）模式延伸

2018 年 6 月，「阿榮嚴選」正式建立專業攝影棚。根據網路編輯涼鹿的報導，此攝影棚在軟硬體設備及燈光安排上，十分重視呈現效果，現煮、現吃、現切全在直播棚完成，邊吃邊與網友互動討論、拉近距離，創造共享體驗。「Facebook 直播只是一個起點。」陳昭榮對於未來五年的規劃輪廓很清晰，希望從「阿榮嚴選」直播頻道出發，2019 年預計新增完成「時尚嚴選」、「生活嚴選」、「旅遊嚴選」四個直播購物頻道，透過 Facebook 直播走向全世界。

（三）關鍵成功因素

1. KOL 的知名度：取名「阿榮嚴選」就是讓觀眾可以直接聯想到「陳昭榮」這個品牌。特別是曾經有本土劇一哥稱號的陳昭榮，其親和力十足及樸實的形象，深受掌握家中食材採購大權的主婦喜愛。

2. 誠實與互動：陳昭榮依據過去的電商經驗，相當清楚關鍵成功的要素，他認為透過直播賣產品，不是賣「口才」，而是賣「誠實」和「互動」。他也在受專訪時表示，電視購物與消費者是有些距離的，很多時候購買產品，後端的問

題及服務無法即時被處理，但直播電商導購就不同。「把電視購物的模式搬到直播上，並即時替消費者解惑。」這就是「阿榮嚴選」的特色，誠實面對消費者，避免電視購物那樣照流程的 SOP 介紹，而是展現真誠意，做到真正的拉近品牌與消費者之間的距離。秉持誠實至上與認真的原則，陳昭榮把每次直播時面臨的問題都記下，變為「QA 問答」的一部分，要求每位直播的同仁都得熟記，直播時，碰上不合理的要求，陳昭榮會選擇有話直說，讓網友知道原因及困境，這比起公關回覆要來的有效果。逐漸累積「阿榮嚴選」品牌聲量後，退貨率開始持續下降到 0.8%。

3. **透過回饋強化 KOL 的品牌形象**：所有的經營都能與 KOL（陳昭榮）的品牌形象一致，同時經由回饋更加強化品牌價值，所以「阿榮嚴選」就成為一個品牌，透過後續供應鏈的參與，逐步建立 SPA 的模式。

（四）未來面臨問題

1. **供應鏈整合與管理**：未來會有更多的 KOL 品牌出現，但如同「阿榮嚴選」一樣，直播電商的直播部分是他們的強項，但後續供應鏈的整合就是他們的弱項了。隨著規模的增加，供應鏈的管理困難度會倍增。雖然各直播平台也提供了許多金、物流的雲端服務，但是除了系統以外的管理經驗，是這些 KOL 品牌一定會面臨的問題，團隊建立及人才引入將是關鍵因素。

2. **大型通路的競爭**：目前「阿榮嚴選」可以在少數的利基市場建立品牌，但這些成功的經驗也容易被大型通路商學習，屆時這些競爭者將挾著新零售的優勢，讓「阿榮嚴選」面臨更嚴峻的挑戰。

第三節　結語：從目標顧客需求出發的智慧零售

「科技始終來自人性」，隨著科技的飛速進步，從 2018 年開始，我們逐漸發現經濟模式的創新又回歸基本：目標顧客的需求。企業開始思考的不只是科技能做什麼，而是科技能解決什麼問題。本文所討論的各種模式，都環繞著顧客的差異化需求。所以近期，我們可以觀察號稱要在 2020 年「打敗星巴克，改當中國第一連鎖咖啡店」的「瑞幸咖啡」，來驗證體驗價值的重要性。

瑞幸咖啡已於 2019 年 5 月 17 日於美國上市，第一天收盤價為 20.38 美元，上漲近 20%。號稱以「技術驅動新零售模式」，在 2017 年 10 月才設立第一家門店，並於 2018 年 1 月開始試營運，根據數位時代報導，截至 2019 年 3 月底，瑞幸咖啡共設立了 2,370 家門店（相當於每 5.5 個小時開一家店）。之所以關注瑞幸咖啡，不是因為快速的展店，也不是因為鉅額的虧損，而是他們的模式並非真正的新零售模式。實際上，其門市只能算是區域物流中心，並未提供深刻的體驗服務。因此，瑞幸咖啡究竟是炒短線的資本遊戲案例，抑或是全新的新零售模式，的確值得基本面派企業持續關注。當然，2019 年 5 月 21 日，星巴克中國的「線上點，到店取」服務——「啡快 Starbucks Now」（以下簡稱「啡快」）在北京、上海兩大城市的代表性商圈門店率先上線，這一來星巴克會員專屬服務至今已覆蓋京、滬 300 家門店，並計畫逐步推廣至全中國大陸。相對於瑞幸咖啡，我們也預期重視服務體驗的星巴克將推出不一樣的新零售模式。

而在臺灣，雖然許多專家學者認為，由線上電商併購線下實體連鎖集團的可能性不高，主要原因在於臺灣的線上電商規模不夠大。但印證本文的推論，重點不在於誰併購誰，而是在於誰能滿足消費者的需求。臺灣獨有的便利商店服務，可以挾其實體門市的規模優勢，快速推動線上電商的服務。以全家超商為例，全家捨棄過去以實體貼紙集點的行銷方式，也放下過去投資上億的會員資料成績，自 2016 年重新推動利用 APP 綁定手機建立會員制度，至今累積 800 萬會員，會員來客占比近 25%，營收占比卻高達近 35%。全家會員暨電商推進部部長王啟丞表示，「會員制是想要建立生態圈。顧客會因為需要而加入生態圈體系，而不是用送你東西來獲取下載。」這話不是空談，2016 年以後的全家會員幾乎都來自於消費者「主動」下載，表示這個會員機制的確滿足某些「需求」，解決部分「痛點」。透過會員制度再深入尋找消費者還有哪些痛點，透過不斷的補足痛點、滿足需求的模式，累積更多超級用戶，有效挹注企業成長動能。而在統一超商無人店、全家科技概念店之後，萊爾富則攜手工研院，在經濟部智慧商業計畫支持下，耗時半年打造全台首家智慧科技店，於 2018 年 11 月底悄悄亮相。該店主打 7 大科技應用，包括盤點自走車、材積辨識、電子標籤、熱區偵測、人流偵測、人臉辨識與互動看板，主要目的在於降低店員勞務負擔、提高消費者科技體驗與便利。

此外，盒馬鮮生 CEO 侯毅在設計其實體門市的服務體驗時，也提到臺灣的

上引水產，這家前身是濱江漁市的創新複合水產店，是否也能發展出獨特的新零售模式？又臺灣快速崛起的路易莎咖啡，在快速擴張的同時，如何打造線上與線下的服務體驗？檢驗的最佳方式，就是回到企業經營的本質，設定目標顧客，找出符合其生活消費型態，並與主流經營型態區隔的新商業模式，就是掌握了具備人情味的「新」經濟脈動。

CHAPTER 10 新經濟（新世代）消費結構與購買行為

靜宜大學資深策略副校長、國際學院院長、臺灣大學國企系行銷教授／任立中講座教授

第一節　前言

　　今年（2019）7月30日金管會宣布通過三家國內純網路銀行執照，在可預見極短的將來，臺灣消費結構與購買行為將會持續產生巨大變化。隨著物聯網（Internet of Things）的逐步擴散和以5G為首的資通訊技術進步下，全球消費經濟及消費模式將一如過去持續不斷創新與演化。特別是在以大數據時代爆發以來的產業環境，創新驅動的新經濟不斷地重塑消費者的消費或購物新行為；而此新行為又進一步影響或決定了業者的創新研發方向。在新科技發展及數位基礎建設的日益完善下，從供需兩個不同角度，確有相似的衝擊：

　　1. 從供給面而言，讓許多「數位企業」（如純網銀）的重要性漸增，其營運不僅打破時間與空間的藩籬，並創造出多種新型態的工作方式（例如：數位媒體、數位公關等），使經營更具備運作靈活、彈性及高效率等特點。

　　2. 從需求面而言，讓許多「數位消費」（如純網購）的重要性漸增，其消費不僅打破時間與空間的藩籬，並創造出多種新型態的消費方式（例如：數位口碑、數位支付等），使消費更具備運作靈活、彈性及高效率等特點。

　　如此「供給塑造需求」、「需求刺激供給」的共生互動循環的生態系統，將成為推動全球經濟巨輪前進和發展的主要動力。全球新經濟消費結構與購買行為進入全新並快速蛻變的時代，企業如何在此瞬息萬變、動盪的競爭環境中，保持優勢地位及營運成長之續航力？企業不僅僅要持續關注於品牌行銷力（Branding and Marketing Capability）的培養，透過「動人心扉」（Touch people's souls）的行銷策略，以確保價值專屬化（Value APPropriation）所獲取的品牌行銷利潤；更必須投入更大的資源於行銷研發（R&D in Marketing），培養企業數位分析能力（Digital and Analytics Capability），以增強價值創新（Value Creation）的能耐，達到真正能「洞人心扉」（Read people's mind）的創新策略，才能掌握住未來市

場的脈動，維持競爭優勢地位及營運成長之續航力。

　　本章針對新經濟（新世代）下之消費結構與購買行為的改變與新趨勢進行深入探討，期能對於政府政策制定與業者策略發展有所參考。本章之架構安排如下：第二節將首先從供給面角度，探討目前業者面對與消費者溝通互動的即時性、接觸型式的多樣性、內容行銷的個人化等趨勢特性，如何透過虛實整合策略，改變消費結構及購買行為。第三節則從需求面角度，探討消費者如何受到現代資通訊新科技影響，其生活模式的改變與消費習慣的重塑。第四節與第五節將分別介紹國外經典案例與我國指標性個案。最後，第六節為總結與展望。

第二節　賣場虛擬化、網路實體化、消費個性化

▶▶ 一、賣場虛擬化

　　傳統通路以實體賣場為場域，不斷地透過硬體設施的創新設計，讓「體驗行銷」（Experiential Marketing）的精髓更上層樓，打造消費過程的新體驗。過去十年，世界各主要城市（如杜拜、倫敦、紐約等）無不以興建更大、更新、更奇的購物中心（Shopping mall），招攬更多的本地消費者與國際遊客購物。以新加

圖 10-1

圖 10-2

圖片來源：https://www.futureview360.com/2019/04/29/jewel-changi-airport

圖 10-1 及 10-2　寶石樟宜機場 Jewel Changi Airport

坡樟宜機場的 Jewel Changi Airport 為例，它於 2019 年 4 月 17 日開放，綜合購物中心大樓總建築面積 135,700 平方米，占地 10 層，地上 5 層，地下 5 層。除擁有 300 個零售和餐飲設施和連結航空交通運輸之外，還包括一個世界級的景點：HSBC Rain Vortex，這是高達 40 米世界上最大的室內瀑布；一座花園：森林谷，跨越五層的室內花園；和位於最頂層的 Canopy Park 酒店，設有花園和休閒設施。

　　而此種傳統經營模式近年來有兩個新的方向發展。勤業眾信《2019 零售力量與趨勢展望》報告指出，儘管全球前 10 大零售業名單在過去 1 年並沒有變動，但自 2018 年起，全球零售業市場仍發生了許多關鍵轉變。譬如以電子商務起家的亞馬遜（Amazon）已躍升兩個名次，成為全球前 5 大零售商。同時，長年位居零售榜首的美國傳統賣場沃爾瑪（Walmart），也已成為全球第 3 大電子商務零售商。零售巨頭紛紛以不同方式擴張業務版圖，透過線上與線下通路，全面加速轉型。這代表著「賣場虛擬化」的第一個發展方向，稱之為「外部化策略」（Outside Internet）。也就是說在舊有的實體賣場之外，另加網際網路業務。此時，線上與線下在策略意涵上，代表著兩個不同的市場區隔，企業試圖採用不同經營模式去因應或是回應兩個不同市場區隔的消費者需求。

　　此種近似涇渭分明、一分為二的行銷商業模式隨著消費型態的融合，

　　　　　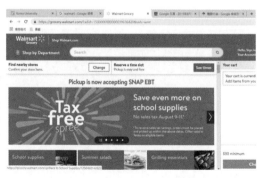

圖 10-3　　　　　　　　　　　　　圖 10-4

圖片來源：https://www.wsj.com/articles/walmarts-online-sales-growth-slows-1519129573
　　　　　https://grocery.walmart.com/?adid=15000000000000039636420&veh=wmt

圖 10-3 及 10-4　美國傳統賣場沃爾瑪（Walmart）

企業進行第二種「賣場虛擬化」的發展方向，稱之為「內部化策略」（Internet Inside）。也就是將資通訊的最新科技載入至實體賣場中，以增強或創新消費者的體驗。類似網頁上的置入式廣告策略，如橫幅（banner）式、彈出（pop-up）式等訊息；在實體賣場中，業者融入資通訊新科技，隨著顧客在賣場中的移動，透過現場環境的設施，如購物車上的螢幕、消費者的手機等，即時推播出去，以告知、提醒、推薦，或觸動消費者的購買慾望與行為。例如在 2017 年 7 月，全臺首家智慧零售量販示範店在桃園開幕，打造首間智慧零售店的應用雛型。業者表示，希望加快智慧零售發展腳步，提供更多行動化服務。在導入了多項結合物聯網技術的應用服務，包括門店客流分析、Wi-Fi 室內定位、推播服務、室內空氣品質管理、滿意度調查，以及數位看板等應用，來縮短顧客排隊等待時間，以及提高消費者體驗和滿意度。

從「外部化策略」到「內部化策略」的過程，代表的不僅僅是企業將賣場虛擬化的一種商業模式轉變，更重要的是經營哲學或思維的一種演化歷程。基本上，「外部化策略」的經營哲學思維是一種「被動式行銷策略」（Reactive Marketing Strategy）。簡而言之，當消費者需要能從網路上購得物品，方便取貨；則業者為了回應此一區隔市場的消費需求，便架設一個網站以滿足顧客的需求。此種被動的、回應式的行銷思維，即是所謂「被動式行銷」的策略思維與手

圖片來源：https://www.ithome.com.tw/news/115782

圖 10-5　家樂福全臺首家智慧零售量販示範店

法，屬於傳統市場區隔策略的應用。然而，「內部化策略」的經營哲學思維則是一種「主動式行銷策略」（Proactive Marketing Strategy）。因為業者在原有的賣場場域中，利用資通訊新科技，主動的引導、誘發顧客的消費行為，進而重新塑造新的消費型態，甚至改變消費決策準則。此種策略的成功關鍵因素，在於業者精準地執行各項告知、提醒、推薦或觸動消費者的購買慾望與行為，而精準行銷的核心在於能否精準地預測出誰要買（Who）？以及何時買（When）？也就是目標顧客（Target audience）的選取；以及購買時機（Purchase timing）的預測。唯有當消費者適時的接收到息息相關的資訊時，才能增強其消費體驗及滿意度。

▶▶ 二、網路實體化

一如過去幾年賣場虛擬化的發展，純網路業者的發展也有二個面向：一是開實體店面；二是在虛擬世界中導入 VR 科技（virtual reality 虛擬實境）以增強消費者的類實體感受。

面對著實體賣場通路業者大舉進軍電子商務通路，搶食網路零售大餅的競爭情勢；純網路零售業者亦採取了相對應的反擊策略，跨足實體賣場通路。其中最令人矚目的案例當屬以電子商務起家的亞馬遜（Amazon）開設實體賣場。亞馬遜近年已陸續針對特定商品類別在美國開設實體店鋪，包括 17 家實體書店、10 家 Amazon Go 無人商店、2 家 Amazon Fresh 生鮮取貨門市，以及超過 470 家全食有機超市（Whole Foods）。2018 年 9 月亞馬遜在紐約蘇活區開設的最新實體商店 Amazon 4-star 開幕，4-star 意指專門銷售亞馬遜網站上評價 4 顆星以上的暢銷商品，是亞馬遜拓展實體零售通路的最新策略。

在臺灣也有類似的發展。自 2013 年以後，一家家的電商網路品牌紛紛進駐臺北市繁華的東區，包括小三美日、I' MIUSA、QUEEN SHOP、starMIMI、Oh my girl、UDI、Simple MiXi、OB 嚴選等，網路賣家聚集成熱鬧商圈的景象。

依循前述「賣場虛擬化」相同的理論架構，此一「網路實體化」的第一個發展現象，也是屬於所謂的「外部化策略」（Externalization Consumer）。也就是說在傳統的電商平台之外，另加實體賣場通路的業務。因此，對於這些原本純電子商務的業者而言，線上與線下在策略意涵上，代表著兩個不同的市場區隔，企業試圖採用不同經營模式去因應或是回應兩個不同市場區隔的消費者需求。

圖片來源：https://www.amazon.com
　　　　　https://303magazine.com/2018/11/amazon-4-star-denver-location/

圖 10-6
亞馬遜（Amazon）網站

圖 10-7
亞馬遜（Amazon）開設實體賣場

此種一分為二的多元通路策略的行銷商業模式隨著消費型態的融合，電商業者進行第二種「網路實體化」的發展方向，亦即網路平台經營的「內部化策略」（Consumer Internalization）。也就是將資通訊的最新科技載入至網路平台中，以增強或創新消費者的體驗。傳統網頁上的置入式廣告策略，如橫幅（banner）式、彈出（pop-up）式等訊息，雖然仍十分普遍、隨處可見甚至氾濫，但是其效益逐步降低卻是不爭的事實。因此如何透過虛擬實境技術，在一方螢幕中，讓消費者似乎身處在實體賣場中，身歷其境般的跟所欲購買的商品產生互動，讓原本在實體賣場中才能翻閱（書類）、試穿（衣服）、試戴（珠寶）、試妝（彩妝保養品）、試用（3C 產品）、看屋等等的消費購物體驗，也能在冰冷冷的網路平台上體現出來，以增強消費者對網路的黏著度（customer stickiness）。在這個過程中，電商網路平台的系統不斷地透過各式更有溫度的、更精準地告知、提醒、推薦、或觸動消費者的購買慾望與行為，進而提高其顧客忠誠度（customer loyalty）。

絕大多數消費者購買決策過程中，都會做事前的體驗，並將此體驗之心得記憶在腦中，做為與下一個商品選項評比的重要資訊，然後做成決策。此種模式稱之為「以記憶為基礎的購買決策」模式（Memory-based decision model）。然而記憶經常會受到許多因素影響而失真。網路實體化的內部化策略正是一個解決方案。下圖所示二例即為此內部化策略的案例。左圖（圖 10-8）為 Amazon 將書

籍製作成可以翻閱的形式，將一本書中的若干頁面讓讀者嘗鮮，試圖比擬在實體書店裡，讀者可以沉浸在書架前翻閱有興趣的書籍，經過關聯推薦機制，消費者更可以非常輕鬆的在網頁中翻閱、比較相關書籍的差異，以決定是否購買。右圖（圖10-9）為信義房屋的網路平台中，透過3D互動的技術，讓購屋者能如親臨住屋內，環視所有的屋況，而不像傳統決策情境中，著重於依靠記憶對不同住屋評比。這便是重塑消費者購買決策行為的主動式行銷策略的核心思維。

經營電商平台的業者從「外部化策略」（Externalization Consumer）到「內部化策略」（Consumer Internalization）的過程，代表的不僅僅是企業將網路實體化的一種商業模式的轉變，也是經營哲學思維的一種演化歷程。一如實體賣場業者的戰略演化：「外部化策略」的經營哲學思維是一種「被動式行銷策略」（Reactive Marketing Strategy）。簡而言之，當消費者仍希望享受逛街購物的樂趣，追求享樂型價值（Hedonic Value Seeking）的體驗時，網路業者為了回應此一區隔市場的消費需求，便開設一個實體店面以滿足顧客的需求。此種被動的、回應式的行銷思維，即是所謂「被動式行銷」的策略思維與手法，屬於傳統市場區隔策略的應用。然而，「內部化策略」的經營哲學思維則是一種「主動式行銷策略」（Proactive Marketing Strategy）。因為業者在原有的網路平台中，利用資通訊的新科技，主動的引導、誘發顧客的消費行為，進而重新塑造（reshape）新

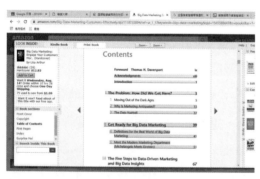 

圖片來源：https://www.amazon.com/Big-Data-Marketing-Customers-Effectively/
http://buy.sinyi.com.tw/theme/3dvr/NewTaipei-city/all-zip/pro3dvr-other/price-asc/1.html

圖 10-8
Amazon 將書籍製作成可以翻閱的形式

圖 10-9
信義房屋的網路平台

的消費型態，甚至改變消費決策準則。此種策略的成功關鍵因素，在於網路平台業者以 VR 為核心技術所設計的系統（譬如穿衣、化妝、看屋等等），在與消費者互動過程中，能否精準地執行各項告知、提醒、推薦、或觸動消費者的購買慾望與行為。所以，這種系統的成敗便在於能否精準地預測消費者的偏好以及其購買習性。唯有當消費者適時的接收到息息相關的資訊時，才能增強其消費體驗及滿意度。

▶▶▶ 三、消費個性化

不論是賣場虛擬化，還是網路實體化的發展，在經過「供給塑造需求」、「需求刺激供給」的共生互動循環，以消費者為核心的全通路虛實整合，成為推動業者前進和發展的主要動力。不管是哪一種 O2O，「線下到線上」（Offline to Online）還是「線上到線下」（Online to Offline）；也不管是「被動式行銷策略」思維（Reactive Marketing Strategy）還是「主動式行銷策略」（Proactive Marketing Strategy）作法，很大的成分仍然以企業本身資源優勢與營運組織為出發點，來回應或重塑消費者需求。因為當談到虛實整合的時候，過去的發展其實著重在「通路組合」（channel mix）的思維與操作。若是真正以消費者為中心，就必須砍斷虛實間的界線，也就是說根本無需特別強調虛實的型態。

早在六十年前，行銷學者 Levitt（1960）就已經對企業界行銷實務工作者提出行銷近視病（Marketing Myopia）的警語，他曾說過一句名言：「People don't want quarter-inch drills. They want quarter-inch holes.」（消費者並不在意何種鑽孔機，他們只需要牆上要有一個洞）。為了解決消費者需求或問題，往往不是單純的依靠實體通路或是虛擬通路；因為消費者其實並不太在意在何種通路獲得，只要能解決他們的需求即可。所以，我們要的不僅僅是通路組合，更重要的是一種「通路融合」（Channel Fusion），亦即實中有虛、虛中有實，融合虛實通路中能滿足或塑造消費者購買行為的機制；而非關注在經營形式上的整合（行銷近視病）。如果業者即使擁有了實體賣場和電商平台，卻無法融合各自的功能，以滿足消費者需求為依歸，則代表著這家業者不過是擁有多元通路（Multi-Channel）的營運模式而已。

為了達成多元通路經營模式之融合與提升，並與之前的 Multi-Channel 名稱

有所區別，在美國行銷實務界出現所謂的「全通路」（Omni Channel）的模式。雖然 Omni 也是全覆蓋、跨界的意思，但是不同於多元通路的平行發展概念，其精神更強調以消費者為中心的通路融合與交錯。此時，通路一詞也不再侷限於實體配送通路（Physical Distribution and Channel）的範疇，更擴大至包含溝通傳播通道（Communication Channel）的融合與交錯。所以，此種審視消費者隨機自發性需求（Spontaneous Demand）的觸點（contact points），產生連鎖式精準地執行各項告知、提醒、推薦、觸動或解決消費者的購買慾望、決策、或行為的全通路模式，稱之為「行銷 4.0 之連鎖式行銷典範」（Chain-reaction Marketing Paradigm）。

因此，當馬雲提出「新零售」的概念時，宣告「純電商」以及「純實體」銷售時代已終結，O2O 思維逐漸式微，其內涵正是此種連鎖式行銷的思維與作法。新零售著重於「賣場虛擬化」及「網路實體化」的融合，深度結合會員、商品、支付等環節，透過數據納入各式觸點場景，帶動零售科技應用熱潮，搭配電商、APP 與社群媒體等運用，進而創造出新商業模式形成新零售生態系，帶動服務業轉型。

消費者隨機自發性需求的觸點反映了消費個性化的二大特性：異質性（Heterogeneity）與動態性（Dynamic）。亦即需求種類的異質性與需求發生的動態性。譬如，一位典型的上班族消費者在搭乘捷運中，看見車廂內的健身廣告，刺激他覺得今晚應該來個減肥或健康大餐。於是用手機掃了 QR 碼，獲得業者所推薦的健康大餐的作法與材料，然後連結到超市網頁放入購物籃中。下班後去超市領取已經採買好的食材，順便買了一瓶紅酒及一些日用品。經過一個月後，根據電子發票累積的交易紀錄，他獲得一份報告指出這個月卡路里消耗量有降低的趨勢但酒精消費量有遞增的趨勢。而此份報告已轉知他的家庭醫師作為日常健康報告的參考資訊。年終時系統建議他可以拿這份日常飲食健康報告與保險公司商談壽險保費的調整。

以上的觸點包含了捷運、超市、家醫、保險公司，再加上手機、網路、大數據資訊系統等，更是連結到許許多多各項商品的消費行為，這種近似類神經網絡的融合系統，當任一觸點一被激活（activate），隨即產生一連串的連鎖反應。在此種連鎖式行銷典範的思潮下，業者針對各式人事時地物（異質性及動態性）之消費需求發生觸點，設定十八套顧客交戰策略（Customer engagement strategy）

的劇本，向消費者提供及時，相關和個性化的資訊。它與其他行銷策略的區別在於個性化元素。內容的相關性使客戶感覺自己才是消費的主體，各項商品及服務都是解決「我」的需求、「我」的問題，或是提升「我」的生活品質。業者如果仍自吹自擂自家商品或服務，消費個性化之下的「我」會認為與「我」何干。

連鎖式行銷思潮之顧客交戰策略的核心，在於業者是否真正能以大數據的蒐集（包含瀏覽過的網頁、瀏覽過的商品、停留的時間、搜尋的關鍵字、社群的發文等所謂的網路足跡）系統支持下，發展精良的分析模型，精準地預測下列問題：

1. 何人？（成百上千萬的消費者是誰最有可能是目標客戶？）
2. 何事？（這名目標客戶正在從事什麼活動？開車？逛街？社交？）
3. 何時？（這名目標客戶需求發生的時間點？現在？一個月後？一年後？）
4. 何地？（這名目標客戶需求發生的地點？線上？線下？家中？通勤？）
5. 何物？（這名目標客戶需求的特性？實用？送禮？享樂？）

精準的預測不僅僅可以成功地滿足消費者需求，增加銷售績效，還可以進一步的讓整個物流系統、存貨管理、生產效能等都可以非常有效率，協助企業大幅降低成本，提升管理績效。然而精良的分析模型，是目前商業服務發展的一大罩門，亦即預測的準確率仍有待大幅提升。雖然網路雲端科技發達，使我們蒐集資料及儲存的成本大幅降低，再加上 AI 的神速崛起，使得我們有更多強而有力的演算法來處理這些資料，以節省許多人力與時間成本。雖然目前就預測效度而言不盡理想，但是 Amazon 與 Otto 等電商公司都相信這個趨勢，認為新零售會改變整個零售業的未來。臺灣 3C 通路燦坤以 CRM 為核心，用店倉合一的概念突破重圍，讓門市扮演小倉庫的角色，使門市店面除了可以讓消費者最快了解產品、體驗產品，也可以利用門市的空間來轉移存貨，提升區域物流的配送效率。

第三節　消費需求與行為的動態游移

以往大板塊的市場區隔理論，在消費個性化的衝擊之下，不斷的碎裂成更細小的市場；消費習性也不再是一層不變，消費觸點無時無刻不斷的被刺激下，

創新策略的生命週期愈來愈短。根據東方線上消費者研究集團（以下簡稱東方線上）針對消費者的結構與購買行為的調查研究結果顯示，消費市場因應科技的快速變化，變動愈來愈頻繁。其中兩大驅動特徵為：(1) 消費者因為網路電商的興起，在實體通路與虛擬通路間產生劇烈的「消費位移」，這樣的位移現象也出現在消費者食衣住行育樂的消費分配上；(2) 基於持續性人口結構的老化、社會經濟的改變，造成消費者的生活價值重新構築的「生活脫構」現象，如婚姻觀、成功價值觀、工作觀、生活觀的變化等，都將影響社會中的每一個人，進而影響著以人或是以家戶為單位的消費市場。依據東方線上的研究指出，2019年臺灣消費市場有三個重要的重組特色，是未來商業服務實務工作者必須特別注意：

▶▶ 一、生活重心的重組

　　根據東方線上的調查指出，臺灣有高達 72% 的消費者，認為工作僅是賺取生活的花費，以及 71% 的人認為下班後的生活才是他們的人生重心。對於工作外的配置時間，現在的消費者相較五年前更為忙碌，在高度運用自己的下班時間的忙碌生活下，卻有七成（69.8%）的消費者表示享受自己一個人不受打擾的獨處時間。這種「關機」狀態的所造就出來的「單身經濟學」，表現於兩股互相推動的力道，一是電玩遊戲由年輕往年長年齡層的移動，另外則是對於生活興趣的培養，也有逐漸年輕化的態勢，不再是有時間閒暇的年長者專屬的嗜好活動。不婚主義越來越盛行，就算結了婚但不生養子女，使得少子化現象更是雪上加霜。面對這種趨勢，業者必須重新思考消費者隨機自發性需求的觸點（譬如一個人的飲食、休閒、旅遊、交通；一個人的寵物伴侶、3C 用品、運動健身、充電培訓等等）及其相應而生的教戰策略。

▶▶ 二、虛實生活的重組

　　網路社群的威力在過去幾年來的蓬勃發展，似乎開始轉向了。根據東方線上資料指出臺灣消費者已經發生「社群鐘擺」的傾向，亦即消費者不論是在瀏覽、更新的頻次都有下降的狀況。而 PO 文的內容更以文字敘事型轉換為直觀圖像的

呈現。甚至在心態上，對於網路的人際功能期待逐漸弱化，回歸到網路本身實際功能導向，譬如強調利用網路的便捷性、滿足工作上的必要使用；而逐漸不太重視網路論壇上的口碑建議。調查中也明白看到社群鐘擺的發生原因是有近 60% 的受訪者認為網路社群上的內容愈來愈無聊，甚至在 PO 文的時候考慮很多，對 PO 文的動機或動力降低。而社群鐘擺的現象反映在實際的消費行為決策上，消費更傾向相信真實親友的回饋，而非廣大網友的意見。社群口碑（eWOM）威力減弱，網路上陌生網友的回饋與推薦重要性不及消費者自己的信賴圈，諸如親友實際的使用推薦，或是真正信賴的專家建議。因此，業者如何能透過精良的分析模型，以精準地預測消費者所需，給予適切的推薦，才能面對消費者越來越精明、購買決策越做越快、過濾資訊越來越沒耐性等趨勢。

▶ 三、消費習慣的重組

從東方線上歷年追蹤的調查資料來看，消費者對於各實體通路的造訪率逐年下滑，但過去一年曾經在網路上購買商品的比例卻突破了網路購物的高原期，在最新的調查中來到了 45%，過去一年的網購次數也大幅增加。值得注意的是：消費者對於實體通路的態度轉趨功能性的滿足購物需求。調查中指出，有 60% 的消費者認為沒有明確要買的東西不會特意出門逛街，僅有 40% 的消費者認為閒著沒事逛逛也是一種樂趣；75% 的消費者會因為商品促銷及折扣活動而上街。環保消費、綠色行銷的潮流，亦大大的改變消費習慣。綠色環保已逐步進入消費者決策準則的條件之一，其權重也有越來越重要的趨勢。一次性使用產品受到來自政府政策的限制，更推波助瀾地型塑出新的消費習慣。再生循環利用、珍惜地球資源的消費觀念，促使業者重新構思生產策略與售後服務模式，與消費市場的溝通方式、媒介、品牌樣貌與訴求，亦須靈活調整以因應市場變化。例如便利商店除了傳統「便利購得」的利益訴求之外，朝向以消費者家中的「暫存儲物空間」為附加服務自居；購物中心不僅僅是一次購足的購物場所，更以休閒娛樂的「主題公園」提供獨一無二的消費體驗。企業品牌必須朝向不同的消費場域（虛實通路）、消費場景（體驗行銷）、消費價值（永續共生）來提供消費者服務，才是未來面對不斷重組變化消費市場的關鍵成功因素。

第四節　國外經典案例

▶▶ 一、Amazon Dash

在新經濟消費結構與購買行為的策略中，網路商店與實體商店彼此平行的典範並不存在。虛中有實、實中有虛，代表著將實體（網路）空間鋪設通路，並將在實體（網路）空間中的購物行為，帶進網路（實體）商店裡。Amazon Dash 的概念便是一個很好的典範。這是亞馬遜（Amazon）最初於 2015 年愚人節前一天發表的產品，當時市場以為是個玩笑性的創意產品。但是想像化成現實，成為最早物聯網購物應用之一。Amazon Dash 一推出時，就有十幾個知名品牌加入該實驗性產品行列，包含拋棄型抹布、清潔劑、洗衣精、衛生紙、影印紙等消耗性的日用品，讓消費者在家中或辦公室一按按鍵，自動完成下訂、隔天送貨到府。

Amazon Dash 雖然形式上以網路商店為據點，但引導顧客進入網路商店的觸點卻存在於實體空間。亞馬遜以消費者的痛點為出發點，提供消費者解決方案為

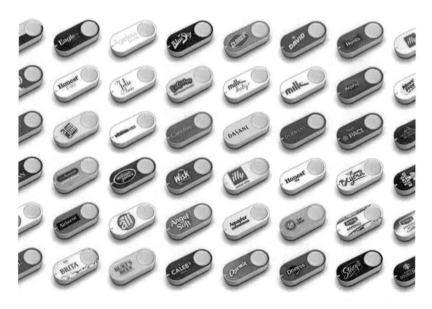

圖片來源：The Best Amazon Dash Buttons of 2019,https://www.lifewire.com/best-amazon-dash-buttons-4137814

圖 10-10　把通路的觸點連結至消費場景與時點

目標，將消費決策場景從賣場貨架前，移轉至需求或痛點發生的場景（如在家中洗衣機旁）；同時將購買決策時間點，貼近至需求或痛點發生的當下，幾近零時差。如果我們將此特定的時空背景之下定義為一個「市場」的話，這個 Dash 就變成在這個市場中的獨占業者了。這不是所有品牌商夢寐以求的競爭優勢嗎？換句話說，服務的重心已經不再是「顧客在哪裡購物」的問題，而是「如何連結顧客需求發生的時間與地點」。亞馬遜跳脫傳統的網路及實體通路據點的窠臼，採取以消費者為核心的思維，結合品牌商品的功能，突破通路形式的束縛。

由於時代的汰舊換新與科技的日新月異，2019 年亞馬遜宣布停售 Amazon Dash，但是仍會繼續支援給擁有此產品的用戶。停售主要原因是網路上已經有愈來愈多自動訂購機制，來因應重複性日用品消費。而亞馬遜自己也有 APP 數位式的 Amazon Dash 按鍵，讓會員購買消耗性日用品。另外，語音購物與智慧家居，會是亞馬遜下個在消費者家中的重心。智慧語音助理 Amazon Echo，能讓消費者用對話來搜尋產品、下訂單等，語音購物被視為下一個刺激家中消費的購物方式；以物聯網為中心的智慧家居，則是透過連網的洗衣機、洗碗機等，自動偵測空缺的日用品，並幫用戶上網再次購買。這些形形色色高科技的背後其實都環繞在「如何連結顧客需求發生的時間與地點」為核心，融合虛實通路於消費觸點。

▶▶ 二、Netflix

一如柯達軟片被數位相機的洪流給衝垮；百事達（Blockbuster）從全盛時期擁有超過 9,000 家的影碟出租實體門市，擁有 5,000 萬名用戶的領導品牌地位，亦在數年間被數位匯流逐步發展的新業態橫掃出影音市場的競爭。網飛（Netflix）順應數位科技所形成的消費結構與購買行為的大遷移，掌握住大量消費群眾由原本在不同實體活動地點間的移動，轉換成各式不同屏幕間的眼球轉移（電影電視螢幕；到電腦網路遷移至行動網路）。隨著各式各樣嶄新數位匯流科技的推波助瀾，許許多多新型態的商業模式孕育而生，形形色色的虛擬服務展現出充沛的活動力，在數位科技的驅動下，不斷創新塑造新經濟時代下消費者的行為模式，搶占傳統商業的原始棲息地，完勝傳統企業。

現在 Netflix 已經成為全球最大的串流影音平台，觸角拓展到 190 個國家，

2018 年時，付費使用者大幅增加至 1.25 億人次，當有 1 部電影在 Netflix 的雲端平台上架，一轉眼就可以出現在全球 7 億個家庭的數十億台裝置上，如此高的使用率使得該公司的股價大漲，來到 1,640 億美元的新高，超越迪士尼的 1,523 億美元。回首觀察 Netflix 與百視達的纏鬥史可以發現，與其說是百視達公司故步自封，組織內部的傳統門市與線上電子商務兩派權力傾軋、相互掣肘造成最後的失敗，倒不如說是因為 Netflix 專注於消費者隨機自發性需求的觸點成功地成為獨角獸。網飛大獎賽（The Netflix Prize）的舉辦就是一個很好的策略，Netflix 為了尋求最佳的大數據演算法以預測影評及消費者偏好，祭出百萬獎金號召全球學界與業界頂尖團隊，根據所提供的大數據資料庫，進行建模，以尋求最佳的產品（電影）推薦系統。Netflix 的原創影集《紙牌屋》（*House of Cards*）就是以大數據為基礎所策劃出的一部美國政治權謀題材的電視連續劇，於網路上播出後大受歡迎。Netflix 運用數位科技於挖掘消費者內在需求，也就是「洞人心扉」（Read people's mind）的強大數據分析力（Analytic Capability）來了解影音租借的實體世界，使得傳統的 DVD 租借通路全盤消失。

▶▶ 三、UNIQLO

優衣庫（UNIQLO）的數位轉型策略是實體融合虛擬通路的典型案例。隨著智慧手機全方位融入消費者生活的每一個層面，UNIQLO 敏感的覺察到消費者對於數位生活的渴望。因此，UNIQLO 的高階管理階層重新定義公司為一家數位消費零售公司。雖然策略本質依舊是消費零售，但 UNIQLO 動員更多的心力透過各式溝通管道來聆聽消費者的聲音，致力於優化服務流程的感動體驗及支持實體營運的流暢運作，並從市場所獲得的訊息運用在產品開發上，使數位科技成為 UNIQLO 連動「造衣人」與「穿衣人」的重要工具。

UNIQLO 推出結合 AR 虛擬數位體驗的「數位體驗館」，消費者可以看到產品的穿搭推薦，瀏覽商品資訊、會員優惠等資訊。目前市面上的大部分 AR 的功能實現遊戲的嘗試，而 UNIQLO 希望從數位化的客戶體驗出發把賣場實體和增強現實結合，把商品的內容場景和實景結合在一起。UNIQLO 不僅僅提供「線上下單，線下提貨」的售賣方式，更進一步從消費者需求場景出發，開啟「線下下單，線上發貨」的服務方式，實現全場景售賣的快捷便利的服務。經由線上及線

下大數據的蒐集，記錄顧客購買行為、預測其未來的行為偏好，藉以強化公司推估消費者需求的精準度。此外，所有的消費者觸點，尤其是行動裝置的部分，經由使用者介面（User Interface, UI）的改善之後，顧客在線上進行樣式挑選或個性訂製時流程都將更為流暢，智慧圖像推薦則有助使用者快速尋找自己理想中的衣服款式。

除了前台與消費者互動的介面系統設計之外，UNIQLO 引進數位科技的另一個目的在強化顧客訊息的快速流通，公司能夠根據消費者的心聲來靈活調整商品策略，有效縮短新產品的開發流程；過去以月為單位的開發周期將縮短為以周為單位，追趕上主要競爭對手 ZARA 超短周期新產品開發機制。如此，時尚的話語權不再僅僅是由設計師們主觀的認定，而是將其交付於消費者手中，實現消費者賦權（Consumer Empowerment）的新行銷策略典範，創造大量平價的快速時尚。

第五節　我國指標性個案

▶▶ 一、科技便利商店

早期業界曾有一種說法：臺灣的便利商店通路有兩條，一條叫「7-Eleven」；一條叫「非 7-Eleven」。臺灣便利商店的龍頭「統一超商」，於 2019 年 6 月的門市數量約為 5,459 家。然而現今的競爭態勢已經變成「超商雙雄」。另一從眾多「非 7-Eleven」超商業者中崛起的霸主「全家便利商店」，至 2019 年 6 月總計全臺共有 3,406 家門市。攤開過去近 20 年的超商競爭發展史來看，二家公司的共同特點不外乎各式各樣的創新服務。譬如：代收款、代辦快遞、流行性新品開發等等。二家公司彼此相互競爭、相互學習，不斷持續的滿足消費者需求，更是主動塑造都會消費型態新風貌。除了這些創新策略之外，全家便利商店如何能從眾多「非 7-Eleven」超商業者中脫穎而出，並能逐步逼近龍頭？

全家超商聚焦「顧客」的策略也許是關鍵的差異化戰略成功因素之一。2007 年 12 月獨家首創便利商店通路與「HAPPY Go」集點卡之合作模式，開啟便利商店顧客關係行銷（Customer Relationship Marketing）的新紀元。基於會員制度的建

立，累積會員交易紀錄，設計會員相關之服務，打破傳統聚焦「產品」的作法，不斷思考如何增進與會員相關之服務，增加與客戶黏著度及提升客戶忠誠度。經過十年經驗的累積與投資，2016 年全家便利商店會員制再進化，推出 2.0 新制，將全店行銷點數貼紙轉換為 APP 會員點數，以及跨店取貨的加值服務，短短 20 個月累積 460 萬名會員。最新數據顯示，會員客單價高出均值 6 成，會員的營收貢獻度亦從初期的 15% 一路增至 25%。近三年來其會員數已達到 880 萬名，且會員消費占營收三成；其中，15 萬的會員（占 2% 會員）貢獻近一成（約 64 億）的營收。透過分析會員的消費，推算出會員消費喜好、習性，進而提供個人化服務是該超商的目標之一，最終帶領其從「服務零售業」推向「科技零售業」。

▶▶ 二、外送平台服務

「區位、區位、區位」（Location, Location, Location）一直是房地產、零售業以及餐廳等產業開店選址的最高指導原則。這個傳統的戰略思維總是追求著最大人潮（動態性）或最高人口消費密度的地區（異質性），以回應市場消費需求。然而，行銷策略思維典範的移轉，聚焦消費者的意義就是將餐廳的 location 變成消費者的 location。這個的改變將餐飲產業帶來全新的風貌。中央廚房加外送平台，成為「新餐飲」產業。餐廳品牌的建立不再只是侷促在大街小巷之內；而可以透過外送平台的協助，將品牌推廣至更大的商圈。

根據商業發展研究院數位創新系統服務中心的推估，「外送市場」約占整體餐飲市場的 5%。以去年整體 4,500 億元的餐飲市場推算，外送市場約有 225 億元規模。其中，傳統餐飲業者如必勝客、達美樂又囊括大半外送市場。但近年來，有自己外送車隊的麥當勞開始與 Uber Eats 合作，外送平台陸續攻克速食業者的門牆，也讓市場顯得更有可為。科技進步讓這些平台能快速複製商業模式到各地。

外送服務平台的經營模式其實與 Netflix 的創新模式有異曲同工之處。原先百事達的 9,000 家實體門市可說是占盡地利之便（Location）；但是 Netflix 聚焦消費者隨機自發性需求的觸點作為 Location 的基礎，發展店商平台來滿足並刺激消費者購買行為。外送平台服務亦是如此，但是如何吸引店家願意合作上架，願意被電商「抽成」，除了平台曝光度有廣告效果之外，如何透過平台提供的附

加服務，例如透過大數據分析，做到提升業績的具體效果才是關鍵。譬如 Uber Eats 透過數據分析，扮演餐飲投資顧問的角色，透析消費者對特定料理的偏好，建議餐廳開發這些特定料理。另一方面，透過線上客服功能，消費者如果不知道吃什麼，或是想進一步了解，能利用內建的線上通訊系統與客服人員溝通，精良的客服系統可以根據消費者個人偏好的特性，給予最即時的推薦服務。

▶▶ 三、智慧連鎖藥局

比起到處都是的便利商店，高達逾 8,000 家的傳統藥局的規模可說是發展的更早更大。然而面臨數位轉型的新經濟時代需求，這些在社區、鄉間、都會中常見的傳統藥局，卻受限於資源的不足，缺乏創新轉型的動機與能耐。但是就整體市場而言，藥妝市場規模的成長率在近幾年都是高於整體零售業市場的成長。這個現象應該可以歸因於連鎖藥局的興起。一如連鎖便利商店不僅逐步取代傳統雜

單位：新台幣十億元

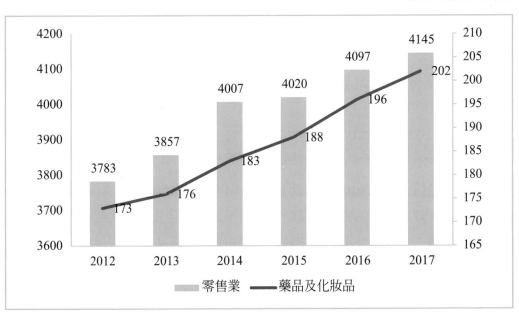

資料來源：經濟部統計處。

圖 10-11　我國零售業與藥品及化妝品金額之比較

貨店，更透過消費型態的重塑，進一步的擴大零售版圖；近年來連鎖藥局也一樣地逐步取代傳統藥局，更重要的是他們能重塑消費者的生活型態，將市場的餅給做大了。

連鎖藥局業者（如：躍獅藥局或大樹藥局）均因為體認數位化經營的轉變，希望利用資通訊技術，將第一線收集的資訊健康資料連上雲端，用大數據驅動的分析，360 度的健康偵測達到全人照護，成為消費者的健康好夥伴。當消費者走入智慧藥局，經由人臉辨識系統能夠用鏡頭進行身分驗證，如有建立社區消費者的會員資料傳到雲端儲存，方便整合先前消費者量測的醫療數據，如血壓和血醣數據，充當數位科技與醫療科技攜手進入社區的灘頭堡。而在醫院端，醫師能看到智慧藥局檢測的結果，消費者便可以將平時的檢驗數據供醫師參考。

為舒緩老化社會中短缺的照護人力，未來躍獅連鎖藥局在民眾服務上更將持續加入有 Chatbot、QRCode 連結用藥安全資訊、OCR 文字辨識等智能服務，不僅符合社會需求脈動，更可帶動 AI 智慧量測、揀藥、衛教等服務創新，帶領臺灣民眾持續走向健康精準的大時代。智慧藥局將傳統藥局轉型成為社區健康顧問，不僅是為民眾的健康把關，也協助推動臺灣健康生活產業服務智慧化，實踐為臺灣醫療產業鏈深入社區服務的責任。

第六節　總結與展望

▶▶ 一、當數位企業遇見數位消費者

面對大數據（Big Data）、人工智慧（Artificial Intelligence, AI）、AR ／ VR 等五光十色、炫目奪人的數位科技時，企業千萬不能迷失而落入行銷近視病的陷阱，以為堆疊一些硬體技術、系統就能贏得市場競爭，而是要設法從消費者的情感連結、核心需求，甚至隨機自發性需求（Spontaneous Demand）的角度來引進數位科技，有效融合線上、線下及實體、虛擬的服務體驗，要讓客戶在搜索、詢問、評估、下單、付款、送貨、安裝、維修等各種可能的觸點（洞人心扉），都能經歷一場令人感動的服務旅程（動人心扉）。科技快速的發展正在重塑消費者對於生活既有模式的思維，更重要的是如何將這些科技所帶來的機會，運用在商

品的行銷，在顧客購物的時點（Timing），創造出獨占的競爭優勢，而不再只是「挑選品牌、選擇通路」如此制式化的決策行為。將來數位企業與數位消費者的結合會讓市場變成充滿喜悅、歡樂、刺激的世界。

▶▶ 二、從商店區位到消費者區位

所謂 Location 的定義不再是商店的區位，而是以消費者為中心的區位。更明確的說就是消費者身上的行動裝置（手機、手環等）以及無處不在的感應器（Sensor）。傳統商圈的概念轉換成以消費者個人活動的範圍為準。從消費者異質性的觀點，我們可以預期當一個顧客經過一間店，他／她的手機會跳出商家的優惠方案，而且是因人而異的內容，因為商家可以藉由過往對於顧客的資料建立，掃瞄出他可能會喜歡的商品，將那些商品推薦、顯示在他的 location 上，亦即手機螢幕上。如此的消費經驗，無需再等到客人進到店面，與店員進行一陣溝通，而是當客人經過店的瞬間，利用這些資訊傳輸到顧客的手機畫面上，主動吸引顧客，不僅達到顧客增添購物樂趣的目的，也使商家行銷更有創意，達成雙贏的局面。當然，在這些改變中，強大的分析模型「Analytic Model」是最關鍵的技術；而追求消費者的最大福祉仍是最高指導原則。

▶▶ 三、從產品生命週期到消費生命週期

在過去企業通常會針對產品的生命週期來規劃新產品開發策略及制定相對應的行銷策略。然而，就現今及未來，基於消費動態性所形成的消費者生命週期將成為主流。就消費者動態性的長期觀點而言，企業要關注消費者隨著歲月的成長，其消費結構與購買行為也會隨之變化的動態。在這個過程中，如何將消費者聲音（Consumer Voice），透過消費者賦權（Consumer Empowerment）的方式，讓消費者可以創造出自己想要的產品，使產品尚在生產製造中便已經銷售出去，決勝於上市之前，將是一大利基。而就消費者動態性的短期觀點而言，消費者在不同的情境所產生的隨機自發性需求是必須加以掌握的。各式虛實融合平台的建置必須要能捕捉及刺激消費者觸點，以完成「供給塑造需求」、「需求刺激供給」的共生互動循環的生態系統，才能成為推動商業服務前進和發展的主要動力。

新經濟（新世代）人才培育與發展

商業發展研究院 / 李世珍副所長

第一節　前言

　　從人才培育的面向，新經濟時代（New Economy）通常意指從傳統製造工業為主的經濟型態，轉變成為以資訊化（Informatization）、全球化（Globalization）、科技化（Technological）為主的經濟型態。如美國經濟學家喬治·斯蒂格勒（George Joseph Stigler）在 1961 年率先提出資訊經濟（Information Economy），他認為：產品資訊的內容會對經濟活動及消費者購買決策產生某部分的影響。因此，資訊經濟主要用來描述隨著資訊活動和資訊工業增加的一種經濟行為。其次是 OECD 於 1996 年所定義的知識經濟（Knowledge-based Economy），指以擁有、創造、獲取、傳播及應用「知識」為重心的經濟型態。其主要以人力資本、知識累積及使用做為主要生產要素，例如，運用新的技術、員工的創新、企業家的毅力與冒險精神，作為經濟發展原動力。知識經濟是超越資本、有形資產和勞動力等傳統生產要素，與農業經濟、工業經濟並列的新經濟型態。最後，全球化經濟（Global Economy）則是指在這個經濟體系中企業可以在世界任何地方籌措資金，接著藉由這些資金再利用世界任何地方的科技、通訊、人力 / 人才與管理等，製造產品或提供服務銷售給世界任何地方的顧客。

　　三者的交互作用下，使得新經濟時代下帶動了現代服務業的發展，產生許多新模式成為新經濟的代表，透過網際網路的推波助瀾，巧妙的讓傳統產業與知識經濟和數位經濟全面結合，產生一連串的數位創新的新模式。根據 OECD 和歐盟統計局之定義，數位創新係指「使用資通訊科技，帶動生產流程、行銷方式或組織行為的變革，進而對生活、就業、生產力等經濟活動帶來機會與挑戰。」根據上述定義，數位經濟包括應用資通訊科技與結合跨領域科技，帶動生產、行銷、商業模式的重大變革。而資訊、通訊科技、數據及相關分析成為重要載具，產品、勞動、法規的鬆綁則成為數位經濟突破的關鍵。這些突破性的發展對傳

統、實體經濟會帶來重大影響，對民眾的生活方式、就業機會和型態、生產力與物價變化，亦有深遠的影響，值得加以關切。

新經濟時代下組織與人才的議題上會產生什麼樣的變化？管理大師彼得・杜拉克說：「如果沒有最終的決策者，一群人永遠不會做出決策。」指的就是傳統經濟時代下的組織型態，組織中的決策會賦予「職位上的領導者」（Position Leaders）來做出決策。而新經濟時代的組織型態不再強調「職位上的決策賦權」，而是賦予員工職責與自由，決策權力由領導者手中交到員工或團隊。此時，人才培育已經不只是重視一項技能或嫻熟一項技術，更是要具備跨界競爭的能力，也是新經濟時代的特徵之一：無邊界競爭。從另外一個面向來說，隨著人工智慧與機器人的發展，也有許多工作恐將被智慧機器所取代，組織必須重新塑造新的業務與新的服務流程，組織的人力資源策略，必須從以「職位領導者為中心」改變成以「人才為中心」。

第二節　商業服務業發展趨勢

掌握了大時代的脈動後，接著探討我國商業服務業的發展趨勢，主要分為三個重要趨勢，包括：現代化商業、智慧化商業及數據化商業的發展。

▶▶ 一、現代化商業

臺灣現代化商業服務業發展可追溯自 1978 年由統一企業與美國南方公司簽約合作，營運「統一超級商店」，接著於 1979 年引進第一家「7-Eleven」，並於 1980 年正式開幕。截至 2019 年 6 月為止，7-Eleven 的展店家數已達 5,459 家。全家便利商店（Family Mart）展店家數為 3,406 家，萊爾富（Hi-Life）展店家數為 1,350 家，OK 便利商店展店家數為 902 家。餐飲業的發展方面，1984 年國際連鎖速食店麥當勞由臺灣與美國合資成立，並將其經營理念 QSCV（Quality／品質、Service／服務、Cleanliness／清潔、Value／價值）引進臺灣帶動餐飲業現代化的發展。

表 11-1　臺灣零售與餐飲業主要品牌發展狀況

品牌	公司名稱	門市數
7-11	統一超商股份有限公司	5,459（2019/05）
FamilyMart	全家便利商店股份有限公司	3,394（2019/05）
Hi-Life	萊爾富國際股份有限公司	1,350（2019/05）
OK	來來超商股份有限公司	902（2019/05）
McDonald	和德昌股份有限公司	396（2018/07）
MOS	安心食品服務公司	258（2017/12）
KFC	富利餐飲股份有限公司	137（2017/10）
SUBWAY	潛艇堡國際有限公司	135（2019/08）

資料來源：本研究整理。

　　近 5 年來，批發、零售、餐飲業產值，除批發業與零售業 105 年微幅下降之外，整體上每年都有成長，其中，批發業家數平均約有 0.29% 的成長率，零售業家數平均約有 2.17% 的成長，餐飲業家數平均約有 4.86% 的成長率。

　　（批發、零售、餐飲相關家數與銷售額數據，請參閱本書第三章～五章內容。）

▶▶ 二、智慧化商業

（一）零售業

　　隨著數位科技的發展與影響，零售業的戰爭從線下打到線上，又從線上打到線下，零售業正面臨重大的數位轉型與變革的衝擊，銷售模式從「業者」主導轉變成「消費者」主導，實體門店只是銷售通路其中的一環，其他銷售管道還包括「線上商城」、「行動 APP」、「智慧音箱」、「直播」等。因此，零售業者須針對顧客的需求，掌握「大數據分析」、「數位行銷」、「物聯網」與「行動支付」等應用，而洞悉消費者心理，提供更優質的產品或服務，以掌握未來商業模式的關鍵，也是零售業在智慧化商業發展的主軸之一。

（二）餐飲業

　　餐飲業方面，傳統餐飲業生意來源包括內用與外帶二項為主，有能力的業者則可以多增加外送的服務。隨著行動科技的發展，2012 年起市場上開始發展餐飲電商化的服務，其中最有名的是餐飲業興起一波外送服務的熱潮，主要業者包括空腹熊貓（foodpanda）、UberEats、有無快送（Yowoo Delivery）等，讓餐飲業也進入到電子商務的世界，透過餐飲外送服務平台，讓餐飲業增加內用與外帶之外的新服務。過去，外送是消費者用電話訂餐，餐廳再送餐給消費者，如今的餐飲電商化，則是消費者透過手機，進入各餐飲外送平台的 APP，就能點餐。下單後，透過 AI 運算系統，平台會將訂單分配給有餘裕接單的外送員，消費者只要人在家中坐，美食便會自動送上門來。

▶▶ 三、數據化商業

　　隨著以科技數據運用來提升商業效率的意識不斷提升，商業智慧和數據分析領域的應用也愈來愈多。根據 Gartner 商業智慧報告統計，到 2020 年全球的商業智慧市場容量預計將達到 228 億美元，顯示智慧商業模式發展的重要。此外，勤業眾信（Deloitte）2019 年提出，臺灣未來的零售業樣貌是以大數據（Big Data）為基礎，並以顧客邏輯導向全盤思考，為顧客打造出個人化消費體驗，並應掌握以下課題。

　　1. 利用數據蒐集與整合創造價值：企業除整合內部數據做為來源外，還可藉由匯入外部數據以優化未來應用，使最後的分析結果更貼近商業現況。

　　2. 打造最佳化顧客旅程（Customer Journey）：企業應思考如何有效地記錄顧客的各個互動行為及感受，並與內外部資料整合，從中發現價值。

　　3. VIP 會員經營：企業 80% 以上的營收將來自 20% 的 VIP 顧客，勤業眾信建議零售業者可採取最近一次消費（Recency）、消費頻率（Frequency）與消費金額（Monetary）的 RFM 模型，更有效地依當時情況擬定更精確的行銷策略。

　　綜上，根據經濟部商業司 106 年「智慧商業服務科技實務人才供需分析調查」報告指出，近 9 成 5 的人才供給方，包括公協會、管顧公司、大專院校、職訓機構等認為，具備智慧商業服務相關背景或技術，將成為企業未來聘用之重點

人才。超過 6 成人才供給方認為我國缺乏「大數據分析」的人才，另一方面，有 5 成以上的人才需求方業者（零售、物流、資服業者等）認為智慧商業服務人才需求將會增加，並且最需要「數位行銷」、「全通路／多元通路整合」、「大數據分析」、「物聯網運用」等相關人才。然而，近 7 成的人才需求方業者認為智慧商業服務應用人才缺乏不易招募，並且有 9 成以上的業者，希望相關單位提供培訓課程的辦理方式，並且以實體課程面授方式為佳。

第三節　網際網路之發展與影響

▶▶ 一、網站建置興起時代

　　1970 年代網際網路從軍事上的資訊傳遞，1980 年代美國各大學加入建構 TCP/IP 的通訊協定，1989 年英國科學家提姆・柏內茲（Sir Tim Berners-Lee）發明了全球資訊網（World Wide Web）透過三項關鍵技術，包括統一資源標誌符（URI）、超文件標示語言（HTML）、超文字傳輸協定（HTTP），成為人們在網際網路上進行互動的主要工具。1990 年代公司與政府機關推動網路資訊入口，紛紛投入設置首頁（Homepage），提供民眾上網接觸的管道，而規模較大的公司或機構則以建置產業入口網站為目標，希望網路使用者開啟瀏覽器（Browser）時能設定成「首頁」。

▶▶ 二、入口網站發展時代

　　為了要把握「入口網站」的商業機會，早期主要提供導航服務和搜尋服務的網站，如美國線上（American Online；AOL）、雅虎（Yahoo!）、蕃薯藤（Yam）等。這些入口網站像任意門一樣，提供網路使用者網際網路連結的接口，公司或機構只要專注建置官方網站，提供好記的網域名稱或連結。接著，為了要做到統一的資訊畫面，這些入口網站從不同的新聞或訊息來源抓取資訊，將這些資訊複製到自己的網站上，同時將網路流量導引至網站上，網站則提供搜尋與檢索的功能，讓使用者透過關鍵字來搜尋內容。為了要讓網頁被用戶看得見，公司或機構

開始投入網站優化、購買關鍵字廣告等，來提升搜尋排名，而公司或機構的網站會設置計數器來計算使用者瀏覽與點擊的狀況。

▶▶ 三、轉換為 Web2.0 的時代

2004 年 O'Reilly Media、Battelle 和 MediaLive 啟動了第一個 Web2.0 大會，為了打破過去由大型入口網站篩選生成的內容，轉換為由用戶主導而生成的內容，引領一波 Web2.0 的網路時代，相關的網路應用包括：部落格（BLOG）、內容源（RSS）、維基百科（WiKi）、社群網站（Social Network Service）等，培養出專業網路作家、文字部落客、影音部落客、插畫部落客等。當公司或機構推出新的產品或服務時，會透過 Web2.0 的網站來置入相關的資訊，

▶▶ 四、行動應用程式時代

2007 年蘋果 iPhone 手機上市後帶動了終端應用程式（APP）的快速發展，APP 創作的類別包括社交類（如 Instagram、Line、Facebook、WeChat、What's APP）、工具類（如 To-Do-List、翻譯）、遊戲（如絕地求生、極速領域、Pokémon Go），獲利模式可分為直接下載收費、廣告推播收費、虛擬產品或道具銷售、貼圖銷售、訂閱收費等。而公司或機構建置官方 APP 建置則強調應用程式的功能（如線上購物、會員經營、銷售集點、訊息推播、雲端寄杯等）。

綜合以上論述，現今行動商務時代中，無論是零售業還是餐飲業都須兼顧線上與線下之營運，項目包括：線下訂貨（餐）線下取貨（餐）、線上訂貨（餐）線下取貨（餐）等。以往線下的工作很單純，如商品或食材的挑選、購買、運送、上架、陳列、銷售與盤點等，店鋪位置的挑選、設計、裝潢、租金談判、清潔與維護等，門店人員的招募、訓練、發展、管理與顧客關係維護等。當多增加線上的項目時，線上的工作增加了網站開發與維護、APP 開發與維護、社群媒體建置與維護、聊天機器人的開發與維護等，每一個項目工作可能都需要內容企劃、視覺設計、程式開發、後臺維護、數據蒐集、數據分析與管理等相關人才的協助。最後，線上與線下整合後工作又更為複雜，如消費旅程分析、消費痛點分

析、全面數位化、會員資料蒐集與分析等，在網際網路的發展之下，都需要非常多的跨領域人才投入，一方面瞭解數位技術，另一方面又具備場域知識。

第四節　近年來產業人才需求變化

根據行政院主計處資料，2018 年臺灣各行業就業人口數，以服務業最多，約計 679 萬人，占總就業人口數的 59.4%，服務業中則以批發及零售業占比 16.6% 最高，住宿及餐飲業占比 7.3% 次之。近 10 年來整體產業的就業人口成長率情況，以住宿及餐飲業 20.9% 為最高，其次為運輸及倉儲業 10.9%，以及批發及零售業 9.6%。

近 10 年臺灣各行業就業人口數占比如表 11-2 所示；其中，服務業整體就業人口占比從民國 2009 年的 58.9% 提高至 59.4%，可見得近 10 年服務業對就業人口吸納之重要。

表 11-2　近 10 年臺灣各行業就業人口數占比

類別 ＼ 年度	2009	2010	2011	2012	2013	2014	2015	2016	2017	2018
農業	5.3%	5.2%	5.1%	5.0%	5.0%	4.9%	5.0%	4.9%	4.9%	4.9%
工業	35.8%	35.9%	36.3%	36.2%	36.2%	36.1%	36.0%	35.9%	35.8%	35.7%
礦業	0.0%	0.0%	0.0%	0.0%	0.0%	0.0%	0.0%	0.0%	0.0%	0.0%
製造業	27.1%	27.3%	27.5%	27.4%	27.2%	27.1%	27.0%	26.9%	26.8%	26.8%
電力燃氣供應業	0.3%	0.3%	0.3%	0.3%	0.3%	0.3%	0.3%	0.3%	0.3%	0.3%
用水供應污染整治業	0.7%	0.7%	0.7%	0.8%	0.8%	0.7%	0.7%	0.7%	0.7%	0.7%
營造業	7.7%	7.6%	7.8%	7.8%	7.9%	8.0%	8.0%	8.0%	7.9%	7.9%
服務業	58.9%	58.8%	58.6%	58.8%	58.9%	58.9%	59.0%	59.2%	59.3%	59.4%
批發及零售業	16.9%	16.6%	16.5%	16.6%	16.6%	16.5%	16.4%	16.4%	16.5%	16.6%
運輸及倉儲業	3.9%	3.9%	3.8%	3.8%	3.9%	3.9%	3.9%	3.9%	3.9%	3.9%
住宿及餐飲業	6.7%	6.9%	6.8%	6.9%	7.1%	7.1%	7.3%	7.3%	7.3%	7.3%

年度 類別	2009	2010	2011	2012	2013	2014	2015	2016	2017	2018
資訊通訊傳播業	2.0%	2.0%	2.0%	2.1%	2.1%	2.2%	2.2%	2.2%	2.2%	2.3%
金融及保險業	4.0%	4.1%	4.0%	3.9%	3.8%	3.8%	3.8%	3.8%	3.8%	3.8%
不動產業	0.7%	0.7%	0.8%	0.8%	0.8%	0.9%	0.9%	0.9%	0.9%	0.9%
專業、科學及技術服務業	3.1%	3.1%	3.2%	3.1%	3.2%	3.2%	3.2%	3.3%	3.3%	3.3%
支援服務業	2.3%	2.2%	2.3%	2.4%	2.4%	2.5%	2.5%	2.5%	2.6%	2.6%
公共行政及國防強制性社會安全	3.7%	3.7%	3.6%	3.5%	3.5%	3.4%	3.3%	3.3%	3.3%	3.2%
教育服務業	6.0%	5.9%	5.9%	5.8%	5.8%	5.8%	5.8%	5.8%	5.7%	5.7%
醫療保健社會工作服務業	3.6%	3.7%	3.8%	3.9%	3.9%	3.9%	3.9%	3.9%	4.0%	4.0%
藝術娛樂及休閒服務業	0.9%	0.9%	0.9%	0.9%	0.9%	0.9%	0.9%	0.9%	0.9%	1.0%
其他服務業	5.1%	5.1%	5.0%	5.0%	4.9%	4.9%	4.9%	4.9%	4.9%	4.8%

資料來源：本研究整理自行政院主計總處。

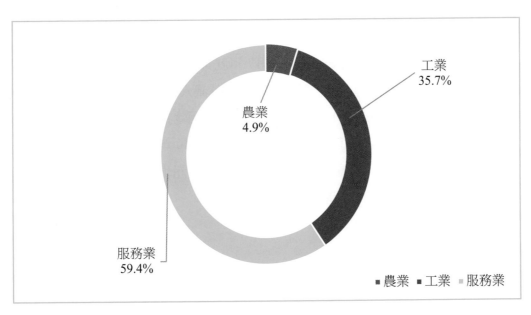

資料來源：本研究整理自行政院主計總處。

圖 11-1　2018 年臺灣各行業就業人口數占比

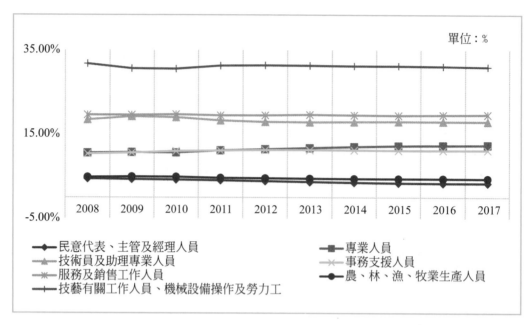

單位：%

- ◆ 民意代表、主管及經理人員
- ■ 專業人員
- ▲ 技術員及助理專業人員
- ✕ 事務支援人員
- ✳ 服務及銷售工作人員
- ● 農、林、漁、牧業生產人員
- ＋ 技藝有關工作人員、機械設備操作及勞力工

資料來源：本研究整理自行政院主計總處。

圖 11-2　各職業別就業人數占總人數比

　　2017 年就業總人數約為 1,135 萬人，有關臺灣各職業別就業人數成長率如圖 11-2 所示，自 2008 年至 2017 年各職業別就業人數占總人數比例，服務業以服務及銷售工作人員占比平均約 19.58%，2017 年就業人口占比相較 2008 年僅微幅成長；專業人員占比平均約為 11.52%，2017 年就業人口占比相較 2008 年成長幅度約為 17.6%；基層的技術員及助理專業人員占比平均約為 18.28%，2017 年就業人口占比相較 2008 年反而呈現衰退現況，顯示近 10 年來產業人才需求對專業人才的需求愈來愈提高，基層的操作人員或許隨著資訊化、數位化與科技化的發展，逐漸被相關自動化設備所取代。

第五節　商業服務業人才發展階段

　　我國商業服務業人才發展的階段，由政府所介入與協助的部分可分為三個階段：證照與認證制度的發展、專業人才認證發展、職能基準發展等，分述如下。

▶▶ 一、證照與認證制度的發展階段

執照、專業證書與認證是常被混用的名詞，但三者就發放方式與採用強制性仍有不同。執照代表進入一個職業所必須具備最低的能力證明，通常是法定從業限制，也可說是執業資格。專業證書則是針對專業技能進行認定，證明受測者具有不同等級的專業知識或技能。認證可用於對個人的能力衡量，以及對機構或特定職業的管理與監督。目前國內在習慣上經常混用專業證書與認證，並以「證照」一詞統稱。

（一）證照

而所謂證照泛指通過認證（certify）之證明文件，可用以證明個人具有該專（職）業所需的基本專門知能與技術能力，亦是個人成為專（職）業人員品質保證的機制。目前我國證照可分成以下四大體系：專門職業及技術人員（發照單位為考試院）、技術士技能檢定（由勞動部勞動力發展署負責辦理與發照）、中央事業主管機關各自推動的證照以及民間機構辦理的認證課程或考試。上述四大類證照在服務業的發展與採用上，金融服務業、專門技術與服務業等因為涉及民眾生命財產、社會安全或權益關係，因此設有執業資格，即第一種類型的國家執照。而占我國服務業最大比重之零售業與餐飲業，人才專業認證的發展集中於第二類至第四類型。

（二）認證

在認證內容方面，零售業與餐飲業相關之技術士技能檢定長久以來被業者詬病脫離實務，考題更新速度不及產業發展，因此逐漸喪失人才專業辨識之初衷。考題不是過於簡單而缺乏辨識力，就是過度理論背離實務應用。稍具規模之企業，因為有完整的人員培訓制度，可在短時間內有系統地提升基層人員工作技能，故在人員招募時就不考慮是否必須具備技術士執照。在認證方式方面，部分證照採考訓合一方式辦理，只要參訓人員在培訓課程中達一定比例之出席率即發給證書，無法證明人員是否確實取得產業知識或技能。此外，許多發證單位雖為公會或協會，但是公協會組成成員的代表性不足以及運作方式的透明度不足，都導致發證單位公信力遭受質疑。

比較我國專業證照制度的分類，目前我國專業證照依發照單位區分，可分成以下四大體系：

表 11-3　我國專業證照制度分類

	專門職業及技術人員	技術士技能檢定	各行業主管機關各自推動的證書	民間專業機構證照考試
依據	專門職業及技術人員考試法	職業訓練法	主管法規或推動計畫	民間團體
發照單位	考試院	勞委會	各業主管機關	
範例	律師、會計師、建築師、各類醫事人員及技師	門市服務技術士、餐旅服務技術士	會議展覽人才認證	ERP 軟體應用師、CILT 一級物流基層人員證書

資料來源：經濟部商業司（2012）；陳宗賢（2004）；吳學良（2009）。

▶▶ 二、專業人才認證發展階段

多數證照的內容以往缺乏資格更新機制，只要曾經取得該證照，便終身有效。反觀我國服務業者最常取經的日本，不僅服務業相關人才認證多元發展，在制度設計上還有依難易程度劃分層級，並規定資格的持有年限，到期後需參加指定訓練課程、講習會、累積相關工作年資才可繼續保有資格。

既然服務業相關證照的被參採度偏低，是否還有存在的必要性與價值？我國企業規模以中小型企業為主，而零售、餐飲、物流業中，大企業與小企業規模相差甚鉅，大型業者因為知名度與本身資源充足，自然可吸引較優秀的人才，或靠本身的培訓體系提升人員能力，甚至發展內部的認證制度。但中小型規模業者致力於追求營運成長與利潤提升，可投入於人才訓練與發展的人力與金錢較少，因此高度仰賴外部資源，包括人才認證與訓練課程。

人才專業認證在人力資源的選、訓、用、留上有不同的參考價值與定位。在人員招募階段，證照除了供辨識人才能力程度外，取得認證者因為具備一定程度的專業，進入企業後僅需針對企業營運專業知識與技能補充訓練，如此一來可以

縮短訓練時間與成本。在人員訓練上，雖然企業有自己的訓練成效評估機制，引入外部認證也可再次驗證人員能力是否具備產業水準，強化對人員能力的肯定。針對缺乏足夠的內部訓練資源或機制的中小型企業而言，證照相關培訓課程反倒成為企業人員補足產業相關知識的途徑。在人才發展上，企業可以將取得外部認證設為晉升條件之一，一方面可以成為員工自我成長與努力的目標，另一方面也可從中觀察人員學習態度、意願、自我發展動機等隱性特質。顯見證照仍有存在的價值。

　　不論是證照、認證或職能發展，我們必須認識到這並不是人才能力發展的終點，而應視為不同階段的里程碑。不論是教育體系的教育、人員的自我學習，或是企業的職業訓練及人才發展機制，都是為了提升與累積服務業人才的「學力」與「資歷」。使服務業人才在快速變化的產業競爭中有學習能力以因應變化，同時貼近產業發展實務甚至引領趨勢。

▶▶ 三、職能基準發展階段

　　根據勞動力發展署（2019）提到職能基準（Occupational Competency Standard-OCS）是指《產業創新條例》第 18 條所述，為由中央目的事業主管機關或相關依法委託單位所發展，為完成特定職業工作任務，所需具備的能力組合。此能力組合應包括該特定職業之主要工作任務、行為指標、工作產出、對應之知識、技能等職能內涵的整體性呈現。在職能的分類上，主要闡述專業職能，說明員工從事特定專業工作所需具備的能力。

　　職能基準是連結職能缺口的重要工具之一，建置過程需要有所憑藉與代表性。「職能」（Competency）指成功完成某項工作任務或為了提高個人與組織現在與未來績效所應具備的知識、技能、態度或其他特質等能力組合。就其淵源，職能此一名詞首先是由美國哈佛大學教授 McClelland 於 1973 年所提出，係強調應該注重實際影響學習績效的「職能」。即職能是用以描述在執行某項工作時所需具備的關鍵能力，其目的在找出並確認哪些是導致工作上卓越績效所需的能力及行為表現，以協助組織或個人瞭解如何提升其工作績效，使組織在進行人力資源管理的各項功能與人員訓練發展實務時，能更切合實際需要。據此，就產業界所重視的職能而言，職能的建置必須具體反應企業的核心價值、願景、使命

與短中長期的經營策略，也就是職能需要能夠反應出企業的專屬性（Company-specific），例如常見特定企業發展出特定之職能模型；或者是企業常運用職能評鑑的結果，用以評估員工的高績效工作表現。

表 11-4　商業服務業近年的職能基準發展

行業別	代碼	名稱	有效期限
綜合零售業	KRM1420-001v2	綜合零售業門市主管	111.02.13
	KRM1420-002v2	綜合零售業區域主管	111.02.13
	KRM2431-002	綜合零售業展店主管	109.11.16
	KRM2431-001	綜合零售業數位行銷專員	109.11.13
	KRM2521-001	綜合零售業大數據分析師	109.11.13
	KRM3323-001	綜合零售業商品採購人員	111.11.18

資料來源：整理自勞動部勞動力發展署（2019）。

▶▶ 四、未來工作（職業）分析

2016 年亞馬遜公司（Amazon）提出無人概念店（Amazon GO）主打消費者不用排隊結帳，拿了想買的商品就可以離開的概念，首間無人商店「Amazon Go」於 2016 年 12 月 5 日開放亞馬遜公司內部進行測試。在為期一年的密集測試後，無人商店「Amazon Go」終於在 2018 年 1 月 22 日於美國西雅圖正式對外營運。2017 年 7 月阿里巴巴在杭州造物節推出了快閃無人零售店「淘咖啡」，開放淘寶會員體驗。2018 年 1 月 29 日統一集團的 7-11 宣布首家無人超商「X-STORE」以探索、體驗、超越 3 大概念為主題，開放員工進行測試，7 月也開設第二家「X-STORE」。

無人商店在近期雖然引發熱議，在經營管理工作上特別要注意的是，導入無人商店的科技服務不一定能夠真正減少人力，甚至降低人力成本。從人力高值

化的發展來看，人力成本恐怕會不減反增。若現階段過度迷信於無人商店的科技導入，忽略服務業所講求「有人的溫度」，經營者必須思考「無人商店」與「自動販賣機」究竟有何差異？因此，不論是哪一種智慧商店的導入模式，我們建議都應該從顧客的角度重新思考，包括科技導入對顧客的價值為何？解決的問題為何？進而假設智慧商店的科技導入後，所有可能發生狀況的情境來模擬，並列舉相對應的解決方案，最後，在科技導入的接觸點與服務設計的過程中，對接相對的支援系統，以提供更加完善的服務體系，上述內容，都需要對應的人才來提供協助。

　　無人商店現階段所追求的並不是真的完全無人化。而是利用科技將釋放出來的人力，轉移發揮到其它更有價值的地方，包括顧客服務、貨架商品維護、消費者偏好分析等。因此，在人力的招聘部分，或許以前對店員的能力要求是要會做整理、整頓、清潔、上架、盤點、結帳、代收等，未來在智慧商店的發展之下，未來智慧商店門市人員的職能將強化門店陳列、商品諮詢、服飾造型顧問、顧客關懷、設備故障排除等，對人力的要求不同時，人力的成本也將有所差異。

　　除此之外，人工智慧與機器人的發展，是否可能將機器人推動成為人類的

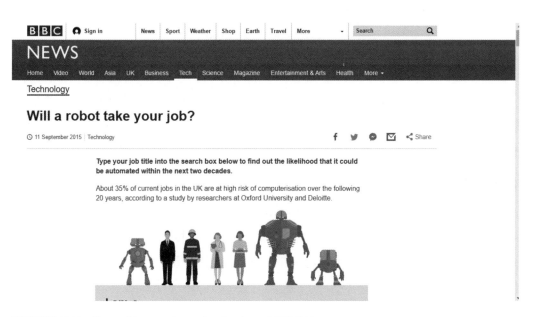

資料來源：http://www.bbc.com/news/technology-34066941

圖 11-3　職業自助查詢計算機

「勁敵」？牛津大學一份研究報告指出未來 20 年的就業趨勢，發現 35% 工作會逐步被機器人取替。英國媒體《BBC》根據報告製作「職業自助查詢計算機」，讓人可自由輸入自己的職業，計算被取代的高危險指數。

以下是最易被機器人「搶飯碗」的 5 種職業：

1.**電話推銷員**（高危指數 99%）：電話推銷員、電話接線生是高危職業之首！預計不出 10 年內，這類工作就會被自動化科技完全替代。電話推銷的日常工作單調又重複，只需要基本的知覺及操控能力，不少公司現在都以電腦化錄音提供推銷或熱線服務。

2.**資料輸入員**（高危指數 98.5%）：資料輸入員、打字員同樣是最易被淘汰的職業之一。機器人和人工智慧軟體的最大優點，就是善於處理大量數據，加上其精準度、速度與細緻度，對於工作重複而且刻板的資料輸入員來說，絕對帶來挑戰！

3.**法律祕書**（高危指數 97.6%）：完善的電腦化系統已成為法律界及金融界運作的核心，因此不少在律師事務所的祕書工作，都能夠輕易被機器人取替。牛津大學的報告舉例指，現今大部分律師事務所都依賴電腦協作進行審前調查，有軟體更能夠以語言分析來識別法律文件，兩日內可分析和整理超過 57 萬份法律文案，絕對是一名「超級祕書」。

4.**財務經理**（高危指數 97.6%）：人工智慧機器人的出現，徹底改變了企業的財務管理，對於預測、識別、計算和經營決策，自動化系統都有着無可比擬的效率和速度。金融諮詢機構 Aite Group 的高級研究分析師 Sophie Schmitt 指出，對於處理龐大金額的投資資產，可能需要找來多位財務顧問合作，但不少顧問公司開始推出網上理財規劃服務，在線上免費提供投資組合諮詢與投資資產相關服務，服務相當出色。

5.**品管員、物品分類員**（高危指數 97.6%）：日常進行「QC」（Quality control）工作的檢測人員，多為產品做例行檢查、抽樣、分類或紀錄，工作性質單一，對於個人「創造力」或「社交能力」的要求甚低，因此很大機會被自動化機器人取代。

歐盟則於 2016 提出共享經濟下的未來工作報告（The future work in sharing economy），探討在共享經濟趨勢之下，數位勞動市場與專業技能將會如何演化。歐盟研究將專業人力分享模式區分以數位方式交付成果與實體交付服務成果

等兩類分享模式，前者在發展過程中容易透過線上模式達成全球市場的營運，例如 Amazon 的 Mechanical Turk 服務，此類服務模式被定義為 Online Labour Markets（OLM）；後者則是容易依附在行動載具與 APP 程式的應用，快速媒合在地需求與供給，達到快速服務的目的，如美國發展出來的 TaskRabbit，這一類服務則是被定義為：Mobile Labour Markets（MLM）。

而麥肯錫全球研究院（McKinsey Global Institute）於未來工作報告則指出在 800 個職業中的 2,000 個工作項目內，將有 5% 能被自動化科技（AI 科技的一種應用）完全取代，在未來 60% 的職業別中，更有 30% 的工作項目能實現自動化。其中，最可能被取代工作的性質包括：(1) 可預測（重複性）工作；(2) 整理匯總資訊的工作；(3) 蒐集資訊的工作，如門市服務生、門市收銀、報到櫃檯（Check In / Out）、廚師、記帳士等。

第六節　結論

國家發展委員會在 2019 年發表《108-110 年重點產業人才供需調查及推估》當中提及，政府自 2016 年起提出「5+2 產業創新計畫」（包括智慧機械、綠能科技、亞洲‧矽谷、生醫產業、國防產業、新農業、循環經濟及數位經濟），作為驅動臺灣下世代產業成長的核心。為配合產業創新發展政策，掌握我國產業數位創新發展所需之科技人才類型，綜整「5+2」產業所欠缺的人才職類，科學及工程專業人員居多，占 31.2%，其次為資訊及通訊專業人員，占 22.8%；而職缺多集中於工業及生產工程師（14.7%）、軟體開發及程式設計師（9.3%）及製造經理人員（6.7%），上述職缺須具備「大數據分析」、「物聯網運用」、「人工智慧」等數位經濟所需的能力，在新經濟時代下，臺灣的商業服務業須加快朝數位化、智慧化發展進程，首要工作要先針對未來 5 年產業或公司要發展的目標進行研擬，接著要趕緊進行全公司的「人力盤點」，找出未來發展方向與現況之間的落差，進而及早培育上述人才的知識與技能，或許可先透過政府所辦理的各項訓練工作，讓相關的人才接觸與瞭解，接著必須加緊腳步開展各項人力發展計畫與人才培育工作，才能在新經濟時代下站穩腳步，朝向資訊化、全球化、科技化的方向邁進，不至於被經濟的洪流所淹沒。

中華經濟研究院第二所／陳信宏所長

第一節　前言

　　在我國商業服務業泛指批發、零售、餐飲、物流四大產業。它們大致上是以服務國內需求為主，有些業者得以服務來臺觀光客或藉對外授權、投資展店而形成某種程度的服務出口。一般而論，這些產業的發展普遍受到在地消費力或景氣榮枯、法令規章等「架構條件」（framework condition）的影響。

　　另外，這四大商業服務業也常被歸類為所謂的「傳統服務業」，這些行業，除了運輸及倉儲業以外，在各國普遍都是相對中、低薪的行業[25]。不過，就國內外趨勢來看，這些產業近年來已成為結合新興科技之新創與創新的焦點，與數位轉型密切相關，因此我國政府的輔導計畫都強調數位化、智慧化、營運模式創新與國際化等發展方向。

第二節　　「架構條件」與商業服務業發展

　　在經濟發展中，服務業主要扮演「經濟活動的支援者」和「經濟擴張的新來源」兩種角色（參見圖 12-1）。因為任何個體（包括個人與法人）終其一生都需要服務，所以一些服務業作為「經濟活動的支援者」，主要支持個人日常活動與企業營運活動；這以所謂的「傳統服務業」為主。這種類型的服務價格與薪資深受各國所得水準或制度因素的影響，例如歐美的物價水準與小費制度會影響當地

註25　根據主計總處「106 年工業及服務業受僱員工全年總薪資中位數及分布統計結果」，住宿及餐飲業 106 年之受僱員工全年總薪資中位數為 35.0 萬元，批發及零售業為 45.0 萬元，而運輸及倉儲業較高，為 57.2 萬元。

餐廳的價格／生產力；在歐美只要涉及人力服務，消費者就需要有相當的付出。甚至於，調（升）整價格可視為「傳統服務業」為雇主及員工加薪的手段之一，政府不宜過度管制；「傳統服務業」調（升）整價格也是一種形成新的市場區隔的測試行為，儘管仍受「消費者主權」或「需求彈性」的制約。不過，一般而論，這些「傳統服務業」在各國普遍都是相對中、低薪的行業，只有特定市場區隔的業者，可以服務／體驗取勝，收取相對更高的服務價格，甚至於使其從業人員擁有較高的薪資（如歐美高價餐廳重視服務人員對客戶所能提供的前台服務體驗，故外場人員也可能有較高的薪水）。另外，相對於體制較健全的先進國家，我國「傳統服務業」的低薪問題可能還多了一個「地下經濟」的紛擾因素，尤其是就餐飲和零售業而言。

　　另一方面，一些因素也可以釋放服務業的發展潛力或改造既有服務業的發展面貌，而使得服務業可以成為「經濟擴張的新來源」。可能的因素包括：1. 社會

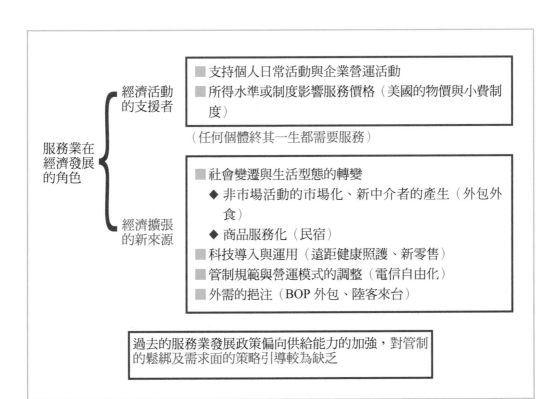

資料來源：本研究整理。

圖 12-1　服務業在經濟在發展中扮演角色的分類

變遷與生活型態的轉變,例如非市場活動的市場化和新中介者的產生(如外包、外食)、商品服務化(如因政策開放民眾將民居改成民宿);2.科技導入與運用(如科技應用催生新零售、遠距健康照護;但法令若未隨之調整,則市場的規模仍將受到限制);3.管制規範與營運模式的調整(如電信自由化);4.各種形式之外需的挹注(如印度發展 BOP 外包、陸客來臺觀光消費)等。

而且,上述這些可能因素大多與「需求面」密切相關,特別是管制規範的調整和外需的挹注有助於擴大一個國家特定服務業的市場規模,甚至於藉著需求面的導引帶動產業的創新動能。誠然,服務業科技化有助於服務業的發展,但是若要使服務業成為「經濟擴張的新來源」和創造年輕人未來可以適性發展的工作機會,政府政策需要有更多元的思考與作為,除了創新能耐的加強與輔導外,也可藉管制鬆綁及需求面策略協助釋放商機。

這四大商業服務業的市場發展與廣義的內需密切相關,這包括國內外人民與業者在我國境內的消費與投資活動所產生的連帶需求。事實上,新加坡、香港早已不再只是以商品為基礎之出口導向發展模式,而且兩地的平均國民所得與臺、韓的差距越拉越大。整體而言,廣義的內需,包括國內外人民與業者在新加坡、香港當地的消費與投資,已成為新加坡、香港經濟成長的一個重要動力。澳門更是所有東西都靠進口(投資、消費力、人才),造就繁榮的當地經濟與財政盈餘。換言之,他們的成長模式是將國外的觀光客、人才、投資力、消費力內聚到當地,而且人進得來之後,也利用政策經營和釋放他們的消費力,並藉此拉抬相關服務業及在地人民的國民所得、投資力與消費力。

國際與國內觀光固然有賴風景名勝、民俗文化的吸引力,但是觀光客在當地的消費力卻取決於更多的元素。觀察各國觀光客在日本、韓國、新加坡的一些消費元素其實都是透過多種方式積極營造出來的。例如,日本的藥妝店、3C 電器商城和韓國的服飾店、化妝品或面膜店,長年以來產品推陳出新,吸引了許多我國觀光客到當地大肆採購,或訴求「日本製的」,或訴求「韓流的」。這是產業在產品快速創新和具國際吸引力之「軟實力」的綜合成果。日本的環球影城和迪士尼、新加坡的 F1 賽車,更因其具有的國際吸引力而成為觀光熱點。另外,即便是非常本土的東京築地市場,日本也有能力將其經營成國際與國內觀光的熱點。

因此,在地消費力或景氣榮枯也影響我國這四大商業服務業的成長態勢。例

如，軍公教等退撫制度的改革會影響相關退休族群的消費選擇與消費力。另一方面，「一例一休」制度的推動雖然產生了行業適用的紛擾，但也對於提振商業服務業的需求有所助益。雖然我國外來觀光客在過去幾年已經大幅提升到千萬人次的規模，但是因兩岸因素，觀光客源在近幾年產生結構性的變化，陸客與東南亞觀光客一消一長，也會影響觀光客在臺的消費力。再者，相對而言，我國較缺乏積極的政策作為以「釋放外來觀光客在臺灣的消費力」；大多停留在傳統的作為或觀光訴求（如夜市、伴手禮等）。另外，中美貿易戰方興未艾，卻也如「蝴蝶效應」般，可能直接或間接地影響到我國一些服務業的發展。例如，根據《天下雜誌》報導，由於中美貿易戰，一些臺灣業者調整生產／出口基地布局，目前已看到一部分的網路伺服器、工作站改採專機由桃園機場直送美國；這將牽動相關的運輸及倉儲業之發展。

「架構條件」也包括相關的法令措施與時俱進的調整。經濟部推動《公司法》修法，新公司法已於 2018 年 11 月 1 日施行，此次共計修正 148 條條文，變動幅度為近 17 年之最。本次修正包括彈性化、國際化以及公司治理強化等諸多面向，都有突破性發展，符合企業之需求及有利產業之發展。特別是，新公司法採取務實的方式，走向公司大小分流，對於新創公司或一般非公開發行公司，給予彈性和就部分規範加以鬆綁（如為鼓勵企業留住優秀人才，增訂非公開發行公司得發行限制員工權利新股以及多元的員工獎酬工具）；對公開發行公司則重點強化公司治理、股東權益之保障。

另外，經濟部主推的《產業創新條例》修正案也於 2019 年 6 月 21 日經立法院三讀通過。本次產創條例修正共增刪、修正 10 條文，包括「延長租稅優惠措施 10 年、提升投資動能誘因、強化租稅措施誘因」等三大修法方向；包含員工獎酬股票、天使投資人半數投資抵稅、研發投資抵減、個人投資新創穿透性課稅，四大租稅優惠將展延 10 年，延長到 2029 年 12 月 31 日止。此外，產創條例修正案也通過了智慧機械及 5G 投資抵減的優惠，可望促使業者在未來關鍵 3+1（智慧機械為 3 年、5G 為 4 年）年內加速投資，帶動產業朝智慧化發展，並建構 5G 應用能量。

為強化商業服務業的創新能量，經濟部商業司也提供多項產業輔導計畫，就 2018 年度之主要產業輔導計畫而言，服務業創新研發計畫（SIIR）為商業司的核心計畫，亞洲矽谷智慧商業服務應用推動計畫則以促成零售、物流服務業

者,與科技服務及新創業者的跨業合作為目的。在物流領域則有多通路物流、冷鏈物流、和港區物流三項計畫。電子商務也是商業司另一個輔導重點,包括四項計畫:電子商務兆元推升計畫、跨境電子商務交易躍升旗艦計畫、社群分享商務推動發展計畫、以及網路購物產業價值升級與環境建構計畫,並以我國電商業者的跨境電商國際化與數位化相關之網路購物環境整備為焦點。兩項餐飲業輔導計畫,餐飲業科技應用推動計畫和新南向產業鏈結加值計畫,都著重於應用科技推展國際化。其餘則是針對連鎖加盟業和生活服務業的輔導計畫。整體而言,儘管產業領域不同,商業司的輔導計畫都強調數位化、智慧化、營運模式創新、與國際化等發展方向。

第三節　商業服務業的數位轉型

商業服務業雖然常被歸類為傳統服務業,但其實已經受到數位經濟與數位轉型的洗禮,故新創與創新也成為密切相關的議題。本質上數位經濟源自於網路革命的蛻變,且其蛻變的因素可稱為技術、社會與營運模式的「共演化」。數位經濟也促成了產業的質變,如新業態、新中介者、與新國際競合型態的崛起;例如傳統零售業轉變成「新零售」正方興未艾。

數位經濟已經出現如 Internet+、AI+ 等跨業整合、虛實整合的趨勢。例如中國大陸鼓吹「互聯網 +」,就是網路加上在經濟社會存在已久的各種行業,力圖加速推進各行各業與互聯網的深度融合。另一方面,數位經濟無遠弗屆的影響力與跨國滲透力,也會產生競爭對手從天而降的情形,使得本土化的寡占或管制市場容易變成「可競爭的市場」(contestable market),典型的案例就是電子商務對傳統零售業、Uber 對本土化計程車業的影響。因此,許多原本置身於國際競爭之外的產業(特別是在地服務業),會因數位經濟的發展而暴露在前所未見的國際競爭壓力之下。

在近兩年,我國商業服務業數位轉型的一大重點,是以便利商店為核心的無人商店實驗。類似的「新零售」由「Amazon Go」領先推出。中國大陸的阿里巴巴集團也推動不同領域的零售型態改造,包括:盒馬鮮生模式、銀泰百貨場域應用、天貓維軍小站、社交電商、美妝及服務等新零售電商;之後並催生了繽果盒

子、F5 未來店、Take GO 等超過百家的無人零售公司。我國的無人商店實驗由統一超商領先推出「X-Store 未來商店」，原本在其總部一樓開出第一間需綁定會員才可入場、可人臉辨識結帳的無人店，僅供員工測試，2018 年 7 月在信義區開出二號店，才面向消費者。經過短暫的嘗鮮熱潮，統一超商在 2019 年 3 月對外宣布：「決定暫時擱置無人店！」同時間，中國大陸百家齊放的無人商店也傳出紛紛退出市場。

綜合多方的報導，統一超商從無人商店實驗學得一些重要的經驗，包括：人味（服務的溫度）無可取代、智慧判讀裝置難以處理熱狗、關東煮等現場調理鮮食、在臺灣自動販賣機比無人店更實際等。進一步觀察服務的溫度，便利商店的店員其實不只是「收銀員」，而是提供了多種技能、多種工項的服務提供者和前台，他們與客人的互動頻率和型態原本就多元而複雜，因此難以簡單的支付工具和身分辨識技術加以取代。另一方面，消費者行為也會成為無人商店發展的制約因素，例如中國大陸就出現架上商品被消費者弄亂、消費者進入無人商店吹冷氣卻不消費的情形。

伴隨著無人商店的實驗，便利商店業者也試著引進智慧販售機。從日本的經驗來看，便利商店與販售機可以相輔相成，提高坪效比。我國便利商店業者目前發展的方向大致為：傳統販賣機結合物聯網科技，藉此可使用塑膠貨幣或行動支付，機器裡的貨架則可分層進行溫度管控，另外可用 APP 遠端監控販賣機銷售、掌握庫存狀況和累積銷售數據，以加值應用。目前推出智販機的幾家超商，多採母子店的方式運作，由附近門市店長同時掌握補貨、帳務，也能視狀況隨時調整商品。然而，智販機仍須克服產品品項有限、加強與消費者互動等問題。

另外，超商複合店也是近年的新趨勢。這風潮源自日本，日本的全家就推出了結合健身房、藥妝業者等複合店。我國則以統一超商和全家為實驗推展的主力。基本上，複合店型要看商圈特性加以組合。目前全家主要推展一加一（超商加複合產品）的複合店，而統一超商則有較多元的嘗試，如在高雄開設融合運動、烤雞、麵包的三合一店，在臺大公館商圈推出 7 大業種整合在單一門市的「Big7」。根據業者的說法，複合店目前有拉升營收的效果，不過整體而言仍是實驗性質。

進一步而言，服務業數位科技創新往往會「社會落地」（social landing），故其數位轉型要克服「數位化的二元對立」（digital dichotomy）問題。這包括新

舊經濟活動方式之間的衝突或矛盾、線上虛擬活動與現實世界活動之間的串聯或認知差異，例如無人化的服務與人性化的服務間的衝突。如何有效地處理「數位化的二元對立」將是數位時代核心的政策課題；而且新的營運模式會對既有的部門或管制環境產生挑戰。許多數位科技的應用需要與現實環境的人事物互動，互動的複雜度越高、層面越廣，轉換（switchover）的時間越長。而且相對於製造業的場域，服務業在數位科技與人事物互動的關係會從結構化走向非結構化、低自主性走向高自主性，使得轉換的難度提升。

就服務業科技化議題本身而言，服務業科技化只是手段，重點在於透過何種路徑或模式（路線）形成產業／業者發展成果與效益。服務業科技化創新的路徑或模式可大致區分如下：

第一、透過服務業科技化提升業者的效率或生產力。第二、既有業者因科技化，形成高階的市場區隔與高值化的業態（甚至於後續產生市場國際化的效果），若經營得宜，可提升業者的業績，甚至於帶動員工的薪資成長。第三、透過服務科技化產生新的業種。第四、技術／社會變遷帶動服務業的科技化轉型。

基本上，服務業科技化意味著服務業的資本深化，理論上勞工將因此增加效率而獲得更多報酬，但是資本深化也可能影響市場區隔／市場空間、勞工的就業機會或工作型態，甚至於勞工效率增加會使消費財價格降低，勞動報酬卻未必上升。換言之，服務業科技化與就業市場間的關係並非線性的，更取決於透過服務業科技化，服務業者本身在市場區隔／市場空間與工作現場及前後台流程所產生的變化。

數位科技應用與就業問題也是一個相當關鍵但仍待釐清的議題。例如，機器人所掀起的第四次產業革命，主要效果是「改變工作的方式和型態」，其取代的是可預測性、重複性、制式化的工作流程，讓人類可以投入專業性更高、更需要思考性的工作。因此機器人通常只會從旁協助重複性高的工作，讓人類可有較多時間用在創造、創意發想上。值得注意的是，服務業科技化對就業市場帶來的影響不見得都是負面，新科技會提升工作質量及效益，創造出價值更高、薪資更高的工作及新的工作機會。此外，服務業科技化需整合商業、行銷、資訊、金流、文化、機械等跨領域知識，將增加未來對跨領域人才需求，亦會創造出更多就業機會。然而，影響薪資高低的因素相當複雜，除了勞動需求面及勞動供給面本身影響之外，也會受到總體經濟環境、產業結構變化的牽動。

第四節 各國發展經典案例說明

▶▶一、新加坡中小企業數位化計畫

因應數位經濟趨勢，新加坡政府在 2017 年 3 月宣布，將投資 8,000 萬新幣（約合新台幣 17.5 億元），推動「中小企業數位化計畫（SMEs Go Digital program）」，以輔導新加坡中小企業（包括製造業與服務業）瞭解並採用適合的數位科技，以提升獲利、開發新市場及提高生產力。有意使用創新數位科技的中小企業，可獲高達 70% 的政府補助，惟每家公司補助不得逾 30 萬新幣。

該計畫由新加坡資訊通訊媒體發展局（IMDA）和標準、生產力與創新局（Standards, Productivity and Innovation Board; SPRING；簡稱「標新局」）負責。藉此，中小企業除了可獲得針對特定產業和不同成長階段的新科技採用建議，想試用 ICT 產品和服務的中小企業，還可獲得政府資金補助及顧問諮詢，主要從三方面協助中小企業實現數位轉型：

1.IMDA 成立中小企業數位技術中心（SME Digital Tech Hub），為在資料分析、網路安全和物聯網等較先進領域有需求的中小企業提供專業建議。尋求較基本建議的中小企業仍可向原有的中小企業中心（SME Centres）接洽由 IMDA 認證通過的現成科技方案。中小企業數位技術中心也協助中小企業與科技業者和諮詢業者建立聯繫，以及主辦工作坊和研討會，來提升中小企業的數位科技能力。

2.IMDA 將根據政府的產業轉型藍圖（Industry Transformation Maps；ITM），為各行業制定產業數位化藍圖（Industry Digital Plans）。相同領域的中小企業，可透過藍圖進一步確認合適的數位科技，而提供這些科技的業者，也較能滿足特定領域的需求。藉此，IMDA 將扮演首席資訊官（CIO）角色，協調不同行業的藍圖，確保不同領域間的互通性。

3. 新加坡政府將先針對部分行業領域輔助企業轉型，包括零售業、物流業、食品服務業和清潔業等部分行業，以讓更多中小型企業能有效落實新的數位科技方案，形成示範。此外，IMDA 也會加強與具影響力的大型企業合作，推出可讓中小企業受益的數位科技方案。

就產業轉型藍圖（Industry Transformation Maps）而言，新加坡政府在 2016 年推出「產業轉型計畫」，並撥款 45 億新幣加以推動，主要目的為支持中小企

業應對全球經濟轉型帶來的挑戰。為推動產業轉型計畫，SPRING 成立專責小組，協助 23 個產業依其需求量身制定產業轉型藍圖（ITM），在產業轉型藍圖制定過程中，除了密切諮詢公協會意見，更橫向整合相關單位資源。

2016 年 9 月，SPRING 首先推出食品產業轉型藍圖，其後在 9 月舉辦的「新加坡零售產業論壇（SRIC）」上，貿工部長正式宣布「零售產業轉型藍圖（Retail ITM）」。SPRING 的分析顯示，新加坡零售業的挑戰包括：電子商務崛起、鄰近國家競爭、本地勞動力緊縮及租金高昂及全球經濟不景氣造成觀光客銳減、消費減弱等。Retail ITM 的目標為：促使業者接受應用新科技、加強提高生產力和走向海外國際化；並設定 2020 年底前之目標為：1. 在不再增加現有產業勞動力的前提下，達成零售業生產力平均年成長達 1% 的目標；2. 將電子商務在零售業總收益所占的百分比，從目前的 3% 提高到 10%。

新加坡零售業轉型藍圖並提出四大策略，分別為：

1. **鼓勵創新以驅動成長**：SPRING 鼓勵傳統零售業者接受「全通路」零售模式，即同時透過線上及線下管道接觸消費者，以逐步提高電商收入對整體收入的占比。業者則可透過「Enhanced iSPRINT」計畫申請補助，主要補助內容包括：

⑴ 企業自行接洽 IMDA 核准之 ICT 業者，購買經 IMDA 核准之 ICT 方案及產品，補助費用最高達 70%。

⑵ 加強補助企業採用新型 ICT 技術（如感測器、資料分析及機器人等方面之新進技術），政府直接補助 80% 設置成本，每家業者最高可獲 100 萬星元補助。

⑶ 業者安裝速度 100Mbps 以上之光纖網路，可向政府申請補助，另安裝無線網路亦可申請補助。

2. **應用科技以提高生產力**：零售行業傳統上仰賴大量人力，然而新加坡勞動力市場緊縮，故 SPRING 建議業者積極採納新科技以降低對人力的依賴。SPRING 並設定目標，在 2020 年前，能讓 50% 以上的大型零售商均採取相關新科技。事實上，鑑於勞力缺口問題，新加坡政府另推動「無人（服務）計畫」，如公共住宅區之無人咖啡店、連鎖超市之自動結帳系統。

3. **打造可因應未來趨勢的勞動力**：勞動市場緊縮是新加坡面對的挑戰之一，而且新科技及網路購物的興盛，也讓傳統零售業必須重新設計工作（job redesign）以回應市場的變化，避免勞動力與勞動市場脫節，造成結構性失業。為此，新加坡勞動力發展局特別針對零售業的中階專業人士、經理、執行或技術

人員（professionals, managers, executives and technicians, PMET）推出培訓課程與技能證照。SPRING 也與新加坡勞動力發展局研議推出「零售業技能框架（Skills Framework for Retail）」。

4. 協助零售業者國際化：SPRING 與新加坡國際企業發展局（IE Singapore）合作，共同推動零售業者國際化，IE 除了協助業者了解海外市場需要及消費者偏好，同時透過補助參展相關之國際化業務，給予業者誘因將事業版圖以電子商務方式擴大到新加坡以外地區。另外，SPRING 也鼓勵業者多與相關公協會合作、了解海外市場商機，並透過電商網絡開拓海外市場（參見表 12-1）。

表 12-1　新加坡零售業轉型藍圖：Retail ITM

策略	重點	支援計畫
進行創新以驅動成長	鼓勵傳統零售業者接受「全通路」零售模式	「Enhanced iSPRINT」計畫補助
應用科技以提高生產力	採納新科技以降低對人力的依賴，如以 RFID 進行貨物管理、自動化零售服務設備、自助結帳商店／櫃台	目標在 2020 年前，讓 50% 以上的大型零售商均採取類似新科技
打造可因應未來趨勢的勞動力	打造可因應未來趨勢的勞動力推出「Profession Conversion Programme for Retail Store Managers」；擬推出「零售業技能框架（Skills Framework for Retail）」	
協助零售業者國際化		SPRING 與新加坡國際企業發展局（IE Singapore）合作

資料來源：本研究整理。

▶▶▶ 二、日本「服務業挑戰計畫」（Challenge Program）

為了活化服務業、提升營運效率，日本政府在 2015 年 4 月訂定「服務業挑戰計畫」（Challenge Program），將透過掌握地區別、行業別的營運狀況、薪資水準的實際狀態，運用目標進度管理，提供典範企業個案之經營課題與對策，推

動服務品質可視化，以及服務業創業與網路化支援等措施。

（一）促進服務業活化、生產效率提升等相關想法

服務業約占日本 GDP 的 7 成，日本經濟若要成長，服務業的活化、提升生產效率將不可或缺。就地方經濟發展而言，服務業除了提供大宗的就業機會外，也為地方居民的生活提供便利服務。為了讓民眾都能切身感受活絡的地方經濟社會，服務業的活化和生產效率的提升為重要政策課題。以提升全體服務業勞動生產效率為目標，日本推動的「服務業挑戰計畫」，計畫內容包含：促進服務業之活化和生產效率提升方向邁進，並以建立「全國布局」的措施及支援體制為挑戰。而服務業若要活化及提升生產效率，需雙管齊下，同時推動附加價值的擴大和生產效率的提升。

政府除透過「日本服務大賞」等獎項，跨業收集典範推動案例之外，為提供業者最佳方案標竿，也將業者的經營課題和解決方案「可視化」，期能簡單明瞭地提供參考。另外，政府並從跨業、個別行業兩方面提供支援，協助各業者解決經營課題。為使業者加快腳步，挑戰活化和生產效率提升，將建構一個由行政機關、地方政府、經濟團體、業界團體、金融機構等各領域專家，聯手合作投入推動和支援的全國性體制。

（二）服務業整體相關目標

1. 希望在 2020 年前，將服務業的勞動生產效率成長率提高到 2.0%（2013 年為 0.8%）；

2. 掌握個別地區、個別行業的生產效率和薪資水準現況，落實服務業整體相關目標達成，並對達成情況作動態管理。

（三）跨部會措施

1. 根據典範案例，整理個別企業的經營課題與因應措施，並促進其普及。設立「日本服務大賞」（內閣總理大臣賞、各部會大臣賞），透過活動廣宣，促進典範實務案例普及。

2. 推動服務品質可視化，推動消費者評價高品質服務架構。

3. 對有助服務領域之創業或規模擴大的網路化提供支援，期能帶動服務業整

體向上提升。

4. 積極推動服務業者之 IT 應用。

⑴ 配合 2020 年奧運、殘障奧運在東京舉辦，屆時日本成為全球的矚目焦點，將從 outbound、inbound 兩方面推動相關措施。

⑵ 為促進服務領域善用雲端等 IT 技術，除將提升地方 IT 諮詢顧問人才的品質（透過人才培育、實績或評價之可視化，促進競爭）外，並將透過建立諮詢顧問人才和中小企業支援機構網絡，建構廣泛喚起服務業者運用雲端等 IT 技術意願的體制。並建置中小服務業者和中小企業支援機構可用來「評價企業之 IT 運用狀況」的工具（Tool），促進普及。

⑶ 推動中小服務業者應用 IT 技術，促進積極應用 IT 技術之典範實務的普及。

5. 推動服務領域之國際化。

6. 推動產學合作，並進行人才培育。

7. 推展小型都市與網路化，以期能在人口減少情況下，有效提供高品質的服務。

（四）行業別措施

考量各行業的 GDP、就業人數、生產效率等要素，針對住宿（飯店旅館）業、運輸業（卡車）、外食和外帶外送餐飲業、醫療領域、照護領域、育幼領域、批發和零售業，研擬行業別相關措施。

1. 住宿產業

⑴ 應用 IT 技術、創造新需求：加強旅館的資訊提供與宣傳、建立品牌：在日本政府觀光局（JNTO）的網頁上，開設外國觀光客用的檢索入口網站，以提高日本旅館對外國觀光客的訴求力，或考量外國觀光客的需求，充實旅館宣傳影片等內容。

⑵ 應用 IT 技術、改善業務流程、分工和合作：根據個別層級，分別整理旅館經營和第一線業務的課題與解決方案。在入門篇方面，可透過網路傳送至全國推廣數位學習，在實踐篇方面，可透過產官學合作舉辦的講座，來促進高品質經營、業務改善對策等之普及。

2. 運輸業

⑴ 實施縮減工時之對策：設立由發貨人、卡車運輸業者等構成之協議會，

針對交易環境和長工時之改善，釐清課題，實施對策（由國土交通省、厚生勞動省及經濟產業省跨部會合作）。

(2)運用指導綱領（Guideline），推動適合本土交易模式。

(3)促進運用 IT 技術，引進中繼運輸。透過應用 IT 技術之資訊系統，有效進行業者配對或車輛安排、司機、貨物等之資訊共享等促進引進中繼運輸相關對策之研擬。

3. 外食和外帶外送

(1) 運用 IT、促進典範案例普及、業務標準化：由農林水產省、厚生勞動省、相關業界建置促進外食和外帶外送產業活化、提升生產效率之平台，以推動典範案例普及、業務標準化、促進 IT 技術之應用等（含接單和下單、勞務、會計等之 ICT 化、共同委外之推動等）。

(2) 價值之可視化：對提供豐富資訊（對企業投入標示原料原產地、食材過敏相關資訊、友善穆斯林、多語言回應等提供支援，並表揚、公布積極投入之企業、充實相關研習制度等）提供支援，以帶動顧客滿意度提升。

(3) 創造新需求：以「推動日本食——普及官民合同協議會」為基礎，推動支援拓展海外市場（針對日本食之品牌化的海外宣傳、海外開店支援，如市場行銷支援等）。同時，推動放入鄉土料理之嶄新健康照護食品、應用地方農產或機能性農產品等照料健康之飲食的開發等。

(4) 引進機器人：依據「機器人新策略」，推動外食和外帶外送產業引進機器人。

（五）批發和零售

1. 應用 IT 等創造新需求、提升業務效率：由供應鏈整體共享運用 POS data 或外在要素資料（天候資料等）所為之需求預測，降低全國之退貨，進而做到進貨、庫存管理之最佳化。

推動中小零售業之網路化、IT 應用等，以促進零售店可將原本各自進行之進貨或通路拓展等變成共同進行。

為推動應用 IT 技術而為外國人建置的「商品資訊多語言提供系統」（透過手機，以各種語言提供商品資訊等），制訂系統之標準規格，期能帶動外國觀光客之購物金額。

因人口減少等因素，導致購物困難之地區，推動業者與地區相關人員攜手合作之相關計畫。

2. 推動物流標準化、自動化：針對食品或日用品等非食品之標準制式箱的普及，進行研議；推動製造運輸銷售合作帶動物流效率化、節能化。

為消除人手不足問題、提升服務，引進機器人技術，並在店鋪內或非賣場的場所中，活用進行自動行駛或列隊行駛之機器人推車，以促進業務之效率化。

3. 重新檢視不具效率之商業習慣等：推行交貨期限之重新審視、食品有效期限由標示年月日簡化為標示年月等，以提升商品管理效率、減少銷毀所致損失。

（六）加強支援體制

服務業有很多是扎根在地方的中、小規模業者，若要促其活化、提升生產效率，將需建置地方層級的支援體制，協助個別業者針對活化和提升生產效率進行挑戰。為此，應推行地方之專業性卓見的網路化以使業者得以就近獲得專業支援人才之建議，並應進行有助支援單位對積極改善經營提供支援之素材、評價手法的「可視化」。

參考新加坡、日本的相關政策，提出以下一些值得參考的觀察：

第一、這些國家的政策相當重視產業發展的策略規劃。例如，新加坡針對特定領域提出產業轉型藍圖，為各行業領域制定產業數位化藍圖。相同領域的中小企業，可透過藍圖進一步確認合適的數位科技，而提供這些科技的業者，也較能滿足特定領域的需求。

第二、這些國家服務業科技化政策重視市場的連結或擴大。尤其是日本政府的「服務業挑戰計畫」，著重於「創造新需求、應用 IT 技術」，特別配合 2020 年東京舉辦奧運、殘障奧運，從 outbound、inbound 兩方面推動相關措施。在零售業方面，日本也為推動應用 IT 技術之建置，以外國人為適用對象的「商品資訊多語言提供系統」，並制訂系統之標準規格，期能帶動外國觀光客之消費意願。同樣地，新加坡特定服務業的發展也重視國際商機的連結。

進一步而言，日本是將重要的國際賽會當作國家對外行銷的契機。除了日本藉舉辦東京奧運、殘障奧運發展觀光外，韓國也以 2018 年平昌冬季奧運，以科技展演和應用服務情境，激發韓國對創意經濟發展，促成整合 5G 通訊技術及相關數位科技組合，向全世界提供一個與過往不同體驗之奧運競賽。我國少有機

會能夠舉辦國際重要賽會，但更少利用有限的機會推銷臺灣自己的服務與科技解決方案。2017 年世大運和 2018 年臺中花博較缺乏類似日本與韓國的積極政策作為。

第三、協助中小型零售業因應數位經濟的衝擊。跨境電商的發展在一些國家已經對實體經濟（如零售業）產生影響，首當其衝的可能是中小型零售業者。而且，電子商務也在轉型，隨著數位經濟的發展，可能走向「新零售」的模式。整體而言，「新零售」的可能模式是由大型業者主導，而且偏向於「資本密集」，而非中小型零售業者所擅長。因此，我國在發展跨境電商和「新零售」的過程中，必須正視對中小型零售業者的可能影響與因應對策。目前一般的政策作法是輔導中小型零售業者也走向數位化或利用電子商務，但是若中小型零售業者只以大型業者所擅長的數位化或電子商務與其競爭，可能不容易勝出。相對地，中小型零售業者或許可以消費者為中心，一方面結合全通路行銷（Omni-Channel Marketing）模式，另一方面發展出自己本身的差異化優勢（如以優質客戶服務取勝），或許才可能在數位經濟的商業浪潮中取得立足發展的基礎。

第五節　產業如何應對的建議

▶▶ 一、Scaleup company vs. 獨角獸

就創業而言，目前許多政策都環繞著培育新創企業加以設計，而培育出獨角獸更常被設定為重要的政策目標。然而，歐盟及 OECD 近年來在新創企業政策相當突顯一個關鍵字：「擴大營運規模」（scale-up）；一些概念與政策作為也環繞著 scale-up 加以推出。事實上，OECD 早就提出 scaleup company 的概念，係指處於快速成長階段的新創企業。其基本理念直指並非所有新創都（只有少數）可以成為獨角獸，因此這種「規模化的新創企業」對於經濟發展也有重要的價值，包括創造就業；這個概念類似中小企業領域所討論的「瞪羚（gazelle）企業」；泛指具創新活力與發展速度的高科技企業。因此，對照國際趨勢，我國創新創業的政策不宜只侷限於現在常見的幾個關鍵字，如：startup、獨角獸、soft landing，需要重視 scale-up 的面向。而且輔導或「賦能」（empowerment）措施

要考慮 Scale-up 企業在不同階段所面對的議題。

▶▶ 二、產業層次 Master Plan vs. 個案式的輔導

整體而言，我國在美食國際化主要針對既有的連鎖業者，透過個案式的輔導，推動連鎖餐飲店的對外投資展店，雖然有一些海外拓展的成績，也應考慮對國內的投資、就業與 GDP 的提升。相對而言，泰國的「世界廚房」則是以產業層次 master plan 的模式推動泰式餐飲、食材、廚師、周邊商品的對外輸出，較具有廣泛性的經濟提升效果。

泰國世界廚房的產業層次 Master Plan 主要透過三大策略貫穿之。策略 1：由國家主導跨部會整合（金融、商務、教育部等），透過明確的定位輸出軟實力，從餐飲行銷提升到飲食文化的層次，打造泰國品牌。策略 2：以餐廳做為服務業走出去的展示平台，帶動關聯產業的出口，包括公司合資的連鎖餐廳，以及藍象餐廳。策略 3：以官方認證制度拉動對泰國當地食材與人力的需求，包括 Thai Select 餐廳認證與廚師分級制度。因此，這些策略得以進一步發揮泰國食品產業的優勢，包括米、蔬果、調味料等的出口，以及廚師訓練服務、廚師跨境服務等；進而帶動關聯產業，如家具、設備、藝術品、印刷品等；甚至是衍生的冷鏈物流需求。質言之，Master Plan 的規劃原則包括：

1. 由單一部會走向跨部會的策略思維和政策框架；
2. 由單一計畫的輔導模式走向需求導向和擴大生態系的推動模式；
3. 找到對的切入點，有些領域甚至需要「另闢蹊徑」。

就臺式／中式美食而言，世界各國早已存在許多中式餐廳，而且中式食材來源甚廣，因此臺灣很難在這種條件下推動類似泰國世界廚房的發展策略與行動方案。但是從「另闢蹊徑」的角度，中經院團隊也曾經提出花東無毒／有機（樂活生機）餐飲輸出模式。

花東地區有一些地方特色的食材，包括無毒／有機農產品、池上米、玉里雞／臺東放山雞、鱘龍魚等，另還有太子咖啡、原住民工藝等在地特色的周邊商品。若能夠參考泰國「世界廚房」Master Plan 的多元作法，將這些元素有系統地連結在一起，輔導花東青年在外縣市開經過官方認證的花東餐廳，則可能有機會將花東無毒／有機（樂活生機）餐廳和相關食材及商品，發展成具有花東特色與

高階市場區隔的餐飲服務模式。在作法上，則可由地方政府和當地農會／合作社合作，一方面建立有官方／公信力認證（如「花東嚴選」），另一方面建立融資機制，輔導花東青年在外縣市開經過官方認證的花東餐廳；不同等級的認證可要求搭配不同等級的食材及商品。另外，政府也可協助建立花東餐廳專業培訓或廚藝學校，訓練有證照的花東餐廳廚師。藉此，或可在臺灣發展出具有特色的花東無毒／有機（樂活生機）餐飲及食材的外地輸出模式；並可藉此發展花東的體驗觀光。

▶▶▶ 三、提升中小型餐飲業服務外籍觀光客的能力

我國長期以來以小吃、夜市作為美食國際化的訴求，而且過去觀光客主力為陸客、日本觀光客等，小吃攤或餐廳以既有的中文（如菜單）內容，就容易與顧客溝通。然而，隨著陸客數量在縮減，而其他國家客源在增加中（如來自於東南亞的觀光客），我國必須以各種方式克服外籍觀光客在臺消費的各種障礙。這不光只是路標、母語導遊等問題，眾多的餐飲業者如何能夠吸引外籍觀光客的消費也需加以正視。

主要國家在這方面的作法是推動菜單的「視覺化／圖片化」和英語化。這或許不需要太多的科技，但卻是處理外籍觀光客在地消費之「社會介面」的參考作法。另外，韓國觀光公社在首爾各大旅遊區安排精通外語的翻譯人員，義務為外國遊客提供翻譯和嚮導服務，專員都穿著制服，背後或臂章上註明會講的外國語言。甚至於，韓國也透過科技化線上即時翻譯客服系統，提供外籍觀光客必要的在地即時溝通服務。

▶▶▶ 四、藉科技化拓展餐飲業高階市場區隔

我國在推動餐飲業創新與國際化，或著重於連鎖餐飲業的海外投資展店，或聚焦於利用夜市和小吃作為服務出口的訴求，但是這也限制了我國在餐飲方面的品質或市場區隔的提升。因此，在中小型餐飲業創新轉型方面，政府的作為應加強輔導個別中小型餐飲業者透過科技化拓展餐飲業高階市場區隔；不過一個重要前提是：我國餐飲業所能吸納的國內外消費力要能夠同步提升，才能夠支撐高階

市場區隔的形成與發展。科技化轉型的方向則可以有多元的思考，例如利用國際合作引進分子料理餐廳、結合植物工廠發展科技化的無毒／有機體驗餐廳、針對人口老化趨勢發展銀髮族所需要的餐飲及相關服務等。而且，政策作為可以更多元，不只是一般性的研發補助計畫，例如紐約有成立 co-working 廚房，讓年輕人想要開發新點心或餐飲，可租 co-working space，也提供培訓機制，讓開單店的人可以接受新的訓練，開發新食譜。另外，紐約社區也出現「共享廚房」的服務模式，讓業者可以集客「共餐」等新型態的餐飲服務。

▶▶ 五、「巷弄經濟」的國際化

我國許多中小型服務業者（尤其是零售業者與餐飲業者）大多存在於都會區的巷弄間，一些外籍（例如香港）觀光客甚至慕名而來，穿梭於臺北特定區域的巷弄間，享受獨特的購物文化或氛圍。因此，政府與業者可以因勢利導，將「巷弄經濟」國際化，形成對更多外籍觀光客的消費訴求。而且，這種輔導方式可採取區域營造的方式加以為之；如同外國觀光客會慕名前往韓國首爾的東大門、臺北的西門町等特定區域。有些特定區域的「巷弄經濟」發展甚至於需要產業發展思維與系統化的政策。

進一步而言，我國需要對外營造具有國際吸引力的「軟實力」。韓國和泰國在紡織時尚零售業的發展，是依托特定的軟實力。類似韓流，過去我國的演藝人員與影視節目對東南亞也曾經具有廣泛的吸引力，只是過去缺乏進一步的努力，將其轉化成對臺灣特定產品或元素的國際吸引力。不可諱言的是，目前中國大陸的軟實力與日俱增，使得中文和中國文化開始廣受國際矚目，但是臺灣仍可有所作為；因為即便美國文化和軟實力席捲全球，英國仍以獨特的英式文化和各種內容，在美國市場和國際市場占有一席之地。因此，我國仍可在一些領域，針對東南亞市場或泛東亞市場，營造專屬於臺灣的軟實力，以吸引相關外籍人士來臺消費或拓展國際市場。

第六節　總結與展望

　　經濟部相當重視商業服務業的發展，因應數位經濟與數位轉型趨勢，主要的商業服務業輔導計畫都強調數位化、智慧化、營運模式創新、與國際化等發展方向；這大致與新加坡、日本等國的輔導方向類似，積極推動相關行業創新能耐的加強與輔導。

　　在近兩年，我國商業服務業數位轉型的一大重點為以便利商店為核心的無人商店實驗。不過，經過短暫的嘗鮮熱潮，統一超商在 2019 年宣布暫時擱置無人店！這個無人商店實驗仍有其戰略意義。就服務的溫度加以觀察，便利商店的店員其實不只是「收銀員」，而是提供了多種技能、多種工項的服務提供者和前台，他們與客人的互動頻率和型態原本就多元而複雜，因此難以簡單的支付工具和身分辨識技術加以取代。另一方面，消費者行為也會成為無人商店發展的制約因素。

　　尤其，服務業的數位科技創新往往會「社會落地」，故數位轉型就要克服「數位化的二元對立」問題。這包括新舊經濟活動方式之間的衝突或矛盾、線上虛擬活動與現實世界活動之間的串聯或認知差異，例如無人化的服務與人性化的服務間的衝突。簡言之，許多數位科技的應用需要與現實環境的人事物互動，互動的複雜度越高、層面越廣，轉換的時間越長。而且相對於製造業的場域，服務業在數位科技與人事物互動的關係，會從結構化走向非結構化、低自主性走向高自主性，使得轉換的難度提升。

　　除了可就新加坡、日本等國的輔導措施與體系加以參照外，我國可就包括：重視新創企業的「擴大營運規模」、加強產業層次 Master Plan 的整體轉型、提升中小型餐飲業服務外籍觀光客的能力、藉科技化拓展餐飲業高階市場區隔、「巷弄經濟」的國際化等加強投入。

　　進一步而言，由於這些商業服務業發展與國家所能處理和吸納的國內外消費力（及投資）密切相關，我國過去的觀光政策著重於引進國外觀光客，和偏重於以較傳統的方式、商品引導國外觀光客的在地消費，未來可加強以多元的方式釋放他們在臺灣的消費潛力。軟實力的表現其實是可以有效區隔或刻意營造的。可見臺灣仍大有可為。

參考文獻

第一章

Euromonitor International, 2019, *Top 10 Global Consumer Trends for 2018*, retrieved from https://www.nigelwright.com/news-insights/news/top-10-global-consumer-trends-for-2018-euromonitor-international-report/, 最後閱覽日期：2019/07/11。

International Monetary Fund, 2019, *World Economic Outlook*, retrieved from https://www.imf.org/en/Publications/WEO/Issues/2018/03/20/world-economic-outlook-april-2018, 最後閱覽日期：2018/09/11。

International Trade Centre, 2019,*International trade statistics*, retrieved from http://www.intracen.org/itc/market-info-tools/trade-statistics/, 最後閱覽日期：2019/07/11。

United Nations Conference on Trade and Development, 2019, *World Investment Report*, retrieved from http://unctad.org/en/PublicationsLibrary/wir2019_en.pdf, 最後閱覽日期：2019/07/11。

World Bank, 2019, *World Development Indicators Databank*, retrieved from http://databank.worldbank.org/data/reports.aspx?source=World-Development-Indicators, 最後閱覽日期：2019/07/11。

World Trade Organization, 2019, *World Trade Statistical Review*, retrieved from https://www.wto.org/english/res_e/statis_e/wts2018_e/wts2018_e.pdf, 最後閱覽日期：2019/07/11。

World Trade Organization, 2019, *World Trade Report*, retrieved from https://www.wto.org/english/res_e/booksp_e/world_trade_report18_e.pdf, 最後閱覽日期：2019/07/11。

第二章

中央銀行，2019，中央銀行統計資料庫，取自：http://www.pxweb.cbc.gov.tw/dialog/statfile9.asp，最後閱覽日期：2019/07/01。

行政院主計總處，2019a，107 年度產值勞動生產力趨勢分析報告，取自：http://www.dgbas. gov.tw/ct.asp?xItem=16975&ctNode=3103，最後閱覽日期：2019/07/01。

＿＿＿＿，2019b，就業失業統計資料查詢系統，取自：http://www.stat.gov.tw/ct.asp?xItem=32985&CtNode=4944&mp=4，最後閱覽日期：2019/07/01。

＿＿＿＿，2019c，歷年各季國內生產毛額依行業分，取自：http://www.stat.gov.tw/np.asp?ctNode=3564，最後閱覽日期：2019/07/01。

＿＿＿＿，2019d，薪資及生產力統計資料，取自：http://win.dgbas.gov.tw/dgbas04/bc5/EarningAndProductivity/QueryPages/More.aspx，最後閱覽日期：2019/07/01。

行政院科技部，2019，全國科技動態調查－科學技術統計要覽，取自：https://ap0512.most. gov.tw/WAS2/technology/AsTechnologyDataIndex.aspx，最後閱覽日期：2019/07/01。

財政部，2019，財政統計月報民國 108 年，取自：https://www.mof.gov.tw/Pages/Detail. aspx?nodeid=285&pid=57474，最後閱覽日期：2019/07/01。

經濟部投資審議委員會，2019，107 年統計月報，取自：http://www.moeaic.gov.tw/system_ external/ctlr?PRO=PubsCateLoad，最後閱覽日期：2019/07/01。

國發會，2018，中華民國人口推估（2018 至 2065 年）報告，取自 https://pop-proj.ndc.gov.tw/download.aspx?uid=70&pid=70，最後閱覽日期：2019/08/15。

PwC，2018b， Experience is everything，取自：https://www.pwc.com/future-of-cx，最後閱覽日期：2019/08/20。

＿＿＿＿，2019， Global Consumer Insights Survey 2019，取自：https://ww w.pwc.com/consumerinsights，最後閱覽日期：2019/08/15。

▶▶ 第三章

工商時報，2015，美國僱主預期 2016 年加薪幅度 3%，http://www.chinatimes.com/realtimenews/20150812005808-260410，最後閱覽日期：2019/4/20。

日本經產省，2018，商業動態統計書，http://www.meti.go.jp/statistics/tyo/syoudou/h2sosirase20170928.html，最後閱覽日期：2019/4/20。

日本經產省，2018，勞動力調查書，http://www.meti.go.jp/statistics/index.html，最後閱覽日期：2019/4/20。

日本經產省，2018，基本工資結構統計調查書，http://www.meti.go.jp/statistics/index.html，最後閱覽日期：2019/4/20。

中國大陸統計局，2019，國家統計數據庫，http://data.stats.gov.cn/easyquery.htm?cn=C01，最後閱覽日期：2019/4/20。

行政院新聞稿，2017，107年1月1日起基本工資調漲，https://www.ey.gov.tw/Page/5A8A0CB5B41DA11E/a968ae1f-913b-4a73-b541-b5fdb71ed4f2，最後閱覽日期：2019/04/20。

行政院主計總處，2016，中華民國行業標準分類第10次修訂（105年1月）。

行政院主計總處，2019，國民所得統計摘要（108年5月更新），https://www.dgbas.gov.tw/public/data/dgbas03/bs4/nis93/ni.pdf，最後閱覽日期：2019/04/20。

商周雜誌，2013，淘寶襲台！接管臺灣地攤，https://www.businessweekly.com.tw/magazine/Article_page.aspx?id=18629&p=1，最後閱覽日期：2019/04/20。

國泰建設股份有限公司和政治大學臺灣房地產研究中心，2019，2019年第一季國泰房地產指數新聞稿，http://www.cathay-red.com.tw/uploadfile/house/5F7C1E2B3812CF76CC1966F700BF0DCD.pdf，最後閱覽日期：2019/04/20。

財團法人商業發展研究院，2018，遇經營困境商業服務業現況與輔導策略建議評估調查報告。

經濟部統計處，2017，批發、零售及餐飲業經營實況調查報告，https://www.moea.gov.tw/Mns/dos/content/ContentLink.aspx?menu_id=9431，最後閱覽日期：2019/04/20。

經濟部統計處，2018，批發、零售及餐飲業經營實況調查報告，https://www.moea.gov.tw/Mns/dos/content/ContentLink.aspx?menu_id=9431，最後閱覽日期：2019/04/20。

經濟部研究發展委員會，2018，國內外經濟情勢分析，https://www.moea.gov.tw/Mns/populace/introduction/EconomicIndicator.aspx?menu_id=150，最後閱覽日期：2019/04/20。

蘇醒文，2018，FBN：「數據＋社群」打造精準農業，財團法人資訊工業策進會，https://www2.itis.org.tw/NetReport/NetReport_Detail.aspx?rpno=683505187&industry=4&ctgy=15&free=1，最後瀏覽日：2019/5/20。

劉佳苹，2018，Planet Table：連結產地與餐廳之媒合配送平台，財團法人資訊工業策進會，https://mic.iii.org.tw/aisp/ReportS.aspx?id=CDOC20180801006，最後瀏覽日：2019/5/20。

Data USA, 2019, Wholesale Trade Report, retrieved from https://datausa.io/profile/naics/42/#intro，最後閱覽日期：2019/4/20。

United States Census Bureau, 2019, Monthly Wholesale Trade, retrieved from https://www.census.gov/wholesale/pdf/mwts/currentwhl.pdf，最後閱覽日期：2019/4/20。

▶▶ 第四章

2019，新光三越營收今年衝 800 億元吳昕陽訂出「本土品牌孵化器」計畫，鉅亨網新聞，取自 https://www.cmoney.tw/notes/note-detail.aspx?nid=156305，最後閱覽日期：2019/05/16。

2019，比小七還會賺！4 個關鍵數據寶雅稱霸美妝零售帝國，聯合新聞網，取自 https://www.cheers.com.tw/article/article.action?id=5024130，最後閱覽日期：2019/05/16。

行政院主計總處，2019，107 年薪資與生產力統計年報，取自 http://www.stat.gov.tw/mp.asp?mp=4，最後閱覽日期：2019/06/30。

何秀玲，2018，寶雅精華區展店營運點火，經濟日報，取自 https://udn.com/news/story/7254/3473563，最後閱覽日期：2019/06/26。

劉馥瑜，2018，爭當烘焙王超市麵包大戰開打，工商時報，取自 https://ctee.com.tw/news/industry/55272.html，最後閱覽日期：2019/03/18。

愛范兒，2019，為降低竊盜損失，沃爾瑪為 1,000 家店面裝了 AI 相機，科技新報，取自 https://technews.tw/2019/06/26/walmart-stores-ai-camera/，最後閱覽日期：2019/05/16。

財政部統計資料庫查詢，2019，第八次修訂（6 碼）及地區別，取自 http://web02.mof.gov.tw/njswww/WebProxy.aspx?sys=100&funid=defjspf2，最後閱覽日期：2019/06/30。

陳建鈞，2019，解放員工的雙手！沃爾瑪僱用近 4000 台機器人，做的事跟人有何不同？，數位時代，取自 https://www.managertoday.com.tw/articles/view/57533，最後閱覽日期：2019/05/16。

郭家崴，2019，新光三越站前店送禮專區 skm pay 獨創 48HR 到貨服務，中時電子報，取自 https://www.chinatimes.com/realtimenews/20190503002923260405?chdtv，最後閱覽日期：2019/06/16。

蔣曜宇，2019，解決排隊找零麻煩，全聯行動支付 PX Pay 有何特別？，數位時代，取自 https://www.bnext.com.tw/article/53405/pxpay-omnichannel-digitaltransformation，最後閱覽日期：2019/05/27。

蔡茹涵，2019，全聯營收千億的祕密像外行人一樣思考，商周雜誌，取自 https://www.businessweekly.com.tw/magazine/article_page.aspx?id=38964，最後閱覽日期：2019/06/27。

何佩珊，2018，全聯不做電子商務要做電子服務，第一步對供應商開放即時銷售數據，數位時代，取自 https://www.bnext.com.tw/article/51625/pxmart-e-service-plan，最後閱覽日期：2019/06/23。

永旺官網，取自 https://www.welcome-aeon.com/tw/service/ 最後閱覽日期：2019/05/16。

王一芝，2019，全聯自推支付 APP 背後難題：如何教會婆婆媽媽使用？，天下雜誌，取自 https://www.msn.com/zhtw/news/national/%E5%85%A8%E8%81%AF%E8%87%AA%E6%8E%A8%E6%94%AF%E4%BB%98APP%E8%83%8C%E5%BE%8C%E9%9B%A3%E9%A1%8C%E5%A6%82%E4%BD%95%E6%95%99%E6%9C%83%E5%A9%86%E5%A9%86%E5%AA%BD%E5%AA%BD%E4%BD%BF%E7%94%A8%EF%BC%9F/ar-AACdfdo，最後閱覽日期：2019/06/03。

凰月諮詢，2018，Costco 如何成為世界第二零售商（二）之供應鏈管理，DIGITIMES，取自 https://kknews.cc/tech/j525nry.html，最後閱覽日期：2019/05/16。

KPMG，2019，Retail Trends 2019 Global Consumer & Retail，取自 https://assets.kpmg/content/dam/kpmg/xx/pdf/2019/02/global-retail-trends-2019-web.pdf，最後閱覽日期：2019/05/30。

Deloitte，2019，Global Powers of Retailing 2019，取自 https://www2.deloitte.com/content/dam/Deloitte/global/Documents/Consumer-Business/cons-global-powers-retailing-2019.pdf，最後閱覽日期：2019/05/30。

eMarketer，2019，THE FUTURE OF RETAIL 2019 Top 10 Trends that Will Shape Retail in the Year Ahead，取自 https://on.emarketer.com/rs/867-SLG-901/images/eMarketer_Future_of_Retail_Report_Braze_2019.pdf，最後閱覽日期：2019/06/30。

MBA 智庫百科，2019，美國家得寶公司，取自 https://wiki.mbalib.com/zh-tw/%E7%BE%8E%E5%9B%BD%E5%AE%B6%E5%BE%97%E5%AE%9D%E5%85%AC%E5%8F%B8，最後閱覽日期：2019/05/16。

第五章

子婷（2017），3 大成功關鍵，外送服務 Delivery Hero 無畏 Amazon、UberEats 進駐市場，取自 https://meet.bnext.com.tw/articles/view/39870，最後瀏覽日期：2019/5/15。

土逗公社（2019），外賣員的自由幻夢：在倫敦做騎手，也不過是機器的附屬品，取自 https://kknews.cc/other/ro2yl8v.html，最後瀏覽日期：2019/8/8。

日本訊息（2017），非一般的外送服務員！來了解日本最新的機器人餐飲外送服務！取自 https://jpninfo.com/tw/47195，最後瀏覽日期：2019/6/28。

王莞甯（2019），餐飲業成長並非只靠展店搶客戰線已拉到外送平台，取自 https://news.cnyes.com/news/id/4264010，最後瀏覽日期：2019/5/15。

中華人民共和國商務部（2018），商務部等 9 部門關於推動綠色餐飲發展的若干意見，取自 http://www.mofcom.gov.cn/article/zhengcejd/bj/201806/ 201806027 52344. shtml，最後瀏覽日期：2019/6/28。

中國飯店協會（2019），2014~2018 中國餐飲業年度報告，取自 http://www.chinahotel. org.cn/forward/enterSecondDary.do?id=4a41851c14184c9495f3aad314fc4290&child MId1=4e28ce0583794d08a63c4036d336f5cc&moduleId=4e28ce0583794d08a63c403 6d336f5cc，最後瀏覽日期：2019/6/28。

行政院主計總處（2019），103~107 年薪資及生產力統計年報，取自 https://www.dgbas. gov.tw/ct.asp?xItem=36594&ctNode=3103&mp=1，最後瀏覽日期：2019/6/28。

艾莉莎（2019），戶戶送、honestbee、Uber Eats、有無快送、foodpanda 臺灣 5 大美食外送 APP 懶人包 2019 最新版，取自 https://www.cool3c.com/article/141725 2019.03.12，最後瀏覽日期：2019/6/5。

每日頭條（2019），2018 年中國餐飲外賣大數據分析報告 —— 節選，取自 https:// kknews.cc/zh-tw/tech/4n5ezyx.html，最後瀏覽日期：2019/5/15。

林奇伯（2019），微風主打全台獨家、專屬禮遇吸客大法：30 秒內要驚豔，取自 https://www.businesstoday.com.tw/article/category/154686/post/201901090034/%E5 %BE%AE%E9%A2%A8%E4%B8%BB%E6%89%93%E5%85%A8%E5%8F%B0 %E7%8D%A8%E5%AE%B6%E3%80%81%E5%B0%88%E5%B1%AC%E7%A6 %AE%E9%81%87%20%20%E5%90%B8%E5%AE%A2%E5%A4%A7%E6%B3% 95%EF%BC%9A30%E7%A7%92%E5%85%A7%E8%A6%81%E9%A9%9A%E8 %B1%94，最後瀏覽日期：2019/6/22。

食力（2018），沒有最方便，只有更方便！foodomo 用感心服務在促銷戰中殺出一條生路，取自 https://www.foodnext.net/issue/paper/5234262002，最後瀏覽日期：2019/6/22。

食力（2019），享用美食不費力！六大外送平台總評比（上），取自 https://newtalk.tw/news/view/2019-01-31/201331，最後瀏覽日期：2019/6/22。

食力（2019），餐飲外送平台搶進市場 當心理不斷的消費爭議斷了財路！取自 https://www.foodnext.net/news/newstrack/paper/5739262557，最後瀏覽日期：2019/5/15。

財政部統計資料庫（2019），銷售額及營利事業家數第 7 次、第 8 次修訂（6 碼）及地區別，取自 http://web02.mof.gov.tw/njswww/WebProxy.aspx?sys=100&funid=defjspf2，最後瀏覽日期：2019/6/28。

陳如心、楊采緹、林珈名（2019），foodpanda 致力臺灣外送市場，取自 http://www.mjtaiwan.org.tw/pages/?Ipg=1007&showPg=1576，最後瀏覽日期：2019/5/15。

陳君毅（2019），餐飲外送「戶戶送」獲亞馬遜領投 172 億元，與 UberEats 戰火再起，取自 https://www.bnext.com.tw/article/53331/amaze-invested-deliveroo，最後瀏覽日期：2019/6/20。

陳建鈞（2019），Google Maps 加入送餐服務，找餐廳、叫外送一站到位！取自 https://www.bnext.com.tw/article/53447/google-food-delivery，最後閱覽日期：2019/6/20。

傑弗瑞・帕克、馬歇爾・范艾爾史泰恩、桑吉・喬德利（2016），平台經濟模式——從啟動、獲利到成長的全方位攻略，臺北：天下。

彭夢竺（2018），外送商機 - 美食外送 APP 結合實體通路搶 200 億大餅，取自 https://www.nownews.com/news/20180922/2960059/，最後瀏覽日期：2019/6/15。

遠傳電信（2018），【餐飲店家合作外送平台哪個好？】數據分析帶來的虛擬餐廳新商機，取自 https://gosmart.fetnet.net/2018/12/05/%E3%80%90%E9%A4%90%E9%A3%B2%E5%BA%97%E5%AE%B6%E5%90%88%E4%BD%9C%E5%A4%96%E9%80%81%E5%B9%B3%E5%8F%B0%E5%93%AA%E5%80%8B%E5%A5%BD%EF%BC%9F%E3%80%91%E6%95%B8%E6%93%9A%E5%88%86%E6%9E%90%E5%B8%B6%E4%BE%86/，最後瀏覽日期：2019/6/22。

聚焦 BAT（2016），餓了麼網上訂餐攜手滴滴，開創 O2O 合作新領域，取自 https://kknews.cc/tech/kzle5v.html，最後瀏覽日期：2019/8/8。

潘乃欣（2019），擺脫精品專櫃形象：餐飲櫃位占比近5成，微風南山靠臺灣人的「新習慣」搶客，取自 https://www.cheers.com.tw/article/article.action?id=5092554，最後瀏覽日期：2019/6/22。

數位時代（2016），近億美元投資的健康「速食」，新創 Sweetgreen 要用沙拉改變美國飲食習慣與耕種模式，取自 https://www.bnext.com.tw/ext_rss/view/id/1580374，最後瀏覽日期：2019/6/28

劉馥瑜（2019），吃飽沒火速崛起成本土一哥，取自 https://www.chinatimes.com/newspapers/20190219000229-260202?chdtv，最後瀏覽日期：2019/6/5。

Bureau of Labor Statistics（2019），Employment, Hours, and Earnings from the Current Employment Statistics survey（National）， 取自 https://data.bls.gov/timeseries/CES7072200001?amp%253bdata_tool=XGtable&output_view=data&include_graphs=true，最後瀏覽日期：2019/6/28。

e-Stat（2019），產業、從業上の地位別就業者數（2011 年～）—第 12‧13 回改定產業分類による，產業分類：飲食店，取自 https://www.e-stat.go.jp/dbview?sid=0003037311，最後瀏覽日期：2019/6/28。

e-Stat（2019），產業大分類、中分類（全國）產業分類：飲食店、民‧公區分：民營事業所，取自 https://www.e-stat.go.jp/dbview?sid=0003084009，最後瀏覽日期：2019/6/28。

e-Stat（2019），サービス產業動向調查統計表：事業活動の產業（中分類），事業從事者規模別年間売上高，取自 https://www.e-stat.go.jp/stat-search/files?page=1&layout=datalist&toukei=00200544&bunya_l=06&tstat=000001033747&cycle=7&year=20170&month=0&tclass1=000001059028&tclass2=000001063601&tclass3=000001066095&result_back=1，最後瀏覽日期：2019/6/28。

Grubhub（2019），Investors， 取 自 https://investors.grubhub.com/investors/overview/default.aspx，最後瀏覽日期：2019/5/15。

Jitendra Singh（2018），從幫助學生訂購食物到達到每月 540Mn 的訂單量：中國 Ele.me 的 故 事， 取 自 https://entrackr.com/2018/08/students-food-540-mn-month-order-ele-me/，最後瀏覽日期：2019/5/15。

Money DJ（2019），外送市場熱，餐飲業者攜手平台商搶進，https://technews.tw/2019/05/29/catering-industry-food-delivery-platform/，最後瀏覽日期：2019/6/20。

Reuben Matt（2019），Deliveroo's Dark Kitchen's on Panorama–What was it all about? 取 自 https://gigebyte.com/panorama-takeaway-secrets-exposed-what-was-it-all-about/，最後瀏覽日期：2019/8/8

Statista（2019），eServices Report 2019-Online Food Delivery

Statista（2019），Food & Beverages，取自 https://www.statista.com/outlook/25 3/100/food-beverages/worldwide，最後瀏覽日期：2019/6/28。

The Timeless Way of Stock Investment（2018），Grubhub 初步分析，取自 https://timelessinvestment.wordpress.com/2018/12/03/grubhub%E5%88%9D%E6%AD%A5%E5%88%86%E6%9E%90/，最後閱覽日期：2019/5/15。

United Nation （2019），World Economic Situation and Prospects 2019，取自 https://www.un.org/development/desa/dpad/publication/world-economic-situation-and-prospects-2019/，最後瀏覽日期：2019/6/28。

United States Census Bureau（2019），Annual Revision of Monthly Retail and Food Services:Sales and Inventories—January 1992 Through May 2019，NAICS Code：722，取自 https://www.census.gov/retail/mrts/www/benchmark/2019/html/annrev19.html，最後瀏覽日期：2019/6/28。

▶▶ 第六章

工商時報，2017，3 大科技加持物流產業須抓緊契機轉型速攻，https://m.ctee.com.tw/expert/558094d4/8941。

工商時報，2017，全家砸逾 40 億衝刺 EC 物流，https://m.ctee.com.tw/focus/xfsh/164634。

公視新聞網，2018，無人機送貨，臺灣尋覓合適商業模式，https://news.pts.org.tw/article/409529。

行政院主計總處，2016，中華民國行業標準分類第 10 次修訂（105 年 1 月）。

行政院財政部，2019，財政統計資料庫，http://web02.mof.gov.tw/njswww/WebProxy.aspx?sys=100&funid=defjspf2。

科技政策研究與資訊中心，2019，洞察 2030 年智慧製造之關鍵技術領域發展趨勢，https://portal.stpi.narl.org.tw/index/article/10459。

財經新報，2018，電商引爆物流業創新，「便利」定義再改寫，https://finance.technews.tw/2018/01/13/e-commerce-logistics/。

數位時代，2017，全家今年到店取貨上看 8000 萬件次，2020 年運量還要增 4 倍，https://www.bnext.com.tw/article/46623/familymart-enhance-ecommerce-in-store-pickup-service。

World Bank, 2018, The Logistics Performance Index, retrieved from https://lpi.worldbank.org/international/aggregated-ranking，最後閱覽日期：2019/06/21。

▶▶ 第七章

王煜翔，2019，WTO 電子商務與數位貿易談判對我國之重要性與意涵，WTO 電子報，2019 年 5 月 16 日，取自 https://web.wtocenter.org.tw/Page.aspx?pid=324110&nid=247

徐遵慈，2014，臺灣產業的「新南向政策」，貿易政策論叢，22，67-112。

曹承礎，2010，電子商務，Kenneth C. Laudon, Carol Guercio Traver 原著，新北市：臺灣培生教育出版股份有限公司。

經濟部商業司，2018，我國商業服務業拓展新南向國家策略與模式，107 年度商業服務業發展動能推升計畫，分項二、國際發展鏈結，子項 1 結案報告。

靖心慈，2019，從跨境數位貿易國際規範發展觀察東協五國存在之限制，WTO 電子報，2019 年 1 月 31 日，取自 https://web.wtocenter.org.tw/Page.aspx?pid=319043&nid=252

劉碧珍、陳添枝、翁永和，2018，國際貿易理論政策，第五版，臺北：雙葉書廊。

López González, J. and J. Ferencz, 2018, Digital Trade and Market Openness, OECD Trade Policy Papers, No. 217, OECD, https://doi.org/10.1787/1bd89c9a-en.

WTO Secretariat, 2002. GATS, Mode 4 and Pattern of Commitments, in Joint WTO-World Bank Symposiums on Movement of Natural Persons under the GATS. https://www.wto.org/english/tratop_e/serv_e/symp_apr_02_carzaniga_e.ppt.

WTO, 2018, World Trade Report 2018:The future of world trade: How Digital Technologies are Transforming Global Commerce, https://doi.org/10.30875/f309483f-en.

▶▶ 第八章

無

▶▶ 第九章

36 氪，案例剖析——盒馬鮮生走紅的成功祕笈，取自 https://kknews.cc/zh-tw/tech/gqzzgp9.html，最後閱覽日期：2019/07/14。

B. Joseph Pine II、James H. Gilmore，體驗經濟時代（十週年修訂版）：人們正在追尋更多意義，更多感受，經濟新潮社出版，2013/01/19。

TechOrange，7-11 擱置無人超商計畫！消費體驗民眾不買單，真的只能當「無人」商店，取自 https://buzzorange.com/techorange/2019/03/20/7-11-stop-conti nuing-to-expand-x-store/，最後閱覽日期：2019/07/14。

TechOrange，中國新零售典範，「盒馬鮮生」用大數據讓天下實現沒有難做的生意！取自 https://buzzorange.com/techorange/2018/08/03/new-retail-in-aliba ba/，最後閱覽日期：2019/07/14。

TechOrange，「無人成本反更高」燒光 181 億台幣後，中國「無人商店」只能走向泡沫化？取自 https://buzzorange.com/techorange/2019/03/20/7-11-stop-continuing-to-expand-x-store/，最後閱覽日期：2019/07/15。

YouFind，KOL 宣傳之：「網紅」與「KOL」怎麼分辨？取自 https://www.youfind.hk/blog/kol.html，最後閱覽日期：2019/07/20。

中央通訊社，新零售進入陣痛期盒馬鮮生傳關門市，取自 https://www.cna.com.tw/news/acn/201905010121.aspx，最後閱覽日期：2019/07/14。

林建江，數位時代，瑞幸咖啡就像「病毒」，不知道打哪來，卻遍地開花，取自 https://www.bnext.com.tw/article/53349/luckin-coffee-ipo，最後閱覽日期：2019/07/15。

林厚勳，TechOrange，富比士專文報導：邊緣運算各國搶發展，但最大的技術推手其實在臺灣！取自 https://buzzorange.com/techorange/2018/09/13/edge-computing-is-power-by-taiwan/，最後閱覽日期：2019/07/14。

林睿康，ETtoday 新聞，磨劍十多年陳昭榮轉戰直播電商 業績破億，取自 https://www.ettoday.net/news/20180824/1242934.htm，最後閱覽日期：2019/07/20。

沈星佑，經理人，全球第一間！星巴克「啡快」開幕，背後考量是爲了對抗它，取 自 https://www.managertoday.com.tw/articles/view/57950，最 後 閱 覽 日 期：2019/07/20。

李雅筑，商業周刊第 1652 期，麥當勞最新敵手 如何做到連鎖不複製？取自 https://www.businessweekly.com.tw/magazine/Article_mag_page.aspx?id=69769，最 後 閱覽日期：2019/07/10。

何佩珊，數位時代，阿里巴巴入股還不滿一年，中國大潤發將完成全面新零售改造， 取 自 https://www.bnext.com.tw/article/51107/alibaba-rt-mart-400-stores-new-retail-transformation，最後閱覽日期：2019/07/10。

何佩珊，數位時代，從超市、百貨到大賣場，亞馬遜和阿里巴巴爲何在線下買不停？取 自 https://www.bnext.com.tw/article/47117/why-alibaba-amazon-buy--brick-and-mortar-retail-store，最後閱覽日期：2019/07/10。

拓樸產研，「拓墣觀點」AI、5G 都靠它，邊緣運算夯什麼？取自 https://technews.tw/2018/05/16/edge-computing/，最後閱覽日期：2019/07/20。

吳中傑，商業周刊，中時電子報轉載，京東不靠燒錢購併 串聯 50 萬店「無界零售 」， 取 自 https://www.chinatimes.com/realtimenews/20181124000010-260410?chdtv，最後閱覽日期：2019/07/10。

范慧宜，經濟日報，2018/05/29，商業興觀點餐飲業創新人際互動更重要。

易起宇，經濟日報，零售業叛逆份子 變典範，取自 https://www.managertoday.com.tw/articles/view/56666，最後閱覽日期：2019/07/15。

財團法人商業發展研究院，2018，2018 商業服務業年鑑，財團法人商業發展研究院出版。

智庫百科，SPA 模式，取自 hhttps://wiki.mbalib.com/zh-tw/SPA%E6%A8%A1%E5%BC%8F，最後閱覽日期：2019/07/10。

智庫百科，美國全食超市公司，取自 https://wiki.mbalib.com/zh-tw/%E7%BE%8E%E5%9B%BD%E5%85%A8%E9%A3%9F%E8%B6%85%E5%B8%82%E5%85%AC%E5%8F%B8，最後閱覽日期：2019/07/10。

經理人月刊，400 店取消 24 小時營業！ 7-11 無人商店的失敗，反而是超商的轉型契機？取自 https://finance.technews.tw/2019/03/24/7-11-x-storefailure-transformation，最後閱覽日期：2019/07/15。

電商頭條，無人便利店已死：燒光 40 億後，他們徹底淪爲犧牲品，取自 https://mp.
weixin.qq.com/s/4jE1sAMAdFVqhoJoADS8HA，最後閱覽日期：2019/07/ 15。

唐云路，好奇心日報，砸 585 億！全家母公司入股唐吉訶德，想把便利商店變成什
麼樣子？取自 https://www.managertoday.com.tw/articles/view/56766，最後閱覽日
期：2019/07/15。

涼鹿，一條鯖魚直播，創造上億營收，取自 http://moose.lookme.cc/?p=102 5，最後
閱覽日期：2019/07/20。陳書榕，經理人月刊，2% 會員貢獻 64 億營收！全家
會員機制砍掉重練後，如何圈出超級用戶？，取自 https://www.bnext.com.tw/
article/51840/family-mart-crm-system，最後閱覽日期：2019/07/21。

shake shack，取自 https://zh.wikipedia.org/shake_shack，最後閱覽日期：2019/07/21。

全食超市，取自 https://zh.wikipedia.org/wiki/%E5%85%A8%E9%A3%9F%E8%B6%85
%E5%B8%82，最後閱覽日期：2019/07/10。

唐吉訶德（企業），取自 https://zh.wikipedia.org/wiki/%E5%94%90%E5%90%89%E
8%A8%B6%E5%BE%B7_（%E4%BC%81%E6%A5%AD），最後閱覽日期：
2019/07/21。

新零售，取自 https://zh.wikipedia.org/wiki/%E6%96%B0%E9%9B%B6%E5%94%AE，
最後閱覽日期：2019/07/10。

盒馬鮮生，取自 https://zh.wikipedia.org/wiki/%E7%9B%92%E9%A6%AC%E9%AE%A
E%E7%94%9F，最後閱覽日期：2019/07/20。

邊緣運算，取自 https://zh.wikipedia.org/wiki/%E9%82%8A%E7%B7%A3%E9%81%8B
%E7%AE%97，最後閱覽日期：2019/07/20。

劉馥瑜，中時電子報，四大超商全面科技化！萊爾富智慧店首度亮相，取自 https://
www.chinatimes.com/realtimenews/20190107000911-260405?chdtv，最後閱覽日
期：2019/08/18。

銀河數位行銷領航員，數位行銷進入新戰場，直播電商如何成爲銷售利器，取自
http://www.iwant-in.net/tw/iMarketing/?p=6814，最後閱覽日期：2019/07/20。

數位時代，7-11 無人便利店受挫，但眞正的「智慧零售」才開始，取自 https://www.
bnext.com.tw/article/52634/unstaffed-store-never-die-smart-retailing-in-reality-just-
sound-the-bugle，最後閱覽日期：2019/07/15。

潘進丁，2019，O 型全通路時代 26 個獲利模式，商業周刊出版。

賴錦宏，陸無人商店大崩盤！2 年狂潮……被 2 個眞相壓垮，取自 https:// theme.udn. com/theme/story/6775/3824611，最後閱覽日期：2019/07/15。

聯合新聞網，實體書店還有未來嗎？有三成月營收不到 5 萬，取自 https://www.gvm. com.tw/article.html?id=60565，最後閱覽日期：2019/07/10。

謝欣樺，SmartM，互聯網＋新零售浪潮不可擋！繼阿里收購大潤發，騰訊宣布入股中國家樂福，取自 https://www.smartm.com.tw/article/34363136cea3，最後閱覽日期：2019/07/10。

獵雲網，盒馬鮮生侯毅：2019，新零售的塡坑之戰，取自 https://kknews.cc/zh-tw/ tech/838b284.html，最後閱覽日期：2019/07/14。

▶▶ 第十章

2019 年全球十大消費趨勢：消費者行爲顚覆全球商業。每日頭條。取自：https:// kknews.cc/news/q4k63ry.html。2019 年。

2019 新零售生存之道。商周 .com。取自：https://www.businessweekly.com.tw/article. aspx?id=37867&typdepe=In。2019 年 3 月 20 日。

91APP 編輯小組。2019 虛實融合不可忽視的四大關鍵。91APP。取自：https://www. 91APP.com/blog/2019-four-key-point-of-new-retail/。2019 年 1 月 7 日。

大數據分析、O2O 及行動化是智慧零售壯大關鍵。DIGITIMS。取自：https://www. digitimes.com.tw/iot/article.asp?cat=130&id=0000479623_tmo5x3b73shjlp2soambn。 2016 年 8 月 29 日。

何佩珊。從超市、百貨到大賣場，亞馬遜和阿里巴巴爲何在線下買不停？數位時代網。取自：https://www.bnext.com.tw/article/47117/why-alibaba-amazon-buy--brick-and-mortar-retail-store。2017 年 11 月 20 日。

何佩珊。堅持自營官網、主打自創檔期，UNIQLO 網路攻城略地自己來。數位時代網。取自：https://www.bnext.com.tw/article/46903/uniqlo-taiwan-online-strategy。 2017 年 11 月 7 日。

何佩珊。馬雲：世界不屬於網路公司，而是那些「用好網路」的公司。數位時代網。取自：https://www.bnext.com.tw/article/43898/machine-intelligence。2017 年 4 月 4 日。

何佩珊。百貨龍頭進軍線上購物，爲什麼捨實體優勢，做內容電商。數位時代網。

取　自：https://www.bnext.com.tw/article/44859/the-online-strategy-of-shin-kong-mitukoshi-is-content-not-new-retail。2017 年 6 月 9 日。

何佩珊。虛實整合不能變成虛實踐踏，全國電子：電商一定會做，但還不到時候。數位時代網。取自：https://www.bnext.com.tw/article/45979/elifemall-not-rush-into-ecommerce。2017 年 8 月 31 日。

何佩珊。全聯不做電子商務要做電子服務，第一步對供應商開放即時銷售數據。數位時代網。取自：https://www.bnext.com.tw/article/51625/pxmart-e-service-plan。2018 年 12 月 11 日。

何佩珊。中、韓跑最快，亞太線上雜貨市場 2022 年上看 8 兆元歷時 8 個月，亞馬遜終於實現與全食超市的虛實整合。數位時代網。取自：https://www.bnext.com.tw/article/48127/amazon-deliver-whole-foods-groceries-through-prime-now。2018 年 2 月 8 日。

何佩珊。中、韓跑最快，亞太線上雜貨市場2022年上看8兆元。數位時代網。取自：https://www.bnext.com.tw/article/50264/igd-asia-online-grocery-forecasts-2018。2018 年 8 月 16 日。

吳品萱。透視未來商機，在 2020 五種意想不到的消費新模式。SmartM。取自：https://www.smartm.com.tw/article/32383336cea3。2016 年 11 月 23 日。

亞馬遜：十大物流技術玩轉物流大數據。取自：https://rack-104.com.tw/8520/%E3%80%90%E7%89%A9%E6%B5%81%E6%A1%88%E4%BE%8B%E3%80%91%E4%BA%9E%E9%A6%AC%E9%81%9C%EF%BC%9A%E5%8D%81%E5%A4%A7%E7%89%A9%E6%B5%81%E6%8A%80%E8%A1%93%E7%8E%A9%E8%BD%89%E7%89%A9%E6%B5%81%E5%A4%A7%E6%95%B8/。2018 年。

東方線上資料庫。2019 年科技與人口結構改變，看消費者生活型態趨勢。SmartM。取自：https://www.smartm.com.tw/article/35363438cea3。2019 年 1 月 9 日。

亮。五大變革(1)：破解即將取代電子商務的「新零售」。股感知識庫。取自：https://www.stockfeel.com.tw/ 五大變革 1：破解即將取代電子商務的「新零售」/？。2016 年 12 月 5 日。

洪毓祥、張為詩。數位零售時代 翻轉商業新思維。臺北產經。取自：https://www.taipeiecon.taipei/article_cont.aspx?MmmID=1201&MSid=746452376061047653。2017 年 12 月 1 日。

徐志宏、吳少雄、鄒伯衡。電商產業的新戰場 - 全面導入智慧物流。物流技術與戰略雜誌。第 96 期。2018 年。

馬雲說的「新零售」，阿里要在今年雙十一演練起來。每日頭條，取自：https://kknews.cc/zh-tw/tech/kq5v28.html。2016 年 10 月 21 日。

國家發展委員會。國發會「人口推估報告（2018 至 2065 年）」新聞稿。取自：https://www.ndc.gov.tw/News_Content.aspx?n=114AAE178CD95D4C&sms=DF717169EA26F1A3&s=E1EC042108072B67。2018 年 8 月 30 日。

張益紳、邱鈺珊。從全球科技零售趨勢看本地企業轉型之路。2019 零售力量與趨勢展望。勤業眾信。2019 年。

張凱喬。逆商業時代──新零售（下篇）──虛實整合。取自：https://medium.com/@weilihmen/%E9%80%86%E5%95%86%E6%A5%AD%E6%99%82%E4%BB%A3-%E6%96%B0%E9%9B%B6%E5%94%AE-%E4%B8%8B%E7%AF%87-%E8%99%9B%E5%AF%A6%E6%95%B4%E5%90%88-92272a418e08。2018 年 7 月 13 日。

逍遙子解密馬雲「新零售」雙 11 進入新的使命階段。每日頭條。取自：https://kknews.cc/zh-tw/tech/jyvp6p.html。2016 年 10 月 22 日。

陳右怡。萬物互聯共享，驅動四大新經濟。IEK 產業情報網。取自：https://www.itri.org.tw/chi/Content/NewsLetter/Contents.aspx?SiteID=1&MmmID=5000&MSid=744302456762403413。2017 年 4 月 26 日。

智慧商店助力品牌新零售轉型，4 大應用一窺最新技術！Cyberbiz。取自：https://www.cyberbiz.co/blog/%E6%99%BA%E6%85%A7%E5%95%86%E5%BA%97%E5%8A%A9%E5%8A%9B%E5%93%81%E7%89%8C%E6%96%B0%E9%9B%B6%E5%94%AE%E8%BD%89%E5%9E%8B%EF%BC%8C4%E5%A4%A7%E6%87%89%E7%94%A8%E4%B8%80%E7%AA%BA%E6%9C%80%E6%96%B0%E6%8A%80/。2019 年。

程倚華、高敬原。超零售時代來臨，解析 3 大關鍵要素。數位時代。取自：https://www.bnext.com.tw/article/53150/-super-retail。2019 年 5 月 3 日。

黃家慧。瞄準快速擴張的外送市場，各路外送電商攻台搶食大餅。SmartM。取自：https://www.smartm.com.tw/article/35343632cea3。2018 年 10 月 9 日。

經理人月刊。零售業苦哈哈，為何 Amazon、阿里巴巴都搶開實體通路？數位時代網。取自：https://www.bnext.com.tw/article/46619/why-amazon-alibaba-try-to-open-physical-retail-store?。2017 年 10 月 22 日。

資策會產業情報研究所。2019 虛擬經濟三大商機：商務、社交、娛樂。取自：https://mic.iii.org.tw/IndustryObservations_PressRelease02.aspx?sqno=499。2018 年 8 月

28 日。

蔡欣璇。歐陸版亞馬遜 Otto，加入 AI 預測購買，人力需求不減反增。新網路科技。取自：https://www.smartm.com.tw/article/33353539cea3？。2017 年 5 月 9 日。

蔡騰輝。智慧醫療虛實整合憑藉醫療大數據三劍客。DIGITIMS。取自：https://www.digitimes.com.tw/iot/article.asp?cat=158&id=0000544769_4q88nv8r5c72ywle8evrn。2018 年 10 月 18 日。

鄭興、譚凱名。數據化經營：幫助零售業打造會員經營的新價值。2019 零售力量與趨勢展望。勤業眾信。2019。

顏理謙。新零售時代來了！5 大趨勢重新定義消費場景。數位時代。取自：https://www.bnext.com.tw/article/39438/bn-2016-05-03-185757-178。2016 年 5 月 13 日。

▶▶▶ 第十一章

BBC News（2015），Will a robot take your job? http://www.bbc.com/news/technology-34066941

Lund Susan, Manyika James, Segel Liz Hilton, AndréDua, Rutherford Scott, Hancock Bryan（2019），Future of Work, Mckinsey.

Richard C. Longworth 著（應小端譯），2000，虛幻樂園——全球經濟自由化的危機，臺北：天下遠見出版。

ZD 至頂網 Gartner：2017 年全球商業智能和分析市場規模達 183 億美元，網址：https://kknews.cc/tech/mmmvpp9.html，上網日期：2019/07/30。

國家教育研究院（2012），知識經濟，網址：http://terms.naer.edu.tw/detail/1678907/，上網日期：2019/07/30。

勞動部勞動力發展署（2019），職能相關概念，網址：https://icap.wda.gov.tw/Knowledge/knowledge_introduction.aspx，上網日期：2019 年 8 月 1 日。

勤業眾信（2019），2019 零售力量與趨勢展望，網址：https://www2.deloitte.com/tw/tc/pages/consumer-business/articles/2019-retail-trend.html#，上網日期：2019/07/30。

經濟部商業司（2017a），亞洲矽谷智慧商業服務應用推動計畫，網址：https://like.logistics.org.tw/Plan/TechReportDetail/448，上網日期：2019 年 8 月 1 日。

經濟部商業司（2017b），智慧商業服務科技實務人才供需分析調查。

蕭玉品（2019），美食外送 APP 土洋爭霸 搶賺 225 億「懶人財」，網址：https://www.gvm.com.tw/fashion/article.html?article_id=67463，上網日期：2019 年 8 月 1 日。

戴志言（2018），聘雇或外包？數位科技下的人力資源共享經濟，中華經濟研究院：經濟前瞻（179），頁 82-88。

▶▶ 第十二章

黃亦筠與陳良榕，2019，輸美專機飛起來！深夜的桃園機場，直擊中美貿易戰新贏家，天下雜誌，取自 https://www.cw.com.tw/article/article.action?id=5095853。

蔡茹涵，2019，小七無人店計畫喊卡高科技為何敵不過傳統店員？看超商龍頭統一用千萬成本換來的 3 個體悟，商業周刊，取自 https://www.businessweekly.com.tw/article.aspx?id=25281&type=Blog。

王一芝，2019，無人店之後 不到 2 坪面積的機器，成了便利商店的下一個戰場？天下雜誌，取自 https://www.cw.com.tw/article/article.action?id=5095001。

聯合報新聞網，2019，陸無人商店大崩盤！2 年狂潮……被 2 個真相壓垮，取自：https://theme.udn.com/theme/story/6775/3824611，最後閱覽日期：2019/07/09。

駐新加坡經濟組（2017/2/15），「新加坡零售產業轉型藍圖（Retail ITM）介紹」。

年份	類別	標題	內容
1932 年	零售	百貨公司興起	第一間百貨公司「菊元百貨」於臺北成立,與第二間台南的「林百貨」並稱南北兩大百貨。而後多家業者紛紛成立百貨公司,使得百貨公司此一業種進入戰國時代。
1934 年	餐飲	首間引入現代化管理的餐廳	臺灣最早的西餐廳「波麗路西餐廳」開幕,首度引進西方現代化餐飲管理的營運制度。
1970 年	零售	大型超市興起	在 1970 年代(民國 59 年)初期,西門町出現西門超市及中美超市兩家大型超市,為臺灣大型超市開端。
1973 年	金融	第一次石油危機	在 1973 年(民國 62 年)中東戰爭爆發,阿拉伯石油輸出國家組織實施石油減產與禁運,導致第一次石油危機,我國經濟也因此受到影響,當時行政院長蔣經國決意推動「十大建設」,以大量投資公共建設,解決我國基礎建設不足的問題。在十大建設的帶動之下,1975 年(民國 64 年),我國通貨膨脹率開始下滑,成功改善我國產業的發展環境。
1974 年	物流	物流概念的萌芽	聲寶及日立公司於 1974 年(民國 63 年)投資成立「東源儲運中心」,為我國第一家商業物流服務業者,將物流概念與相關技術引進我國。
	商業	塑膠貨幣	1974 年(民國 63 年)國內投資公司發行不具有循環信用功能的「信託信用卡」,臺灣首度出現「簽帳卡」,直至 1988 年(民國 77 年)財政部通過「銀行辦理聯合簽帳卡業務管理要點」,並將「聯合簽帳卡處理中心」改名為「財團法人聯合信用卡處理中心」,臺灣才出現據循環信用功能的信用卡。1989 年(民國 78 年)起開放國際信用卡業務,聯合信用卡中心與信用卡國際組織合作推出「國際信用卡」,開啟我國進入塑膠貨幣時代。
	餐飲	第一間在地連鎖餐飲品牌	1974 年(民國 63 年)第一家本土速食餐飲業者「頂呱呱」成立,將速食文化與相關技術引進臺灣。

年份	類別	標題	內容
1978 年	物流	便捷交通網絡帶動商業發展	「十大建設」之一的中山高速公路於 1978 年 (民國 67 年) 全線通車，完善我國交通網絡，不僅帶動整體經濟成長，亦正面影響我國區域發展，我國商業發展獲得更進一步的提升。
	零售	便利不打烊	1978 年 (民國 67 年) 國內統一集團引進國外新型態零售模式，在國內成立統一便利商店（7-Eleven），改變傳統柑仔店的經營模式。24 小時不打烊的經營型態，服務項目從單純的零售販賣擴張至提供熱食及其他服務，如代收、多元化付款等，貼心而完整的服務使便利商店開始成為民眾生活不可或缺的一部分。
1980 年	物流	北迴鐵路全線通車	1980 年 (民國 69 年) 北迴鐵路正式通車營運，因此帶動臺灣東西部交流及互動與經濟平衡發展。
	商業	商業法規制定	隨著經濟發展，所得增加帶動消費，進而擴大對服務的需求，修訂公司法、商業會計法等相關規範與制度，為日後商業發展打底。
	零售	國外超市引進	1980 年代初期 (民國 69 年)，農產運銷公司開始投入超市經營，再加上日本系統的雅客、松青超市等公司陸續導入臺灣市場，使超市經營技術引進有更進一步的發展。
1983 年	餐飲	國內泡沫紅茶與珍珠奶茶的興起	泡沫紅茶於 1983 年 (民國 72 年) 在臺中問世後，其魅力數年間席捲全台，在臺灣餐飲史上占據獨特地位。而後創新的珍珠奶茶則掀起更為強勁深遠的龍捲風效應。茶飲品牌近十多年來更進軍海外，包括美國、德國、紐澳、香港、中國、日本、東南亞、甚至中東的杜拜與卡達。
1984 年	餐飲	國際餐飲速食連鎖加盟品牌進駐臺灣	1984 年 (民國 73 年) 國際速食餐廳「麥當勞」進軍我國，將國際速食餐廳的經營理念以及「發展式特許經營」模式引進國內，為餐飲市場帶來新觀念。
1987 年	零售	超市經營連鎖化與便利商店風潮興起	香港系統的惠康、百佳等公司亦相繼進入市場，使超市經營進入連鎖店時代，更具專業化；同年統一超商開始轉虧為盈，並突破 100 家連鎖店面，也讓國內興起成立便利商店的風潮。

年份	類別	標題	內容
1989 年	物流	臺灣物流革命之序曲	1989 年 (民國 78 年)，掬盟行銷成立，同年味全與國產企業亦分別成立康國行銷與全台物流，隨後統一集團之捷盟行銷、泰山集團之彬泰物流、僑泰物流亦分別設立，以迎合市場對配送效率的需求。
	零售	消費型態變革	1989 年 (民國 78 年) 我國第一家量販店萬客隆成立，同年由法商家樂福與統一集團共同在臺設立家樂福 (Carrefour)，自此開啟我國量販店的黃金時代。而後陸續出現多個量販店品牌，如：亞太量販、東帝士、大潤發、鴻多利、大買家與愛買。
	零售	大型零售書店之創立	1989 年 (民國 78 年) 臺灣大型連鎖書店誠品書店正式創立，開啟我國零售店新經營型態。
1990 年	物流	南迴鐵路通車	南迴鐵路通車，環島鐵路網完成，帶動國內環島觀光風氣，進一步活絡我國商業服務業的發展。
1991 年	餐飲	國內餐飲朝向多元體驗發展	來自美國紐約的「T.G.I.Friday's」登台，為我國市場上第一家美式休閒連鎖餐廳，刮起民眾朝聖休閒式主題餐廳的旋風，此時期餐廳著重主題性與文化性。
	餐飲	創新思維開創手搖飲料風貌	發跡於臺中東海的「休閒小站」首創「封口杯」，用自動封口機取代傳統杯蓋來密封飲料，即使打翻也不易外漏，這讓販賣茶飲有了革命性的改變。專做外帶的茶吧式飲料店，因店面小、租金便宜、人力精簡，如雨後春筍般興起。
1992 年	零售	電視購物	1992 年 (民國 81 年)「無線快買電視購物頻道」正式成立，以有線電視廣告專用頻道型態經營。1999 年，我國第一家合法電視購物業者東森購物正式成立，直至 2014 年 NCC 委員會將原本管制為 9 個購物頻道放寬至 12 個，目前購物頻道結合網路購物及實體百貨零售市場，仍蓬勃發展中。
	零售	商業自動化	商業自動化和現代化為施政重點，包括：推動資訊流通標準化、商品銷售自動化、商品選配自動化、商品流通自動化及會計記帳標準化，促進產業升級，推升商業發展。

年份	類別	標題	內容
1995 年	電子商務	網路興起	1995 年 (民國 84 年) 資訊人公司成立，該公司開發搜尋引擎「IQ 搜尋」軟體並發展成商品。1998 年推出中文網路通訊軟體 CICQ，成為 Intel 在我國投資的第一間網路公司。
	商業	商業會計法大幅修訂	1995 年 (民國 84 年) 5 月 19 日第三次修正，全文增加為八十條，建立現在商業會計法的基本架構。
1996 年	電子商務	網路仲介	1996 年 (民國 85 年) 我國第一家以網路為平台的人力仲介公司「104 人力銀行」正式成立。人力銀行改變人們找工作或企業找人才的模式，經由網路平台與電子郵件即可撮合人力供需雙方，開創了網路人力仲介商業市場。
	物流	捷運便利生活	臺北捷運木柵線通車，藉由捷運系統建置逐步改變臺北交通運輸方式與生活圈，亦給其他縣市帶來交通發展方向的參考。
1997 年	零售	國際零售品牌進駐	美國第二大零售商、全球第七大零售商以及美國第一大連鎖會員制倉儲式量販店好事多 (Costco) 與臺灣大統集團合資成立「好市多股份有限公司」，在高雄市前鎮區設立全臺第一家賣場。好市多為繼萬客隆倒閉之後，國內唯一收取會員費的量販店。
	電子商務	民營化行動通訊	政府於 1997 年 (民國 86 年) 開放民營業者可提供行動通訊業務，2003 年開放第三代行動通信執照，行動數據傳輸能力大幅增加。配合手機技術與行動應用程式 (APP) 的開發，讓消費者可以利用更方便快速的方式進行消費。而第四代系統的逐漸普及，以更快速的網路商業服務，進而影響帶動現今行動支付發展。
	商業	亞洲金融風暴	亞洲金融風暴嚴重影響亞洲各國，加上蔓延效果擴散，導致全球經濟成長趨緩。為因應國際經濟情勢的劇烈變化，避免衝擊國內經濟及金融局勢，我國經建會 (現國發會) 擴大行政院國家發展基金規模，擴大國內製造業及服務業投資金額，使國發基金成為國內最大的創投，為長期經濟發展提供動能。

年份	類別	標題	內容
1999 年	零售	購物中心興起	國民所得達 12,000 美元，消費者休閒意識抬頭，因此兼顧消費購物與休閒文化功能的大型購物中心順應而生。「台茂購物中心」為全台第一個大型購物中心，開啟全新的多功能休閒購物體驗，而後的二十年亦隨著國人消費型態與所得提升，國內陸續出現多個購物中心，如：微風廣場、京華城購物中心、臺北 101、寶麗廣場、環球購物中心、林口遠雄三井 Outlet Park、華泰名品城 GLORIA OUTLETS 等大型購物中心。
2000 年	餐飲	國內餐飲邁入高質精緻期	國內餐飲業進入高價精緻料理時期，高價精緻料理成為主流，而後引領乾杯、老四川、漢來美食紛紛興起，迅速展店、規模日益壯大。
	物流	宅配到府	2000 年 (民國 89 年) 國內第一家戶對戶的宅配服務公司 (C2C、B2C、B2B)「臺灣宅配通」正式營運，開啟我國宅配產業序幕。宅配也改變了我國物流市場，讓原本的物流業者開始投入宅配服務，銜接上電子商務發展的最後一哩，使電子商務開始蓬勃發展。
	電子商務	電子錢包	民國 89 年 (2000 年) 悠遊卡正式啟用，是我國第一張非接觸式電子票證系統智慧卡，採用 RFID 技術。除了悠遊卡之外，也結合其他具有 RFID 載具提供服務，如結合信用卡、NFC 手機等。於 2002 年開始進入便利商店體系與公家機關使用小額付款，因此改變我國消費者的消費習慣。此為傳統銷售模式轉為電子商務，新型態商業模式的重要改變。目前臺灣所通行的電子票證，包含了悠遊卡、一卡通、icash、有錢卡等四種系統，讓民眾生活能夠更加便利。
2001 年	電子商務	國內 B2C 與 C2C 電子商務興起	2001 年 (民國 90 年)Yahoo 拍賣由雅虎臺灣與奇摩網站合併而成，開啟國內電子商務 B2C 與 C2C 市場商機，並逐漸獨霸了整個臺灣拍賣的市場。
2004 年	物流	國道通車	國道三號全線通車，改善國內物流運輸效率，強化我國商業服務業發展基礎。
2006 年	物流	雪山隧道通車	雪山隧道通車，為宜蘭帶來觀光效益，宜蘭的商業服務業者也跟著因此受惠。

年份	類別	標題	內容
2006 年	零售	精緻超市引進來台	2006 年 (民國 95 年) 逐漸發展出頂級超市，港商惠康百貨和遠東集團不約而同先後引進 Jasons Marketplace、c!ty'super 頂級超市。互相較勁的重點，不再是誰家的商品便宜，而是誰家的商品較獨特、稀有，服務較貼心，可以攏絡頂級消費者的心。
	電子商務	電子商務龍頭爭奪戰開打	PCHome 網路家庭與 eBay 合資成立露天拍賣。為本土第一家無店面零售公司，成為 Yahoo 拍賣的競爭者，這是無店面零售興起的開端。
	商業	「公司登記便民新措施跨轄區收件服務」施行	「公司登記便民新措施跨轄區收件服務」施行，民眾可選擇在經濟部商業司、經濟部中部辦公室、臺北市政府、高雄市政府任一地點提送公司登記申請案件。
	電子商務	雲端運算提出大數據革命	亞馬遜推出彈性運算雲端服務，Google 執行長埃里克·施密特在搜尋引擎大會 (SES San Jose 2006) 首次提出「雲端計算」概念。雲端運算技術是繼網際網路發明後最具代表性的技術之一，可廣泛應用於政府、教育、經貿、企業等層面，其後各自發展出的不同雲端運算服務，對於產業發展有全面性的改變，為爾後出現的共享經濟型態，提供了堅實的基礎。
	電子商務	跨境電商	2006 年 (民國 95 年) 美國拍賣平台與國內業者合作推出跨國交易網站。跨境電子商務為出口貿易重要的交易平台，將會為我國業者的經營模式帶來不一樣的改變。
2007 年	商業	成立商業發展研究院	隨著國內服務業活動發展趨勢已朝向商品精緻化、分工專業化、經營創新化與國際化之模式。因此，依據行政院 2004 年 (民國 93 年) 核定之「服務業發展綱領暨行動方案」以及 2006 年全國商業發展會議與臺灣經濟永續發展會議之結論，基於「建立服務業發展基石，創造高品質、高附加價值之服務業創新能量並整合資源，加速服務業知識化，提升國際優質競爭力」之成立宗旨，於 2007 年 12 月正式成立財團法人商業發展研究院 (簡稱商研院) 為國家級服務業研發智庫。
	電子商務	iphone 出現智慧手機元年	iPhone 系列革命性地改變人民的生活型態，帶動了行動商務發展。

年份	類別	標題	內容
2007 年	物流	高鐵通車	高速鐵路通車，完成國內一日生活圈的交通概念。
2008 年	商業	美國次級貸款引發金融海嘯	美國次級房貸市場泡沫破滅，引發全球金融流動性風險上升，造成全球經濟大衰退。在這波金融海嘯衝擊下，導致全球消費者行為模式出現改變，樽節支出、去槓桿化效應，及因網路技術的進步和社群網站的出現讓資訊得以更快速的流通，而發展出閒置產能再利用構想的「共享經濟」。此外，銀行在面對信用擔保市場的風險提升下，將提高對企業的融資限制，則「群眾募資」的融資方式將逐漸崛起。
2009 年	電子商務	共享經濟	經濟學人雜誌定義「共享經濟」為「在網路中，任何資源都能出租」。網路成為共享經濟的重要橋梁，大型出租住宿民宿網站 Airbnb 成為共享經濟的重要代表。目前共享經濟概念襲捲全世界、影響消費者的消費模式與服務提供者的新型態經營模式，成為未來重要的商業模式。
2010 年	零售	新型態購物中心 Outlet 興起	義大世界購物廣場開幕，為臺灣首座的名牌折扣商場 (Outlet mall) 與大型 Outlet 購物中心。
2011 年	餐飲	食安事件	衛生署查獲飲料食品違法添加有毒塑化劑 DEHP (鄰苯二甲酸二 (2-乙基己基)酯，(Di(2-ethylhexyl) phthalate)，政府機關在事件爆發後明定檢驗標準，此一事件對於我國商業服務業營業造成衝擊，並喚起消費者意識抬頭，消費者開始注重食品安全與商品成分標示，亦促使整體食品與飲食文化等產業素質與品質的提升。爾後在 2014 年發生多起食用油業者使用劣質油違法事件，引起社會輿論對食品安全問題普遍關注，國內知名餐飲連鎖業者也受波及，使國內食品餐飲品牌市占率重新洗牌。
	金融	群眾募資	2009 年 Kickstarter 引領「群眾募資」的概念開啟全球對募資平台的嚮往，我國於 2011 年 (民國 100 年) 成立第一個非營利集資平台 weReport，而後營利性質的群眾募資近年在臺灣也因各募資網站的崛起而蓬勃，如 flyingV、HereO (已轉型 PressPlay)、嘖嘖 zeczec 等。募資平台提供新點子及新創意的商品或商業模式在市場上推出或營運機會，成為商業發展及創意創業重要的管道及方式。

年份	類別	標題	內容
2015 年	電子商務	電商平台行動化	行動商務因智慧型裝置普及,嚴重影響實體通路業績,尤其主打行動拍賣平台與以 C2C 為主要客群的蝦皮拍賣,於 2015 正式進入臺灣,挾免手續費、免刷卡費、再補貼買家運費及全新方便簡約的 App 介面,迅速攻占了臺灣市場。
2016 年	商業	新修正商業會計法	為接軌國際,修正商業會計法、商業會計處理準則以及企業會計準則,於 2016 年 (民國 105 年) 年 1 月 1 日正式施行,我國商業會計法規邁入新紀元。
	零售	購物中心遍地開花	Outlet 購物中心崛起的一年新開設六間購物中心,分別為環球購物中心南港車站店、林口遠雄三井 Outlet Park、晶品城購物廣場、大墩食衣購物廣場、嘉義秀泰廣場、大魯閣草衙道。
2017 年	商業	公司法修正	經濟部修正公司法,修正涉及公司的法令鬆綁以及公司治理、洗錢防制的強化,以優化經商環境。本次修正基本有五大原則,分別如下:「不大幅增加企業遵法成本,維持企業運作安定性」、「新創希望速推之事項,優先推動」、「維持閉鎖公司專節,給予微型企業創業者更大運作彈性」、「充分考量公發、非公發公司規模不同,分別有不同的規範」、「適度法規鬆綁,但不逸脫基本法制規範,保障交易安全」。
	餐飲	國內大型餐飲業掀掛牌風	歷經食安風暴,餐飲營收近 5 年來持續穩定成長,各大業者紛紛進入搶食餐飲市場,如漢來美食掛牌上市、及多家正等待上市櫃的餐飲股,興起餐飲掛牌風,於公開資本市場進行募資,有利於籌備更多銀彈,朝向企業多角化經營。
	電子商務	迎戰行動支付元年	新型態電子支付出現,挑戰既有的支付生態系統創造價值。隨著行動通訊設備的出現,更一步地把網路上的一切搬到生活中每個時間點跟角落。也在今年上半年,三大行動支付 (Apple Pay、Samsung Pay、Android Pay) 登台,這些新創的付款方式,相較過往的支付方式更加便利,對國內的服務業者亦有正向影響。
2018 年	商業	5G 起步,邁向數位時代	5G 將成為物聯網發展的重要基礎,有鑑於在傳輸速度、設備連線能力、級低網路延遲等效益,預期將帶動更多創新應用服務發展。5G 取代 4G,最重要的特性在於低延遲,若能善用,5G 將可加速促成產業數位化及垂直市場的成長。

年份	類別	標題	內容
2018 年	零售	第一家無人超商正式營業	臺灣第一家無人超商「X-STORE」於 1 月 31 日在統一超商總部大樓進行初期測試，並於 6 月 25 日開始正式開幕，全程透過人臉辨識進店、採買、結帳。初期 X-STORE 以測試各項智慧型科技及營運模式，蒐集各種大數據做為未來發展的依據，讓臺灣便利商店產業不斷進化。在 X-STORE 開幕一個月後，在臺北市信義區開設第二家無人商店，並且額外導入智慧金融功能 (X-ATM)，提供指靜脈與人臉辨識，並可進行零錢存款與外幣提領功能。而全家便利商店也在 3 月底開立科技概念店，期望減低員工的勞務負擔，並帶給客戶更多的互動體驗。
	商業	智慧手機的普及帶動多元支付方式	因智慧手機的便利性與普及，有越來越多行為透過手機進行，加上物聯網科技串聯行動裝置、網路、服務與資訊，帶動商業服務方式的改變。臺灣目前的行動支付分為三種：電子支付、電子票證及第三方支付，而金管會於 6 月發布的報告當中，以歐付寶使用人數最多，在使用總人數約 243 萬人當中，有 72.97 萬人運用歐付寶進行電子支付。
	商業	公司法修正案於 7 月三讀通過，11 月 1 日正式施行	鑒於 10 多年來國內外經商環境變化快速，立法院於 2018 年 7 月 6 日三讀通過公司法修正案，並於 11 月 1 日施行。本次公司法修正重點為：友善創新創業環境、強化公司治理、增加企業經營彈性、保障股東權益、數位電子化及無紙化、建立國際化之環境、閉鎖性公司之經營彈性、遵守國際洗錢防制規範。
	商業	勞動基準法部分條文修正案於 1 月三讀通過，3 月 1 日正式施行；基本工資亦決議於明年 1 月調整	勞基法修正案於 3 月 1 日正式實施，本次修法主要聚焦於鬆綁 7 休 1、加班工時工資核實計算以及加班工時上限、特休假、輪班間隔。另基本工資亦於 2018 年第三季召開基本工資審議委員會，決議將於 2019 年 1 月起調漲基本工資，月薪由現行 $22,000 調漲至 $23,100，漲幅 5%；時薪由 $140 調漲至 $150，漲幅 7.14%。
	餐飲	臺北米其林指南公佈，共 20 家餐廳奪星	米其林指南於 3 月 14 日發表首屆臺北版名單，共有110家餐廳入榜，除了 36 家必比登推薦（Bib Gourmand）名單外，今年共有 20 家餐廳奪星，包含 1 家三星、2 家兩星、17 家一星，其餘為推薦名單。

年份	類別	標題	內容
2018 年	餐飲	連鎖速食餐飲業導入自動點餐與多元支付系統	連鎖速食餐飲業摩斯漢堡與臺灣麥當勞已競相導入自動點餐機。摩斯漢堡的數位自助點餐機已導入 70 餘家門市，預計年底完成 100 家導入的目標。臺灣麥當勞則是除了自助點餐機之外，亦結合多元支付，為國內速食連鎖第一臺可以多元支付的點餐機，目前先規劃在臺北不同商圈的 4 家門市建置。
2019 年	零售	臺灣品牌突破日本零售市場	臺灣誠品成功於日本橋展店，為我國業者進入日本零售業第一家。
	餐飲	外送平台深入國人生活	2019 年外送市場爆量，foodpanda 訂單成長 25 倍。緊追在後之 Uber Eats，擁有超過 5,000 家餐飲業的外送服務；再加上近期加入英國外送平台 deliveroo，預期我國餐飲業外送服務將日益競爭。

序號	全國性/產業性	組織名稱	網站	理事長	地址	電話／傳真
1	全國性	中華民國全國商業總會	http://www.roccoc.org.tw/web/index/index.jsp	賴正鎰	106臺北市大安區復興南路一段390號6樓	電話：02-27012671 傳真：02-27555493
2	全國性	中華民國工商協進會	http://www.cnaic.org/zh-tw/	林伯豐	106臺北市復興南路一段390號13樓	電話：02-27070111
3	全國性	中華民國全國中小企業總會	http://www.nasme.org.tw/front/bin/home.phtml	李育家	106臺北市大安區羅斯福路二段95號6樓	電話：02-23660812 傳真：02-23675952
4	產業性	臺灣連鎖暨加盟協會	http://www.tcfa.org.tw/	羅榮岳	105臺北市松山區南京東路四段180號	電話：02-2579-6262 傳真：02-2579-1176
5	產業性	臺灣連鎖加盟促進協會	http://www.franchise.org.tw/	李日東	104臺北市中山區中山北路一段82號	電話：02-25235118
6	產業性	臺灣全球商貿運籌發展協會	http://www.glct.org.tw/	蘇隆德	104臺北市中山區民權西路27號5樓	電話：02-25997287
7	產業性	臺灣服務業發展協會	https://www.asit.org.tw/	劉福財	106臺北市大安區復興南路一段259號3樓之2	電話：02-27555377 傳真：02-27555379
8	產業性	中華民國物流協會	http://www.talm.org.tw/	王清風	106臺北市大安區復興南路一段137號7樓之1	電話：02-27785669
9	產業性	臺灣國際物流暨供應鏈協會	http://www.tilagls.org.tw/	秦玉玲	104臺北市中山區南京東路二段96號	電話：02-25113993
10	產業性	中華民國貨櫃儲運事業協會	http://www.cctta.com.tw/web/guest/index	吳哲榮	221新北市汐止市大同路3段264號3樓	電話：02-86480112 傳真：02-86478295
11	產業性	臺灣冷鏈協會	www.twtcca.org.tw	程東和	106臺北市忠孝東路四段148號11F-5	電話：02-27785255
12	產業性	臺灣省進出口商業同業公會聯合會	paper.tiec.org.tw	林萬得	104臺北市中山區復興北路2號14樓B座	電話：(02)27731155 傳真：(02)27731159

序號	全國性/產業性	組織名稱	網站	理事長	地址	電話/傳真
13	產業性	臺灣省汽車路線貨運商業同業公會聯合會	http://www.t-truck.com.tw/	鄭豐順	106臺北市大安區信義路三段162號之30	電話：02-29830040 傳真：02-29710090
14	產業性	中華貨物通關自動化協會	http://www.t-fla.org/index_c.htm	劉陽柳	202基隆市中正區義二路72號	電話：02-24246115
15	產業性	中華民國無店面零售商業同業公會	https://www.cnra.org.tw/	廖尚文	106臺北市大安區復興南路一段368號8樓	電話：02-27010411 傳真：02-27098757
16	產業性	中華跨境電子商務產業發展協會	http://www.crossborder-ec.org/	石鴻斌	104 臺北市長安東路2段142號9樓之1	電話：02-22802036 傳真：02-22802046
17	產業性	臺灣網路暨電子商務產業發展協會	https://tieataiwan.org/	林之晨	105台北市松山區民權東路三段144號	電話：02-27667800 傳真：02-27667810
18	產業性	中華民國百貨零售企業協會	http://www.ract.org.tw/	徐雪芳	220新北市板橋區新站路16號18樓	電話：02-77278168 傳真：02-77380790
19	產業性	中華民國購物中心協會	https://www.twtcsc.org.tw/	蔡明璋	106臺北市大安區忠孝東路四段285號5樓	電話：02-77188673 傳真：02-27205121
20	產業性	中華美食交流協會	https://www.facebook.com/cgaorg	陳美雲	242新北市新莊區中榮街124號2樓(協會)	電話：02-2277-9596
21	產業性	臺灣蛋糕協會	https://www.facebook.com/gateaux.cake123/	何文熹（會長）	114臺北市內湖區行善路48巷18號6樓之2	電話：02-27904268 傳真：02-27948568
22	產業性	臺灣國際年輕廚師協會	https://www.facebook.com/taiwanjuniorchefsassociation/	黃景龍	104臺北市民生東路二段147巷11弄2-1號	電話：02-2601-0349
23	產業性	中華民國自動販賣商業同業公會全國聯合會	http://www.gs04.url.tw/vm/index.asp	彭清和	402台中市南區工學路126巷31號	電話：04-2483-5285 傳真：04-2380-7978
24	產業性	中華民國遊藝場商業同業公會全國聯合會		楊晚得	24147新北市三重區正義北路2巷54號	電話：02-2988-7862 傳真：02-8982-5226
25	產業性	中華民國臺灣商用電子遊戲機產業協會	https://www.facebook.com/tama1688	蔡其明	22070新北市板橋區三民路一段80號3樓	電話：04-733-0435

序號	全國性/產業性	組織名稱	網站	理事長	地址	電話／傳真
26	產業性	臺灣區電機電子工業同業公會	http://www.teema.org.tw/	郭台強	114臺北市內湖區民權東路六段109號	電話：02-87926666 傳真：02-87926088
27	產業性	臺灣智慧自動化與機器人協會	http://www.tairoa.org.tw/	黃漢邦	408臺中市南屯區工業27路17號3樓	電話：04-23581866 傳真：04-23581566
28	產業性	臺灣包裝協會	http://www.pack.org.tw/pc-service/front/bin/home.phtml	汪麗豔	110臺北市信義路五段5號5c12	電話：02-27252585
29	產業性	中華民國金銀珠寶商業同業公會全國聯合會	http://www.jga.org.tw/	蔡明勳	800高雄市新興區七賢一路327號7樓之1	電話：07-2350135 傳真：07-2350007
30	產業性	中華民國親子育樂中心發展協會	http://www.panasiagame.com/contact-us/	葉振坤	114臺北市內湖區新明路246巷7號	電話：02-2792-7922 傳真：02-2796-2850

②臺灣商業服務業公協會列表

商業服務業年鑑. 2019-2020 / 經濟部商業司編著. -- 初
版. -- 臺北市：時報文化, 經濟部商業司, 2019.11
面；　公分
ISBN 978-957-13-8003-2(平裝) (Big ; 317)

1.商業 2.服務業 3.年鑑

480.58   108017452

BIG 317

2019-2020商業服務業年鑑

出版單位：時報文化出版企業股份有限公司
董 事 長：趙政岷
10803 臺北市和平西路三段二四〇號七樓
發行專線—（〇二）二三〇六六八四二
　　　　　讀者服務專線—〇八〇〇二三一七〇五
　　　　　　　　　　　　（〇二）二三〇四七一〇三
　　　　　讀者服務傳真—（〇二）二三〇四六八五八
　　　　　郵撥—一九三四四七二四時報文化出版公司
　　　　　信箱—臺北郵政七九～九九信箱
時報悅讀網— http://www.readingtimes.com.tw
法律顧問—理律法律事務所　陳長文律師、李念祖律師
缺頁或破損的書，請寄回更換

時報文化出版公司成立於1975年，
並於1999年股票上櫃公開發行，於2008年脫離中時集團非屬旺中，
以「尊重智慧與創意的文化事業」為信念。

編著單位：經濟部商業司
　　　　　地址：臺北市福州街 15 號
　　　　　電話：（02）2321-2200
　　　　　網址：http://www.moea.gov.tw
執行單位：商業發展研究院
　　　　　地址：臺北市復興南路一段 303 號 4 樓
　　　　　電話：(02)7707-4800
　　　　　網址：http://www.cdri.org.tw
總 編 輯：謝龍發
執行編輯：李世琪
撰 稿 者：黃兆仁、傅中原、朱浩、謝佩玲、林聖哲、程麗弘、陳世憲、吳明澤、
　　　　　戴凡真、鍾志明、任立中、李世珍、陳信宏（依章節序排列）
編輯會召集人：許士軍、陳厚銘
　　　委　員：柯建斌、秦玉玲、許生忠、張順教、詹武哲、劉守仁、蔡志強、
　　　　　　　蘇美華（依姓氏筆畫排列）
出版日期：2019 年 11 月
版　　次：初版
定　　價：699 元整
G　P　N：1010801810
I　S　B　N：978-957-13-8003-2
著作權管理資訊：經濟部商業司保有所有權利，欲利用本書全部或部分內容者，應
徵求經濟部商司同意或書面授權。